DER

DEUTSCHE WALD

Genehmigte Sonderausgabe 2010 für
Reader's Digest Deutschland, Schweiz, Österreich

Verlag Das Beste GmbH
Stuttgart, Zürich, Wien

www.readersdigest.de

Satz und Gestaltung:
hassinger & hassinger und spiler. visuelle konzepte, Dortmund
Gesamtherstellung:
VEMAG Verlags- und Medien AG, Köln

Printed in Germany

ISBN 978-3-89915-661-4

Detlev Arens

DER DEUTSCHE WALD

Edition
DAHEIM
IN DEUTSCHLAND

Wer hat dich, du schöner Wald,
Aufgebaut so hoch da droben?
Wohl den Meister will ich loben,
So lang noch mein Stimm erschallt.
Lebe wohl,
Lebe wohl, du schöner Wald!

JOSEPH VON EICHENDORFF, DER JÄGER ABSCHIED

Der Meister ist ein Forstmeister, Oberforstmeister oder Forstrat, und hat den Wald so aufgebaut, dass er mit Recht sehr böse wäre, wenn man seine sachkundige Hand darin nicht sofort bemerken wollte. Er hat für Licht, Luft, Auswahl der Bäume, Zufahrtswege, Lage der Schlagplätze, Entfernung des Unterholzes gesorgt und den Bäumen jene schöne, reihenförmige, gekämmte Anordnung gegeben, die uns so entzückt, wenn wir aus der wilden Unregelmäßigkeit der Großstädte kommen.

ROBERT MUSIL, WER HAT DICH, DU SCHÖNER WALD?

Wie deutsch ist der Wald?

„Erzähle mir doch, Base", sagte Heinrich, die Historie von Jorinde und Joringel noch einmal." Aus dem siegerländischen Dorf Grund sind an diesem Morgen des Jahres 1751 ein Junge und seine jugendliche Tante hinauf zur Ginsburg gegangen, die auch schon damals nur noch Ruine ist. Ihr Verfall nähert sie dem Naturzustand ringsum, Gemäuer und Wald bieten eine stimmungsvolle Kulisse für die folgende Geschichte. Vieles spricht dafür, dass Johann Heinrich Jung, genannt Jung-Stilling, diese „Historie" selbst erdacht hat; sie findet sich im ersten Band seiner Autobiografie. Die Gebrüder Grimm werden sie ihrer berühmten Sammlung der Kinder- und Hausmärchen *einverleiben:* Jorinde und Joringel *gehört zu ihren bekanntesten überhaupt:*

Es war ein schöner Abend, die Sonne schien zwischen den Stämmen der Bäume hell ins dunkle Grün des Waldes, und die Turteltaube sang kläglich in den alten Maibuchen.

AUS JORINDE UND JORINGEL

Der Kupferstich zeigt das Profil von Johann Heinrich Jung(-Stilling) (1740–1817) in späteren Jahren, der Illustration zu *Jorinde und Joringel* liegt ein Aquarell des namhaften Künstlers Gerhard Gollwitzer (1906–1973) zugrunde. Am „märchenhaften Waldweben" rechts haben die Spinnen mitgewirkt. Auf der linken Seite eine Morgenstimmung im Projensdorfer Gehölz, Schleswig-Holstein.

Orts- und Szenenwechsel. Der Junge aus Grund bei Hilchenbach ist nach mancherlei Wechselfällen nun Professor der Forst- und Landwirtschaft, Vieh-, Arzneikunde etc. Als solcher veröffentlicht er 1781/82 einen zweibändigen Versuch eines Lehrbuchs der Forstwissenschaft, *in der zweiten Auflage (1787/88) bereits einfach* Lehrbuch der Forstwissenschaft *betitelt. Das dickleibige Werk enthält bemerkenswerte Leitsätze zur forstlichen Praxis. So fordert Jung-Stilling eine Verminderung des Wildbestands, um die Wälder zu schützen; ein Gebot, dessen konsequente Befolgung bis heute aussteht.*

So weit kann es sich spannen, das Waldbild eines einzigen Menschen: märchenhaftes Waldweben hier, solides Ertragsdenken dort. Dies steht für den imposanten Fächer, der mit dem Thema „Der deutsche Wald" aufgeschlagen wird. 1812 erscheint erstmals eine Ausgabe der grimmschen Kinder- und Hausmärchen, *in denen der Wald eine so tragende Rolle spielt. Nur ein Jahr zuvor hatte Johann Heinrich Cotta seine vorläufig private Forstlehranstalt ins sächsische Tharandt verlegt. Als Königlich-Sächsische Forstakademie genießt sie bald weltweit einen großen Ruf, namhafte Forstleute aus ganz Europa erhalten hier ihre Ausbildung.*

Übrigens: Die eigentümliche Beziehung der Deutschen zum Wald ist keineswegs Vergangenheit. Der Begriff Waldsterben stammt aus den jüngsten Anbauten unserer Sprachschatzkammer, unübersetzt ging er in die Nachbarsprachen ein, obwohl bei der Übernahme sanfter Spott mitschwang.

Das alles freilich gehört zur Kulturgeschichte (wie ja der Begriff Kultur eine seiner beiden Wurzeln wenn schon nicht im Wald-, dann doch im Feldbau hat). Der „deutsche Wald" ist immer auch eine Kopfgeburt. Da kann es nicht schaden, zunächst einmal Boden unter die Füße zu bekommen, will heißen, sich an die wirklichen Wälder zu halten. Fragen wir also zunächst nicht, was deutsch ist am Wald, sondern was Wald ist an den Wäldern hierzulande.

Waldnatur

Wann ist ein Wald ein Wald?

Kein Lebensraum, bei dem sich Außen- und Innensicht so unterscheiden. Auf den ersten Blick wirkt der Wald wie eine grüne Mauer, in der ein Stein wie der andere aussieht. Aber drinnen kann es leicht geschehen, dass wir den Wald vor lauter Bäumen aus den Augen verlieren. Zu seiner Vielfalt gehört nicht nur der weite Fächer seiner Waldgesellschaften, sondern auch seine Verwandlungen durch die Geschichte hindurch. Einen Wald lesen zu lernen, ist eine der faszinierendsten Naturerfahrungen überhaupt.

Wer ihn vor lauter Bäumen nicht sieht, muss keineswegs zwingend im Wald stehen. Aber natürlich richtet sich auch die Definition der einschlägigen UN-Fachgliederung erst einmal nach dem auffälligsten Merkmal, also den „hochwüchsigen Gehölzen". Während unter extremen Bedingungen schon als Wald gilt, wenn die Bäume drei Meter Höhe erreicht haben, ist für klimatische Verhältnisse wie den unseren eine Höhe von sieben Metern festgelegt. Das ist eine gewiss formale Bestimmung, weitere geben noch deutlicher zu erkennen, dass sie Ausgeburten des Schreibtisches sind.

Unterschieden wird zwischen offenem und geschlossenem Wald. Beim geschlossenen überschirmen die Baumkronen mindestens sechzig Prozent der

Wer als Waldläufer den Wald durchstreift, ihn dabei lesen und entdecken lernt, denkt weniger an die Wald-Definition der einschlägigen UN-Fachgliederung. Hier ist die Höhe der Bäume entscheidend, wobei klimatische Verhältnisse und extreme Bedingungen berücksichtigt werden. Wenn die Baumkronen mindestens sechzig Prozent der Fläche überschirmen, handelt es sich um einen „geschlossenen Wald", beim „offenen Wald" sind es lediglich zehn Prozent.

Bloßgestellter Fichtenforst im Forstenrieder Park (Bayern, unten), Buchenwald im Streiflicht der Sonne (Seite 20).

Fläche, beim offenen Wald mindestens zehn Prozent. Es schadet nicht, schon hier anzumerken: Je offener ein Wald ist, desto mehr büßt er die Klimaeigenschaften ein, die ihn auszeichnen. Beispielsweise verringert ein geschlossener Wald die Windgeschwindigkeit und bewirkt einen Temperaturausgleich, ist also an heißen Tagen kühler und in kalten Nächten wärmer als seine Umgebung.

Und Bäume allein machen auch noch keinen Wald im vollen Wortsinn. Ein Wald ist unterschiedlich dicht, er hat (meist) eine Strauch- und eine Krautschicht. Gräser kommen hinzu, Moose und Flechten. Ebenfalls gehört in unseren Kulturlandschaften der (lange vernachlässigte) Saum oder Rand zum Wald.

Wirtschaftswälder entsprechen der naturgemäßen Waldausstattung oft nur ansatzweise, Fichtenforste gar nicht. Vielfach wächst hier buchstäblich kein Gras mehr. Eine geschlossene Grasschicht würde allerdings bedeuten, dass ein Baumbestand kein Wald mehr ist – selbst wenn er Hudewald heißt.

Waldland Deutschland

So wenig beim Ökosystem Wald die menschlichen Eingriffe (samt ihrer historischen Dimension) vernachlässigt werden dürfen: Es spiegelt die natürlichen Verhältnisse doch am ehesten wider. Heiden, Wiesen, die Äcker ohnehin sind Landschaftskleider, deren Pflege Aufwand erfordert – und Durchsetzungskraft gegenüber den natürlichen Gegebenheiten. Wenn also der Wald das Naturempfinden besonders stark anspricht, ist diese Empfindung ein ganz natürlicher Reflex.

Deutsche Wälder gehören zu den Wäldern der gemäßigten Zone mit ihren klar konturierten Jahreszeiten. Diese Wälder beanspruchen weltweit rund 22 Prozent der Waldfläche, sie finden sich vorwiegend auf der nördlichen Halbkugel und ihr Hauptkennzeichen sind die sommergrünen Laubbäume.

Mitteleuropa reicht nach dem sachlichen Ansatz der Geografie etwa von den Alpen im Süden bis zum 55. Breitengrad im Norden. Auch nach Längengraden gehört Deutschland ganz dazu, vielleicht mit Ausnahme des äußersten Westens. Nun herrscht selbst in diesem recht kleinen Raum nicht überall dasselbe Klima, doch überall dauern die Zwischenjahreszeiten Frühling und Herbst recht lange. Sie geben den Bäumen länger Gelegenheit, zu wachsen und zu gedeihen.

Zwei Deutschlandkarten, die sich in gewisser Weise ergänzen. Wenn auch im großen Maßstab, unterrichtet die linke über die Güte der Böden, ausgedrückt in sogenannten Ertragsmesszahlen. Die Feststellung der Bodengüte ist für die Landwirtschaft wichtig, so werden hier die großen Waldgebiete grün ausgespart. Die rechte Karte zeichnet ein feiner verteiltes Muster der Waldreviere.

DEUTSCHER WALD

Anteil der Baumarten in Prozent

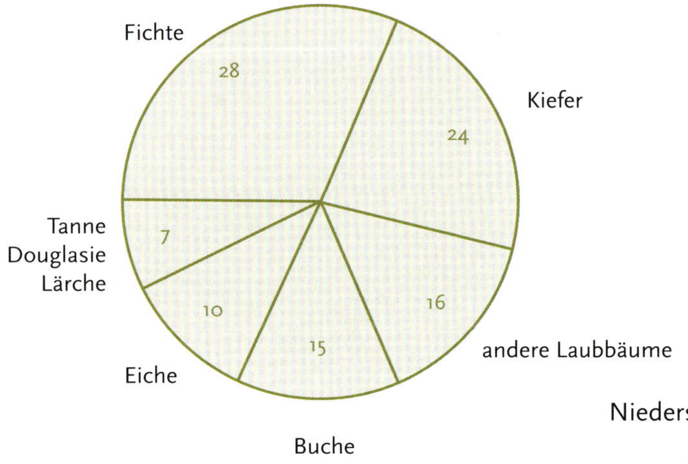

Anteil der Waldfläche an der gesamten Fläche in Prozent

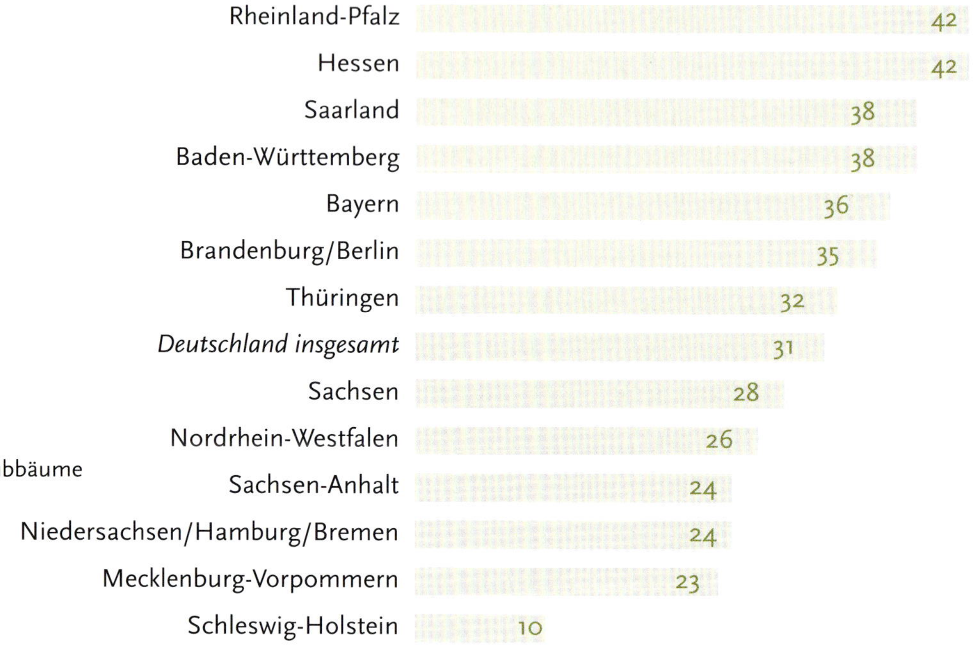

Deutscher Wald
Je offener ein Wald ist, desto mehr büßt er die Klimaeigenschaften ein, die ihn auszeichnen. Beispielsweise verringert ein geschlossener Wald die Windgeschwindigkeit und bewirkt einen Temperaturausgleich, ist also an heißen Tagen kühler und in kalten Nächten wärmer als seine Umgebung.

Die Tortengrafik lässt keinen Zweifel: Der deutsche Wald ist (immer noch) zum großen Teil Nadelwald, den Löwenanteil haben die beiden „Brotbäume“ Fichte und Kiefer. Bemerkenswert große Unterschiede zeigen die Waldanteile der einzelnen Bundesländer, wie aus der Aufstellung nebenan hervorgeht.

Die Wälder der Bundesrepublik nehmen etwa 31 Prozent der Landesfläche ein, das sind insgesamt gut elf Millionen Hektar. Mit diesem Anteil liegt Deutschland im Mittelfeld der EU-Staaten, die insgesamt – bei starken Unterschieden zwischen den einzelnen Ländern – zu 35 Prozent von Wald bedeckt sind. Deutliche Unterschiede zeigen sich auch bei den Waldanteilen der deutschen Bundesländer: an der Spitze stehen Hessen und Rheinland-Pfalz mit 42, am Ende Schleswig-Holstein mit zehn Prozent. In absoluten Zahlen ist Bayern das waldreichste Bundesland (2,56 Millionen Hektar).

Überraschend groß ist der Waldanteil, den hierzulande die etwa zwei Millionen Privatwaldbesitzer halten, ihnen gehören rund fünf Millionen Hektar, Tendenz steigend, denn immer häufiger verkauft die öffentliche Hand ihre Baumbestände. Die Bundesländer sind Eigentümer von etwa 29 Prozent Wald, nur drei Prozent gehören dem Bund. Der sogenannte Körperschaftswald, meist Städte- und Gemeindewald, ist mit rund 19 Prozent am Gesamtvolumen beteiligt.

Nun ist Wald nicht gleich Wald, und der UN-Waldbericht beziffert die ungestörten Wälder Deutschlands auf 0, der Bundeswaldbericht immerhin auf 0,77 Prozent. Die Abwesenheit ursprünglicher Wälder erklärt sich einerseits aus der hochgelobten Nachhaltigkeit, die hierzulande lange die Holzproduktion meinte, aber auch aus der insgesamt hohen Beanspruchung des Waldes: Deutschland ist eben eines der bevölkerungsreichsten Länder Europas. Während in Schweden ganze 0,3 Einwohner auf einen Hektar Wald kommen, in Österreich zwei und in Frankreich vier, entfallen in der Bundesrepublik (statistisch gesehen) sieben Bewohner auf einen Hektar.

Waldgrenzen

Der Begriff Kulturlandschaft mag unter seinem inflationären Gebrauch leiden. Aber er hält fest, dass Menschen unsere Landschaften seit einigen Jahrtausenden, ganz sicher seit vielen Jahrhunderten mitgestaltet haben. Und selbst ein Waldbuch darf zugestehen, dass diese Eingriffe lange den Artenreichtum mehrten.

Die Frage, wie Mitteleuropa, wie Deutschland ohne menschliches Zutun aussähe, lässt sich jedenfalls fürs Erste klar beantworten: Von Natur aus gäbe es hierzulande fast nur Wald. Kaum ins Gewicht fielen die ganz wenigen baumfreien Areale, die höchsten Erhebungen des Hochgebirges, einige Felspartien der Mittelgebirge, die Moorzentren, ganz schmale Streifen an den Küsten und natürlich die Wasserflächen.

Das gedachte Landschaftsbild mit der absoluten Waldherrschaft erscheint vielen, auch Leuten vom Fach, allerdings eintönig. Gerade die Ausnahmen reizen, sich dem Wald von seinen Grenzen her zu nähern. Für Felsen und Moore ist der Ausschlussgrund schnell genannt: Im Fall des nackten Gesteins fehlen Wasser und die nötigen Nährstoffe, wie sie der Boden bereitstellt, im Moorinneren sterben die unterirdischen Pflanzenteile wegen zu großer Nässe und Nährstoffarmut ab.

Zweierlei Waldgrenzen an nacktem Gestein: links ein Blick von der Aidlinger Höhe auf Waldgrenze im Wettersteingebirge, rechts in der Sächsischen Schweiz mit Blick auf die Elbe.

Von einer Waldgrenze zu sprechen, hat sich nur im Fall des Hochgebirges eingebürgert. Hier wird außerdem zwischen Wald- und Baumgrenze unterschieden. Darin steckt nicht nur die stets interessante Frage, wie weit unsereiner bei der Waldgrenze seine Hand im Spiel hat, sondern auch die generelle Frage nach der Trennschärfe dieser Grenze.

Das Thema wird uns noch in vielen Variationen begegnen: Trennschärfe ist wohl ein Anliegen ihrer Beobachter, aber keines der Natur. So sehr die Darstellung der Sachverhalte nach sauberen Konturen verlangt, so wenig exakt

Zwei Wald- oder doch Waldrand-Schmetterlinge: der Große Schillerfalter *(Apatura iris)* und der Kaisermantel *(Argynnis paphia)*. Im großen Eglinger Filz (Tölzer Land, Bayern) wurden Hochmoorbereiche renaturiert. Auf den wieder vernässten Flächen mussten die Gehölze aufgeben, hier wurden also dem Wald neue Grenzen gesetzt (links). Ungewisse Zukunft: Eine einzelne Kiefer behauptet sich hart am Rand des Großen Ostersees bei Iffeldorf, Oberbayern (unten rechts). Grandios zeugt das krasse Steilufer am Königssee für die Vitalität des Lebensraums Wald. Wo immer sich den Bäumen Gelegenheit bietet, reicht er bis unmittelbar ans Wasser (rechte Seite).

zeichnen sie sich meist im Gelände ab. Auch die Waldgrenze ließe sich wohl nur bei extremen Bedingungen als Linie ziehen, meist verschwindet der Wald innerhalb einer Übergangszone.

Auch der Wald selbst bildet unter hiesigen Verhältnissen eine Art Grenze, die Obergrenze der Vegetation. Mehr als Wald geht nicht, unbeeinflusst entwickeln sich alle Pflanzendecken zu ihm hin. Daran ändern auch die natürlichen Katastrophen im Prinzip nichts, selbst wenn sie einen Wald zwingen, wieder von vorn anzufangen. Im Unterschied zu den Lebensräumen, die vom Menschen geschaffen wurden, erhält sich der Wald selbst, nutzt die natürlichen Produktionsmittel am wirkungsvollsten und nachhaltigsten.

Anmerkung zur historischen Rolle der großen Tiere, vor allem der Pflanzenfresser

Nun macht seit einiger Zeit eine Theorie von sich reden, die dem etablierten Waldverständnis seine einseitige Ausrichtung auf die Pflanzenwelt vorwirft. Das Modell der potenziell natürlichen Vegetation ließe die großen Pflanzenfresser (die Megaherbivoren) unberücksichtigt. Dabei hätten sie lange vor dem Menschen das Waldbild nachhaltig geprägt, wie heute noch jeder Wald mit hohem, genauer zu hohem Wildbestand zeige.

Demnach war der Ur-Wald ein Ur-Park, jedenfalls eine parkartig aufgelichtete Waldlandschaft. In ihr hätten Hirsch und Wildschwein, aber auch Ur, Wisent oder Biber für viel mehr Frei- und Zwischenräume gesorgt, als sich die Konstrukteure einer Ur-Natur auf allein pflanzlicher Basis träumen ließen. Wirkungsvoll kann diese Theorie von dem Hinweis flankiert werden, dass ein geschlossener Wald zwangsläufig eine Verarmung der Flora nach sich zieht. Und ein sprunghafter Anstieg der Biodiversität (biologische Vielfalt) sei eben nicht erst der bäuerlichen Kulturlandschaft, sondern schon den tierischen Eingriffen in die Wälder zu verdanken.

Demnach haben die großen und leider auch großenteils ausgestorbenen Pflanzenfresser einen bedeutenden Beitrag zur Artenvielfalt geleistet. Ganz nebenbei verlieren so die allgegenwärtigen Klagen über den „Wildverbiss" an Gewicht, was manchen Jäger freuen wird. Außerdem ist die Vorstellung vom Ur-Park Wasser auf die Mühlen vieler, die sich nachdrücklich für den Erhalt wertvoller Offenland-Lebensräume einsetzen, für Heiden, Magerrasen und -wiesen. Diese Biotope müssten mancherorts verschwinden, wenn dem Prozess der natürlichen Sukzession, der Wiederbewaldung, unbedingter Vorrang eingeräumt würde.

Obwohl die Zeit des Baumäsens vorbei ist, lässt sich der Rehbock die zarten Spitzen einer Fichte schmecken (linke Seite). Oben hat der Hunger den Hirsch zum Äußersten getrieben. Eine sogenannte „Winterschäle" an einer ziemlich erwachsenen Kiefer: Sich daran zu schaffen zu machen, ist ein hartes Brot. Als das Vieh noch in den Wald getrieben wurde, zeigten auch die Bäume dort eine mehr oder weniger deutliche „Fraßkante". Heute laufen nur noch die Bäume im Offenland Gefahr, von Weidetieren so angefressen zu werden wie der junge Hutebaum im Hessenpark, Neu-Anspach (unten). Jetzt allerdings schützt ihn ein Holzgatter gegen solche Attacken.

Tatsächlich weist die „Megaherbivorentheorie“ auf eine Schwachstelle aller Waldsystematik hin. Und es müssen gar nicht die ausgestorbenen großen Tiere ins Feld geführt werden: Viel zu allmählich gerät ins Blickfeld, wie überhaupt die Fauna am Waldgeschehen teilhat, wie sie es beeinflusst. Die Ungewissheit hierbei beruht schlicht auf höheren Kosten.

Wenn das im Vergleich zur Pflanzenwelt ungleich größere Spektrum der Tierwelt erfasst werden soll, braucht es viel mehr Fachleute. Und oft können ihre Untersuchungen die Auftraggeber kaum zufriedenstellen; ein Tier ist eben nicht so streng an einen Ort gebunden wie eine Pflanze und kann im Lauf seiner Entwicklung mehrere Lebensräume bevorzugen. Ganz abgesehen davon, dass es mit der Erfassung allein nicht getan ist: Hinter ihr steht gleich die Frage nach den Folgen fürs Ökosystem, eine Frage, die sich bis in die letzten Verästelungen der Abhängigkeitsverhältnisse kaum beantworten lässt.

Aber ob nun gleich gegen „wildfreie Naturreservate“ vom Leder gezogen werden muss, weil sie „wenn überhaupt nur waldbauliche, aber keine waldökologischen Erkenntnisse liefern“ (Andreas Schulte), sei doch dahingestellt. Über die Rolle der großen Pflanzenfresser lässt sich bisher nur mutmaßen, und es ist nicht abzusehen, ob die pauschalen Annahmen je mit belastbaren Daten unterfüttert werden können.

Und auch ohne die ganz großen Tiere sind unsere Wälder ja keineswegs einförmig. Genaueres Hinschauen lohnt.

Eine Frage des Standorts

Der Gemeine Wurmfarn ist ein häufiger Waldfarn. Früher diente er tatsächlich als Arznei gegen Bandwürmer.

Wenn der Wald das gedachte Schlussbild einer Entwicklung darstellt, dann spiegelt er auch die Summe aller Faktoren wider, die auf seinen Standort einwirken. Unabhängig von ihrem hochkomplexen Zusammenspiel lassen sich diese Faktoren ganz allgemein der belebten und der nicht belebten Umwelt zurechnen, unabhängig von den Lebewesen bestimmen Klima, Lage und Relief das Waldbild mit. Eine besondere, eine besonders wichtige Rolle spielt der Boden, hier durchdringen sich alle Wirkungskreise des Ökosystems.

Der Waldboden ist nicht nur eine Schaltstelle im Stoffkreislauf, sondern wirkt weit über den Wald hinaus auf die Umwelt ein: Ganz entscheidend hängt ihre Stabilität davon ab, ob der Waldboden seine Puffer- und Reglerfunktionen erfüllen kann.

Nach allgemeinem Verständnis gehört der Boden zum Untergrund. Doch während das Festgestein leicht mehrere Millionen Jahre zählt, hat der Boden meist ein jugendliches Alter. Und während die gut gegeneinander abgesetzten Gesteinsschichten gebrochen und gefaltet, über- und untereinander geschoben sein können, liegen die Bodenhorizonte meist parallel und gehen ineinander über.

Böden entwickelten sich nach der letzten Kaltzeit, also während der letzten 10 000 Jahre. Allerdings hatte das extreme kaltzeitliche Klima ihrer Bildung vorgearbeitet, die obersten Schichten des Festgesteins waren zu Schutt zerspellt, Wind und Wasser hatten Kies, Sand- und Lössdecken abgesetzt.

Das Gestein steht am Anfang der Bodenbildung. Es wird im Laufe der Jahre überlagert, bleibt aber gegenwärtig. Ob sich der Boden über einem basenreichen Kalk- oder einem basenarmen sauren Sandstein bildet, macht einen Unterschied. Erste Lebewesen sind neben Flechten und Moosen kleine tierische Bewohner. Mit ihrem Absterben liefern sie die ersten Beiträge zum Humus, der als tote organische Substanz im Boden wieder zu verwertbaren Nährstoffen umgewandelt wird.

Dieser Prozess gehört im Bereich der Natur zu den faszinierendsten überhaupt, und es ist eigentlich ein Jammer, dass er sich dem unbewaffneten Auge derart entzieht. Betrieben wird er von einem gewaltigen Kraftwerk. Sicher ist nicht jeder Waldboden guter Waldboden, aber in einer Handvoll gutem finden sich mehr Lebewesen als Menschen auf der Erde. Dabei zählen Maulwurf und Gelbhalsmaus noch zu den Riesen, Faden-, Borsten- und Regenwürmer, Asseln oder Springschwänze immer noch zu den Großen. Der gewaltige Rest – Bakterien, Algen, Pilze – zeigt sich nur unter dem Mikroskop.

Bis der Boden einen Wald tragen und nähren kann, vergeht einige Zeit. Festes Gestein kann schon zehn Zentimeter unter der Streuschicht anstehen, ein tief strukturierter Boden bildet eine Auflage von mehr als einem Meter. Von vielen Gegebenheiten hängt ab, wie schnell er entsteht. Als ungefähre Richtgröße gilt, dass ein achtzigjähriger Mensch im Laufe seines Lebens der Bildung von etwa acht Millimeter Waldboden beigewohnt hat.

Die häufig hohe Feuchtigkeit im Blockschuttwald zeigt ein Moosteppich, der hier Baumstämme und Steine gleichermaßen überzieht.

Das Wald-Ökogramm skizziert die Wuchsbedingungen für die wichtigsten Waldbäume. Das große helle Feld zeigt an, wo die Buche die Vorherrschaft beanspruchen kann. Neuere Forschungen lassen sogar darauf schließen, dass die Buche hierzulande das Zeug hätte, einen noch weiteren Bereich zu dominieren. Allerdings macht gerade auch ein Ökogramm immer nur Aussagen für bestimmte Verhältnisse. Das unsere gilt für die Höhenstufe von etwa 300 bis 450 Metern der Mittelgebirge bei einem eher ozeanisch getönten Klima.

Genau genommen beginnt die Bodenbildung schon in der Streu. Intensiv mischen sich organische und mineralische Substanzen im durchschnittlich zwanzig bis dreißig Zentimeter mächtigen Oberboden, dessen dunkle Färbung auf die Huminstoffe zurückgeht. Sie leiten vom Abbau der toten organischen zum Aufbau der mineralischen Substanzen über.

Nicht bei jedem, aber bei den tiefgründiger entwickelten Bodentypen folgt dem Oberboden ein bis achtzig Zentimeter tiefer Unterboden. Er enthält nur noch geringe Mengen Humus und ist weniger stark durchwurzelt. Je nach Bodentyp kann auch er noch größere Mengen an organischem Kohlenstoff speichern, aber ihm fehlt in der Regel die Durchlässigkeit des Oberbodens, der zur Hälfte aus (unterschiedlich großen) Poren besteht. Vielfach vernetzt, sammeln sie Wasser und Luft, wobei die Bodenluft im Vergleich zur Außenluft einen höheren CO_2-Gehalt hat. Für die Arbeitsfähigkeit eines Bodens ist wichtig, dass diese lockere Struktur erhalten bleibt.

Generell wird auf Waldböden weniger Einfluss genommen als auf Böden im Offenland, die hierzulande vielfach bearbeitet, mit einem anderen Wort: gestört werden. Allerdings erlaubten und erlauben die Verhältnisse unserer

Breiten, dass der Wald auf genutzte, also Kulturlandflächen zurückkommen konnte und kann. Ob es eine schlichte Rückkehr oder eine in veränderter Gestalt war, hing von vielen Faktoren ab.

Nur sind es in aller Regel nicht die besten (im Sinne von ergiebigen) Böden, die dem Waldwuchs eingeräumt werden. Die flachgründigen Kalksteinschuttböden haben auf der Schwäbischen Alb noch heute den Beinamen „Hirnschale des Teufels", und auch ihre eingeführte Bezeichnung „Rendzina" hält die Last des Bauern gegenwärtig. Das polnische *rzedzic* meint das hässliche Geräusch, mit dem das Streichbrett der Pflugschar übers Gestein schrammt.

Aber trotz ihres hohen Steingehalts, trotz fehlenden Unterbodens tragen diese Rendzinen artenreiche Wälder. Denn sie stecken dank des hohen Basengehalts voller Leben, vor allem die Regenwürmer, genauer ihr Kot, machen sich um ihre gute Struktur verdient. Außerdem verliert sich in den Rissen und Klüften des Kalksteinschutts noch Bodensubstrat, das die Wurzeln der Bäume erreichen kann.

Ganz andere Verhältnisse herrschen im Fall der Podsolböden. Auch der Begriff „Podsol" kommt aus einer slawischen Sprache, diesmal aus dem Russischen. *Pod* bedeutet „unter" und *Zola* „Asche": Gemeint ist der aschebleiche Horizont, der hier dem dunklen, schlecht zersetzten Rohhumus folgt.

Pseudogleyböden
Viele Böden neigen zur – ein fürchterliches Wort – Pseudovergleyung. Pseudogley ist (im Unterschied zum grundwasserbestimmten Gley) ein sogenannter Stauwasserboden, er ist geprägt durch den jahreszeitlichen Wechsel von Stau- oder Haftnässe und Austrocknung.

Der Podsol gehört sicher nicht zu den umgänglichsten Bodentypen, doch er besticht, vor allem frisch angegraben, durch sein Farbenspiel.

Podsol entsteht über stark verwitterten sauren Ausgangsgesteinen oder Sanden, reichlich Niederschlag begünstigt seine Entwicklung. Da hier kaum Bodenleben herrscht, kommt es zu dicken Rohhumus-Auflagen, die größtenteils chemisch zersetzt werden müssen. So bilden sich Huminsäuren. Sie dringen in den Oberboden ein, versauern ihn zusätzlich, lassen seine Sand- und Tonminerale noch stärker verwittern. Mit ihnen wandern die so gelösten Eisen-, Aluminium- und Mangan-Verbindungen mit dem Sickerwasser abwärts.

Im Unterboden, wo weniger saure Verhältnisse herrschen, lagern sich die organischen Säuren und zuvor ausgewaschenen Verbindungen wieder an. Dieser verkittete Sand setzt sich gegen den hellen Oberboden oft als fester, dunkler Ortstein ab, den Baumwurzeln kaum durchstoßen können. Bei guter Ausprägung kann das Profil eines solchen Bodens durchaus auch ästhetisch anspruchsvollen Zeitgenossen beeindrucken.

Auf Podsolen kann sich nur Nadelwald, können sich nur Fichten oder Kiefern behaupten. Häufig kommt es zur Heidebildung. Im Fall des Norddeutschen Tieflands wurde die Entstehung von Podsol früh durch die Menschen beschleunigt, die vom Boden mehr forderten, als er geben konnte.

Rendzina und Podsol bezeichnen die Flügel eines weiten Fächers an Bodentypen. Und auch Böden verändern sich, können im Lauf ihrer Entwicklung verschiedene Gepräge annehmen. Wenn die Ausgangsgesteine nicht krass verschieden sind, haben sie eine Tendenz zur Angleichung. Weitverbreitet sind die Braunerden, sie zeigen allerdings auch die größte Variantenvielfalt. Vitale Böden sind die neutralen bis leicht sauren, doch können gerade Baumbestände über anmoorigem Untergrund zu besonders urtümlichen Waldbildern zusammenfinden.

Waldböden versauern von der Streu her mehr oder weniger stark, aber das können die meisten ganz gut abpuffern. Anders liegt der Fall, wenn ein Boden über saurem Ausgangsgestein einen hohen Säureeintrag aus der Luft verkraften muss. Zwar fällt heute wesentlich weniger schwefelsaurer Regen, doch bleiben die Stickstoffeinträge unverändert hoch. So haben manche Böden immer noch sehr niedrige pH-Werte, die nicht nur dem Wald darüber zu schaffen machen, sondern auch unangenehme Folgen etwa fürs Trinkwasser nach sich ziehen können.

Seit den 1950er-Jahren werden besonders gefährdete Wälder gekalkt, seit den 1970er-Jahren werden dazu Hubschrauber eingesetzt. Anfangs hatten solche Einsätze noch viel von Rundumschlägen, und ein abrupter Milieuwechsel von sauer zu neutral belebte den Wurzelgrund nicht unbedingt. Doch mit den gewonnenen Erfahrungen lässt sich diese „Bodenschutzkalkung“ heute so durchführen, dass ihre Risiken deutlich vermindert werden können. Noch der letzte Waldzustandsbericht der Bundesregierung empfiehlt die Kalkung.

Nur bleibt auch dieser Ausgleich ein Eingriff. Er darf nicht als probate Technik, sondern immer nur als Möglichkeit des Zeitgewinns verstanden werden. Gerade das Ökosystem Wald muss sich aus eigener Kraft erhalten können. Erste Untersuchungen im Rahmen von „BioSoil“, dem europäischen Programm zur Beobachtung des Waldbodens, lassen darauf schließen, dass sich zumindest die Basensättigung der Streu erhöht hat. Eine Entwicklung, die sich hoffentlich in die Tiefe fortsetzt.

Die Heiden folgen dem Wald, oft nach einem landwirtschaftlichen Zwischenspiel (linke Seite). Ihr düster-melancholisches Landschaftsbild prägt der Wacholder *(Juniperus communis)*. Er ist – neben der Eibe – vielerorts das einzige wirklich einheimische Nadelgehölz. Großzügige Kalkgaben sollen die viel zu sauren Böden puffern. Unten entlädt das Flugzeug seine Fracht über einem Fichtenbestand zwischen Satzung und Steinbach im Erzgebirge. Auch Sachsen investiert erhebliche Mittel in diese Art der Bodenverbesserung, doch noch immer sind nicht nur die erzgebirgischen Nadelwälder vom „Sauren Regen“ gezeichnet.

Licht und Schatten – Konkurrenz im Wald

Ein gern zitiertes Gedicht des türkischen Dichters Nazım Hikmet spricht von der menschlichen Sehnsucht, „einsam und frei wie ein Baum“, zugleich aber „brüderlich wie ein Wald“ zu leben. Ein zweifellos poetisches Bild, nur trifft es die Verhältnisse im Wald nicht. Dort gibt es ausgesprochen feindliche Brüder, und das gilt keineswegs nur für die Konkurrenz der Arten untereinander, sondern auch für den Wettbewerb innerhalb derselben Spezies.

Leben wie ein Baum, einzeln und frei, und brüderlich wie ein Wald, das ist unsere Sehnsucht. NAZIM HIKMET

Über den ganzen Waldkosmos dichtest und feinst verästelter Abhängigkeitsgefüge hat auch die Wissenschaft keinen vollständigen Überblick. Immerhin lassen sich die Ansprüche der Bäume als der augenfälligsten Waldrepräsentanten umreißen. Wenn wir mehr oder weniger einheitliche Klimaverhältnisse voraussetzen, kommt es entscheidend auf die Bodenbeschaffenheit an. Einen halbwegs gut versorgten, nicht zu nassen und nicht zu trockenen Boden würden fast alle Waldbäume – so viele sind es ja in Deutschland nicht – besiedeln können.

Das macht sich der Waldbau zunutze und fördert bestimmte Baumarten, oft unter Ausschluss anderer Gehölze, oft auch mit schönen Erfolgen beim Holzertrag, wenn der Baum dort angepflanzt wird, wo er am besten gedeihen kann.

Geht es jedoch nach der Natur, dann verfügt eben nicht jede Baumart über die gleichen Möglichkeiten, sich an einem Standort zu behaupten. Menschlich gesprochen kann der Konkurrenzkampf ganz bittere Konsequenzen haben: Viele Bäume können selbst dort nicht wachsen, wo sie am besten gedeihen könnten. Am ehesten behauptet sich, wer rasch wächst und die Wuchshöhe lange halten kann, also ein hohes Alter erreicht. Grundsätzlich haben die Schattenbaumarten, also Buche, Tanne und Linde, mehr Durchsetzungskraft als die Lichtbaumarten. Denn Schattenbaumarten haben Zeit. Ihre Vertreter können warten, bis sie genug Sonnenlicht bekommen, um in die oberste Baumschicht vorzustoßen. Und einmal vorgestoßen, werfen sie selbst so viel Schatten, dass sie den potenziellen Konkurrenten die Fotosynthese erschweren bis nahezu unmöglich machen.

Unter den vorherrschenden Bedingungen ist die Buche hierzulande jeder anderen Baumart überlegen. Tiefere, niederschlagsarme Lagen sagen mehr den Eichen zu, denen längere Trockenheit weniger ausmacht als der Buche. Auch sehr feuchte, bodensaure Bereiche kann zwar nicht die Trauben-, aber die Stiel-Eiche besser erschließen. Auf den gut basenversorgten, nasseren Böden nutzt die Hainbuche ihre Möglichkeiten sich durchzusetzen, die noch besser ausgestatteten, nicht ganz so nassen Böden begünstigen die Esche.

Unter den Stiel-Eichen finden sich viele Charakterköpfe. Und dank morgendlicher Nebelschleier hat die markante Erscheinung einen noch größeren Effekt (oben). Auch aus einem Buchenwald lässt sich mit günstigem Lichteinfall etwas herausholen (rechte Seite).

Häufiger zeigt die Moor-Birke einen so krüppeligen Wuchs wie in diesem erzgebirgischen Bruchwald. Gerade deshalb verdient Respekt, wie sie hier den widrigen Bedingungen trotzt (oben). Auch die Wald-Kiefern bei Farchant in den Bayerischen Alpen sind Grenzgänger (rechte Seite). Ihnen wurde einiges abverlangt, um sich am Steilhang im Weichbild der Zugspitze zu behaupten.

Und es gibt ausgesprochene Spezialisten wie die Moor-Birke, sie findet sich nur auf sehr nassen, sehr sauren Böden. Es wäre allerdings ein Trugschluss anzunehmen, dass sie nur dort wachsen könnte. Auf den besseren Böden gewinnen schnell ihre Konkurrenten die Oberhand. Hier macht sich die Schwarz-Erle breit, die ihrerseits der Esche den weniger wassergesättigten Untergrund überlassen muss.

Ein schönes, weil besonders krasses Beispiel liefert die Wald-Kiefer. Von ihren Möglichkeiten her könnte sie hierzulande fast überall wachsen. Und das tut sie auch, wenn der Waldbau ihr diese Möglichkeit einräumt. Unter natürlichen Bedingungen jedoch würde sie an den meisten Standorten von anderen Baumarten verdrängt und käme nur an den Rändern der Waldbildung zum Zuge. Dass sie sich sowohl im ganz trocken-sauren und trocken-neutralen als auch im ganz nassen sauren Bereich findet, lässt auf das weite Spektrum ihrer Möglichkeiten schließen.

Generell unterscheiden sich die Baumarten wenig in ihrem möglichen, aber stark in ihrem tatsächlichen Wuchsbereich, wenig von ihrer physiologischen, aber stark von ihrer ökologischen Amplitude. Dort, wo sie alle ihre Anlagen bestens zur Geltung bringen kann, wächst hierzulande nur die Buche, wachsen mit gewissen Einschränkungen noch Esche und Berg-Ahorn.

Aber noch einmal: Es gibt in Deutschland nicht nur ausgeglichene, im Sinne von „mittlere“ Verhältnisse: Auch bei uns reichen die Gebirgsregionen über die Baumgrenze hinaus. Zwar nimmt die Konkurrenzkraft der Buche in den höheren Mittelgebirgsstufen eher noch zu, aber die subalpine Stufe muss sie in der Regel den Nadelbäumen überlassen. Auch gegen Osten erreichen ihre Mitbewerber höhere Anteile am Waldbild, freilich ohne dass die Buche hierzulande ihre Dominanz verliert.

Ein sehr interessantes Kapitel könnte mit den fassbaren Varianten einer Art geschrieben werden, oft „lokale Rassen“ genannt. Manche Bäume zeigen die Fähigkeit, sich besonderen Bedingungen auf erstaunliche Weise anzupassen, aber noch fehlt es an zuverlässigen Übersichten. Besondere Aufmerksamkeit gilt den Formen einer Spezies, die – Stichwort Klimawandel – Trockenheit besser ertragen.

Wald ist nicht gleich Wald

Wald ist nicht gleich Wald: Auch wer als bloß Waldinteressierter die Augen offen hält, wird mit der Zeit Unterschiede wahrnehmen können. Vielleicht steht ihm sogar eine große Erfahrung ins Haus: Je besser sich die Einzelheiten einordnen lassen, desto heftiger wird die Freude am großen Ganzen. Erst der Zusammenhang macht den Wald zum Lebensraum.

Unsere Forsten allerdings kommen dem Bedürfnis nach Evidenz entgegen: Sie liefern Waldbilder von monumentaler Gleichförmigkeit. Doch wenn die Natur nur halbwegs freie Hand hat, entstehen die mannigfachsten Zusammenschlüsse mehrerer Arten. Die Spannbreite dieser Formationen ist groß: Manche weichen kaum merklich voneinander ab, manche aber schon auf kleinem Raum derart drastisch, dass die Unterschiede sofort ins Auge fallen.

Möglicherweise deuten die jungen Laubbäume im Unterwuchs darauf hin, dass der Fichtenbestand im Eibsee-Gebiet auf dem Weg zu einem naturnahen Buchenwald ist (linke Seite). Oben stechen die herbstlich verfärbten Laubbäume markant vom umgebenden Nadelwald ab.

Die Wissenschaft reagiert darauf mit einer Art Gesellschaftslehre, wobei der Begriff „Gesellschaft“ erklärt werden muss. Er bezieht sich hier auf die Pflanzenwelt von Lebensräumen und rechtfertigt sich aus der Beobachtung, dass unter gleichen Standortbedingungen dieselben Arten zusammenfinden. Aussagekräftig ist hier eben nicht eine einzelne Pflanze, sondern das Ensemble. Den Kernbestand einer Gesellschaft bilden ihre Charakter- oder Kennarten. Für die Zuordnung ebenfalls wichtig sind sogenannte Differenzial- oder Trennarten. Diese finden sich auch anderweitig, doch lassen sich mit ihnen sonst ähnliche Gesellschaften unterscheiden. Die ermittelten Formationen lassen wiederum auf die Eigenart eines Lebensraums rückschließen. Voraussetzung ist, dass die einzelnen Pflanzengesellschaften im Gelände genau aufgenommen werden.

Die Pflanzensoziologie als Teildisziplin der Botanik begnügt sich nicht mit der Aufstellung kleinster Einheiten, sie zielt auch darauf ab, die Gesellschaften ins große Ganze einzuordnen. (Pflanzen-)Gesellschaft bezeichnet also hier nicht das Allgemeinste, sondern das so exakt wie möglich ermittelte Besondere. Es dient als Unterbau einer Hierarchie, die zu immer höheren Stufen der Verallgemeinerung fortschreitet. Vom Konkreten zum Abstrakten geht es über die Ebenen (Sub-)Assoziation, (Unter-)Verband, Ordnung zur umfassendsten Einheit, hier Klasse genannt. Das System hat sich auf den oberen Rangstufen bewährt, auf den unteren kam und kommt es häufig zu uneinheitlichen Benennungen.

Die umfassendste, am weitesten ausdifferenzierte Klasse sind im Fall des deutschen Waldes die „Europäischen Sommerwälder“, wissenschaftlich benannt nach den Gattungsnamen für Eiche und Buche *(Querco-Fagetea)*. Wie überhaupt, nimmt das Klima auch auf die Ausprägung der Wälder grundle-

genden Einfluss, wichtige Faktoren sind ebenfalls Höhenlage und Boden. Dabei können schon in einem Mittelgebirge die klimatischen Verhältnisse am Nord- und Südhang eines Flusstals so stark voneinander abweichen, dass sich eklatant verschiedene Waldbilder ausprägen. Andererseits schaffen zum Beispiel die extremen, aber ziemlich gleichen Bodenverhältnisse einer Aue ganz ähnliche Wälder auch über Klimagrenzen hinweg.

Die Buche kam erst später – kleine Waldgeschichte

Aber auch ein Ur-Wald hat seine Geschichte. Auch er nimmt einen Anfang, und der liegt jedenfalls bei den hiesigen Buchenwäldern gar nicht so weit zurück …

Zunächst einmal machten die Eiszeiten gerade den Bäumen schwer zu schaffen. Zwar herrschten nicht durchgängig arktische Temperaturen, und während der Warmphasen konnten immer wieder einmal Bäume zurückkehren. Doch führten die ausgedehnten Kaltphasen zur schubweisen Verringerung der Gehölzvielfalt, die sich heute noch in der (vergleichsweisen) Baumartenarmut unserer Wälder widerspiegelt.

Vielleicht gab es für die Bäume einige Zufluchtswinkel auch an den Atlantikküsten Großbritanniens und Frankreichs, wenn ja, haben dort sicher nur ganz robuste Arten überwintern können. Generell mussten die hochwüchsigen Gehölze vor der heftigen Kälte bis ans Mittelmeer zurückweichen. Und selbst im Süden waren es recht kleine Gebiete, in denen sie sich behaupten konnten. Etliche Arten starben ganz aus.

Als die (vorläufig) letzte Kaltphase vor etwa 12 000 Jahren zu Ende ging, wanderten auch die Bäume erneut ein. Nur war es ein mühsamer Weg vom Mittelmeer zurück. Die Alpen stellten eine gewaltige Barriere dar. Dabei ist es ist gar nicht einmal ihre absolute Höhe, die hier so verhängnisvoll wirkt, sondern ihre West-Ost-Erstreckung. Immerhin konnte das Gebirge im Westen (Burgundische Pforte) und Osten (Wiener Becken, Donautal) umgangen werden, aber diese Ausweichstrecken forderten eben mehr Zeit.

An Gehölzen hatten damals höchstens Zwergsträucher überlebt. Für die Rückkehr des Waldes nach Mitteleuropa leisteten Birken und Kiefern Pionierarbeit. Dabei hatten die Birken ihren Schwerpunkt in den küstennahen Bereichen, landeinwärts herrschten die Kiefern vor.

Auch die folgende Warmphase brachte keinen stetigen Temperaturanstieg, nach einem Kälteeinbruch vor gut 10 000 Jahren musste sich der lichte Birken-Kiefern-Wald neu formieren. Die schnelle Erwärmung im folgenden Präboreal erlaubte dem Haselstrauch sich rasch auszubreiten, besonders erfolgreich war er im Westen Mitteleuropas. Dagegen erstarkte die Fichte im Südosten: Manche Vegetationskundler finden diesen auffälligen Unterschied in einem noch heute wichtigen pflanzengeografischen Grenzverlauf wieder.

Vor etwa 9000 Jahren – es war etwas trockener und mindestens genauso warm wie heute – begann sich der Eichenmischwald herauszubilden. Zu der namengebenden Gattung gesellten sich jetzt die lichtbedürftigen Eschen, Linden und Ahorne. Etwas früher hatte die Ulme Verbreitung gefunden, offen-

Weg durch einen Mischwald am Bärensee bei Stuttgart-Büsnau.

Zögerliche Heimkehr: Nach der letzten Kaltzeit fanden nur wenige Bäume nach Mitteleuropa zurück. Vielen Gehölzen verlegten die Alpen den Weg, ihre Gebirgszüge mussten im Osten und im Westen umgangen werden. Die Baumflora Nordamerikas ist wesentlich artenreicher: Hier verlaufen die Gebirgszüge in Nord-Süd-Richtung. Zu den ersten Heimkehrern aus südlichen Refugien gehörte die Wald-Kiefer (unten). Die Tanne kam später, etwa zur selben Zeit wie die Buche, in Deutschland an. Hier der Blick auf den Tennsee und das Wettersteingebirge, Oberbayern (rechts).

bar sagten ihr die Verhältnisse am Nordrand der Alpen besonders zu. Auffällig viele Linden gediehen zwischen Rhein und Maas. Das viel beraunte „8,2-Kiloyear-Event", der plötzliche Kälteeinbruch vor 8200 Jahren, beeinflusste die Waldentwicklung außer in den extremen Lagen kaum.

Doch wo bleibt die Buche? Sie, die in den vorangegangenen Warmphasen kaum eine Rolle gespielt hatte, kam sehr zögerlich auf dem Gebiet des heutigen Deutschland an. Auch sie suchte zunächst ihren Weg durch die Burgundische Pforte westlich der Alpen, um sich in Schwarzwald oder Vogesen festzusetzen.

Etwa zur gleichen Zeit wanderte die Tanne ein, aber im Gegensatz zu diesem Nadelbaum tritt die Buche vor etwa 5000 Jahren einen imposanten Siegeszug an. Sie verdrängt die Eichenmischwälder, zwingt Esche, Ulme und Linde zum Rückzug. Zwar werden auch diese Bäume noch in den Buchenwäldern ihren Platz haben, aber aufs Ganze gesehen doch nur einen sehr beschränkten.

Ob und wie stark unsereiner die Ausbreitung der Buchen begünstigte, soll dahingestellt bleiben. Angemerkt sei nur, dass der Vormarsch dieses Baums zusammenfällt mit dem immer stärkeren Einwirken des Menschen auf die Landschaft.

Erst unter dem Zeithorizont der schriftlichen Überlieferung greift die Buche deutlich nach dem höheren Norddeutschland aus, das heutige Schleswig-Holstein wird der Buchenwald erst im Mittelalter beherrscht haben. Und vieles deutet darauf hin, dass sich der Baum im Norden Europas noch weiter ausbreiten wird. Damit korrigiert er auch ein gängiges Verständnis von Geschichte: Sie ist keineswegs etwas, das nur hinter uns liegt.

Die Vorherrschaft des Buchenwalds

Ungeachtet des zögerlichen Beginns ist die Landnahme des Buchenwalds eine Erfolgsgeschichte sondergleichen. Buchenwälder bedecken heute weite Teile Mitteleuropas – oder könnten sie doch bedecken.

Angesichts so drückender Überlegenheit kann die Vogelperspektive nicht schaden. Denn so häufig die Rotbuche in unseren Breiten ist, aufs Weltganze gesehen behauptet sie doch nur ein recht bescheidenes Areal. Es erstreckt sich etwa von Frankreich bis Südschweden, nimmt im Südosten Teile des Balkans ein und reicht im Süden bis Sizilien.

In Deutschland aber ist die Buche von Natur aus fast überall der vorherrschende Waldbildner. Buchenwälder behaupten sich auf den unterschiedlichsten Böden und in den unterschiedlichsten Höhenstufen. Sie reichen von den Meeresküsten über das Norddeutsche Tiefland und die Mittelgebirge bis hin zu den hohen (nicht den höheren und höchsten) Lagen der Alpen. Dem entspricht die Unterschiedlichkeit der Standorte: ob nährstoffreich oder nährstoffarm, ob trocken oder mäßig feucht, ob sandiger Boden oder Schiefergestein, überall kommt die Buche zum Zuge. Nur die ganz trockenen, die ganz feuchten und die ganz nährstoffarmen Standorte lassen keinen Buchenwald zu.

Bei uns nimmt der Baum etwa 26 Prozent seines natürlichen Gesamtareals ein, so hoch liegt sein Anteil in keinem anderen Land. Mehr noch: Deutschland liegt im Zentrum der Buchenverbreitung. Fast allgegenwärtig, können Buchen unterschiedliche Gesellschaften bilden, die so zahlreich und

Solchen Stamm zeigt ein Buchen-Veteran, der, vielleicht als Grenzbaum ausgeguckt, allen Eingriffen von Menschen und Vieh – Schneiteln, Beschneiden, Verbiss – machtvoll getrotzt hat. Das Bild auf Seite 46 zeigt einen herbstlichen Buchenwald an der Lauenburgischen Seenplatte, Schleswig-Holstein.

fein gegliedert nur bei uns zu finden sind. Fazit: Deutschland ist Buchenland. Und damit trägt die Bundesrepublik eine besondere Verantwortung für den Erhalt der Buchenwälder.

Nur ging die Gesellschaft, gingen Politik und Forstwirtschaft mit dieser Verantwortung lange sehr nonchalant um. An den Wirtschaftswäldern hat die Buche den kümmerlichen Anteil von kaum mehr als zehn Prozent. Immerhin zeichnet sich auch hier eine Umkehr ab. Die vielen öffentlichen Bekenntnisse zu naturnahen Waldbauverfahren haben beinahe etwas Unheimliches, sodass fast beruhigt, wenn die waldbauliche Praxis hinter den Verlautbarungen zurückbleibt.

Es gibt heute nicht nur die Naturwaldzellen, in denen jeglicher Eingriff unterbleibt, es gibt auch in Wirtschaftswäldern Inseln, auf denen der Buche ihr natürlicher Alterungsprozess zugestanden wird. Dort kann sie zusammenbrechen und modern. Wesentliche Teile seines Artenreichtums wachsen einem Buchenwald ja erst im Alter, vor allem aber in der sogenannten Totholzphase zu.

Deutsche Buchenwälder
Seit Februar 2007 liegt dieser Vorschlag bei der UNESCO: Ein Weltnaturerbe namens „Deutsche Buchenwälder" auszuweisen. Die Bundesländer Mecklenburg-Vorpommern, Brandenburg, Thüringen und Hessen wollen Teile ihrer Nationalparks beziehungsweise ihres Biosphärenreservats (Brandenburg) unter den welthöchsten Schutz stellen. Dafür müssen die Buchenwälder nach den Prüfkriterien der UNESCO Naturdenkmäler von „außerordentlichem allgemeinem Wert" sein.

Das Vorhaben der Bundesländer kann erstaunen. Die Buche (Fagus sylvatica) *als Art und Einzelbaum ist ja keineswegs selten oder gefährdet. Alte Buchenwälder aber sind es sehr wohl. Und wirkliche Buchenurwälder gibt es nur noch im östlichen Mitteleuropa, in den Karpaten haben sie – über die Grenze zwischen der Slowakei und der Ukraine hinweg – schon den Status des Weltnaturerbes.*

Vielfalt der Buchenwälder

Gerne wird für die Buchenwälder der Vergleich mit dem Dom bemüht, mit den gleich hohen, geraden Stämmen als Säulen und den Baumkronen als Gewölben. Sehr häufig wird auch von Hallenwäldern gesprochen, und womöglich unterstreicht die lautliche Nähe von Halle und Hall die Beobachtung ihrer leeren Weite noch.

Nun kann die Aus- und Aufgeräumtheit von Buchenbeständen schlicht eine Folge ihrer Bewirtschaftung sein, im sogenannten Altersklassenwald sind die gleich alten Bäume auch gleich hoch gewachsen. Andererseits ist die

Natürliche „Herrschaft des Buchenwalds“ hin oder her, oft erlaubt unsereiner dem Baum nur, seine Möglichkeiten anzudeuten. Hier weisen die Stämme im Hintergrund darauf hin, wie häufig ein Fichtenforst die Oberhand behält.

Buche ein gewaltiges Schattholz: Auch in Buchenurwäldern stehen oft vier bis fünf Exemplare zusammen, unter deren imposanten Kronen kein anderes Gehölz aufkommt, auch der eigene Jungwuchs nicht. Doch die unumschränkte Herrschaft gleich hoher Bäume geht nicht, so weit das Auge reicht, sie prägt nicht das Bild des ganzen Waldes.

Immerhin: Wer aus dem gleißenden Licht eines Hochsommertags in den Dämmer tritt, der einem dicht geschlossenen Buchenlaubschirm geschuldet ist, wird sich dem Eindruck einer Halle kaum erwehren können. Und wer die Buchenwälder näher kennenlernen will, sollte das unbedingt im Frühling tun: Dann fallen die Unterschiede zwischen ihnen ins Auge.

Es empfiehlt sich, den Blick auf den Boden zu richten. Denn dort zeigen die krautigen Pflanzen am zuverlässigsten an, ob eine Buchenwaldformation von der anderen abweicht – stets vorausgesetzt, die Bäume haben ein gewisses Alter. Ganz junger Buchenwuchs lässt kaum eine Krautschicht zu.

Ganz verborgen im Wald kenne ich ein Plätzchen, da stehet
Eine Buche: Man sieht schöner im Bilde sie nicht.
Rein und glatt, im gediegenen Wuchs erhebt sie sich einzeln,
Keiner der Nachbarn rührt ihr an den seidenen Stamm.

EDUARD MÖRIKE, DIE SCHÖNE BUCHE

Vier Bilder vom Altern eines Buchenblatts. Es dauert bei ihm seine Zeit, bis es zur Bodenbildung beiträgt. Und sklavisch ans korrekte Erscheinungsbild hält sich das Bocholter Stadtwappen gewiss nicht. Dennoch soll dieser Baum eine (stilisierte) Buche darstellen. Auf der rechten Seite der Blick hinauf in eine Buchenkrone. Dieser Baum hat es in die oberste Etage seines Walds geschafft.

Zugegeben, es ist einer von diesen Zusammenhängen, der besonders verlockt, gewissermaßen einer, wie er im Buche steht. Und selbst seriöse Druckwerke verbreiten sich gern über den Ursprung des Buchs aus der Buche. Danach wacht an der Wiege unserer Schriftkultur jener Baum, der, wenn überhaupt einer, der unsere ist.

Nur stimmt die Ableitung leider nicht. Buche und Buch haben sprachgeschichtlich keine gemeinsame Wurzel. Ganz abgesehen davon ist nirgendwo belegt, dass Runen – und nur in ihrem Fall könnte diese Etymologie Anspruch auf Glaubwürdigkeit hegen – auf Buchentafeln geschrieben wurden.

Aber das bedeutet keineswegs, dass sich die Buche nicht eindrucksvoll in die Kulturgeschichte eingeschrieben hat: Die beschwingten Zeilen Eduard Mörikes aus dem Jahr 1842 sind nur ein Beispiel dafür. Und wie viele Orts- oder Flurnamen können sich auf sie berufen, wie viele Familienwappen zieren ihr Blatt oder ihre Zweige.

Zweifellos hätten sie die Saubermänner mit dem größten Recht im Schild führen können. Denn an einer Art Kulturanfang steht dieser Baum vielleicht doch. Es war wohl Buchenholzasche, deren Lauge die ersten größeren Waschaktionen auf deutschem Boden ermöglicht hat. Die Prozedur war äußerst mühevoll, aber sie muss wohl die Mühe gelohnt haben.

Und wenn es schon um die materielle Kultur geht, muss von den Früchten des Baums die Rede sein, also von den Bucheckern. Auch heute noch schätzen die Feinschmecker ihr selbstverständlich kalt gepresstes Öl, vor allem an Salaten. Nur mussten und müssen Bucheckern umständlich vom Boden aufgeklaubt werden, außerdem muss bei ihrem relativ geringen Fettgehalt eine gehörige Menge zusammenkommen. Und eine reiche Ernte ließ sich nur alle zehn, bestenfalls alle fünf Jahre erwarten. Aber dann herrschte im Buchenwald Hochbetrieb, denn nun wurden die Schweine eingetrieben. Allerdings merkten die Kenner schon vor Jahrhunderten kritisch an, dass der Schinken eines bucheckerngemästeten Borstentiers tranig schmecke. Und wo dieser Schinken im Rauch hing, mussten viele Fettnäpfchen aufgestellt werden …

Bodensaure Buchenwälder

Wie Buchenwald nicht gleich Buchenwald ist, ist auch nicht jeder Buchenwald gleich artenreich. Am spärlichsten ausgestattet sind die Silikat-, Moder- oder bodensauren Buchenwälder, wobei die drei Namen ein und dieselbe Standortsituation nur verschieden beleuchten: Diese Wälder wachsen auf nährstoff- und basenarmen Böden, die sich über sauren Gesteinen wie Grauwacke, Tonschiefer, Quarziten oder Sandstein entwickeln. Nur wenige Kräuter und Sträucher kommen mit so ungünstigen Bedingungen zurecht. Das saure Milieu macht auch jenen Organismen das Leben schwer, die als Zersetzer zu den wichtigsten Garanten der Bodengüte gehören. Überhaupt wirken sich diese Verhältnisse auch auf die Tierwelt aus, so sind hier etwa die kalkbedürftigen Gehäuseschnecken kaum zu finden.

Buchenlaub vergeht nur langsam, aber auf den sauren Böden vergeht es besonders langsam. Die Lagen kaum verwester Blätter können eine mächtige Schicht bilden, und oft tragen diese Waldböden das ganze Jahr hindurch ihr Rostbraun. Diesem Moderhumus verdanken die bodensauren Buchenwälder ihren weiteren Namen.

Repräsentativer Vertreter dieser Wälder ist der Hainsimsen-Buchenwald. Seine einzige Kennart, die Weißliche Hainsimse *(Luzula luzuloides)*, gehört zu den Binsengewächsen, sucht aber die trockeneren und schattigeren Standorte. Er hat von Natur aus den höchsten Anteil an den heimischen Buchenwäldern, doch gerade er beherbergt nur ein enges Spektrum anderer Pflanzenarten.

Allerdings folgt schon aus seiner weiten Verbreitung, dass er ganz verschiedene Varianten und Untervarianten ausbilden kann. Selbst in der Baum-

Der Keim als Hoffnungsträger (linke Seite): Die Buche ist ein „Schäfer". Will sagen, sie kann Jahrzehnte als kleiner Baum im Unterwuchs ausharren, bis ihr endlich ein Riss im Kronendach genug Licht gibt, um in die Höhe zu wachsen. Ein Hainsimsen-Buchenwald (unten) bietet keine auf den ersten Blick attraktive Krautschicht. Nur etwa zehn Arten können sich hier behaupten. Doch wenn sie vollständig beisammen sind, wäre diese Waldgesellschaft vorzüglich ausgestattet, also ein wertvoller Lebensraum. Hier Buchen im Nationalpark Kellerwald-Edersee, Hessen.

schicht kommt es zu Veränderungen: Während sie auf den niedrigeren Höhenstufen gelegentlich durch Stiel- oder Trauben-Eiche bereichert wird, treten weiter oben Fichte und Weiß-Tanne hinzu. In den Tieflagen Norddeutschlands ersetzt ein Süßgras namens Geschlängelte oder Drahtschmiele *(Deschampsia flexuosa)* öfter die Hainsimse. Und je höher ein Wanderer durch den bodensauren Buchenwald bergan steigt, desto häufiger wird er auf die Heidelbeere *(Vaccinium myrtillus)* treffen. Oberhalb von 500 Meter kann sich der rare Sprossende Bärlapp *(Lycopodium annotinum)* im Hainsimsen-Buchenwald einfinden.

Finden sich im bodensauren Buchenwald ein: Drahtschmiele (*Deschampsia flexuosa,* links) mit ihrer denkbar unauffälligen Blüte; Sprossender Bärlapp (*Lycopodium annotinum,* Mitte), dessen Vorfahren vor 300 Millionen Jahren noch zu riesigen Bäumen heranwuchsen und der nur noch ein Schatten seiner selbst ist. Er steht auf den Roten Listen der bedrohten Pflanzenarten. Ebenfalls gedeihen hier die Heidelbeere, wegen ihrer Fruchtfarbe auch Blaubeere (*Vaccinium myrtillus,* rechts) genannt, und der Wurmfarn (*Dyopteris filix-mas,* rechte Seite), hier vertreten durch ein junges, noch eingerolltes Blatt.

Und sind einmal die Augen auch für weniger krasse Wechsel im Pflanzenkleid geschärft, dann hat es seinen eigenen Reiz zu beobachten, wie genau selbst ein artenarmer, bodensaurer Buchenwald veränderte Standortbedingungen widerspiegelt. So finden sich auf den Schatthängen und dort besonders im unteren Bereich manche Farn-Trupps, die hier von der besseren Wasserversorgung profitieren. Meist bestehen sie aus den weniger anspruchsvollen, also insgesamt häufigeren Arten, wie dem Gemeinen Frauenfarn *(Athyrium filix-femina)* oder dem Wurmfarn *(Dryopteris filix-mas)*. Doch auch der schon seltenere Eichenfarn *(Gymnocarpium dryopteris)* kann hinzukommen.

Und wo der Wind viel Falllaub angeweht hat, bildet der Wald-Schwingel *(Festuca altissima)* oft bemerkenswert vitale Horste. Das flach ausgebreitete Wurzelwerk zieht sich vorwiegend durch die unteren Schichten des Moderhumus, sodass sich die einzelne Pflanze ganz leicht hochheben lässt. Allerdings fehlt dieses Gras im Tiefland und kontinentales Klima sagt ihm wenig zu. Noch ozeanischer liebt es die Stechpalme *(Ilex aquifolium)*, die in den artenarmen Buchenwäldern des Hügellands durch ihr Immergrün auf sich aufmerksam macht.

Pflanzenporträt Stechpalme
Entdeckungen bleiben möglich, wenigstens auf der Kehrseite. Die Londoner Courtauld Gallery besitzt das Bildnis eines unbekannten Mannes von einem unbekannten Künstler, der aber wohl zum Umkreis des hoch gerühmten Rogier van der Weyden gehört. Kein fulminantes Porträt, aber welches südniederländische, um 1450 gemalte Bild hat sonst noch seinen originalen Rahmen und eine so tadellos erhaltene, ebenfalls bemalte Rückseite? Und eben dort prangt ein herrlich getroffener Stechpalmenzweig. Detailgenau samt abgerissenem Ende, brillant erfasst im unterschiedlichen Kolorit der Blattober- und Blattunterseiten.

Die Stechpalme (Ilex aquifolium) *ist immergrün, aber kein Nadelbaum, sie sticht, hat aber weder Dornen noch Stacheln. Die dunkle Oberseite ihres Laubs glänzt, als sei sie mit einer Lackschicht überzogen. Und die Leuchtkraft der korallenroten Früchte sucht hierzulande ihresgleichen: Unter den Wildpflanzen unserer Breiten nimmt sich die Stechpalme aus wie ein Exot.*

Tatsächlich weisen die Botaniker häufig auf den „tropischen Verwandtschaftskreis" der Stechpalme hin. Der prominenteste Vertreter ist übrigens der Ilex paraguariensis *aus den Subtropen Südamerikas. Seine Blätter, heute die seiner Zuchtformen, liefern den Mate-Tee. Dennoch gehört die Stechpalme zu den ursprünglichen Gehölzen der heimischen Flora, in den westlichen Alpen dringt sie in Höhen über 1500 Meter vor. Nach Osten reicht ihr Areal jedoch nicht weit, sie ist auf ozeanisches Klima mit den milderen Wintern und mäßig temperierten Sommern angewiesen.*

Dass dem Ilex in seinen Wuchsgebieten seit je eine gewisse Aufmerksamkeit sicher war, darauf lassen viele Orts-, Flur- und Familiennamen schließen. Auch Annette von Droste-Hülshoff verdankt den ihren zum guten Teil der Stechpalme, die hierzulande oft Hülse oder Hülsdorn hieß. Schon Johann Wolfgang von Goethe wollte erklären, wie die Stechpalme zu ihrem Namen kam:

Der Lichtdruck aus der Zeit um 1900 präsentiert Johann Wolfgang von Goethe (1749–1832) auf dem Kickelhahn im Thüringer Wald. So sollte der Dichter von *Wanderers Nachtlied* („Über allen Gipfeln ist Ruh'") geehrt werden. Rechts die Stechpalme (*Ilex aquifolium*) nach einem Aquarell aus dem späten 18. Jahrhundert.

Im Vatikan bedient man sich
Palmsonntags echter Palmen,
Die Kardinäle beugen sich,
Und singen alte Psalmen.
Dieselben Psalmen singt man auch
Ölzweiglein in den Händen,
Muss im Gebirg zu diesem Brauch
Stechpalmen gar verwenden.

JOHANN WOLFGANG VON GOETHE

Dass die Stechpalme bei so vornehmem Gebrauch auch Gelegenheit gab, die Grenze zum Aberglauben zu überschreiten, hat schon der alte Kräuterkundige Hieronymus Bock gegeißelt: „Der gemein verführet Hauff' stecket diese Palmen über die Türschwellen des Hauses und der Viehställe. Der Zuversicht, es soll das Wetter nit dahin schlagen, wo dieser Stechpalmen gefunden werde."

Aber der Ilex diente auch zu entschieden handfesten Zwecken. Nicht nur, dass Goethe einen Spazierstock aus Stechpalme besaß, sie diente auch als „gefürchtetes Züchtigungsinstrument" und galt als gutes, besonders gut polierfähiges Drechslerholz. Und mancherorts war sie der *„Schornsteinfegerbaum". Die schwarzen Männer machten sich zunutze, dass die robusten Blätter der Stechpalme an den Rändern vor nadelspitzen Zacken starren. Sie versenkten ein Büschel Zweige im Kamin, um damit den Ruß von den Backsteinen zu kratzen.*

Über solch profanem Gebrauch soll das schmucke Aussehen der Stechpalme nicht vergessen werden. Mit ihrem glanzvollen, immergrünen Laub und den roten Früchten dient sie in England seit je als Weihnachtsdekor. Und weil sich hier Wehrhaftigkeit und Schönheit so glücklich treffen, eignet sich die Stechpalme vorzüglich zum Wappenbild; so dürfte sie auch der junge Mann des erwähnten Porträts geführt haben.

In freier Natur fällt allerdings auf, dass nicht alle Stechpalmenblätter auch stechen. Weiter oben, also dort, wo Waldtiermaul nicht mehr zupacken kann, hat ihr Laub einen glatten Rand. Offenbar setzt die Stechpalme ihre Defensivwaffe sehr gezielt ein.

Buchenwälder auf basenreicheren Böden

Die basenreicheren Böden verfügen über einen wesentlich besser aufgeschlossenen Humus, deshalb kann er die Gewächse auch besser versorgen. Sie geben einer mannigfaltigen Pflanzenwelt Raum, manche Arten dieser Wälder gehören zu den großen Seltenheiten der heimischen Flora. Und einige Angehörige ihrer Krautschicht haben eine erfolgreiche Strategie entwickelt, um das Problem des dicht geschlossenen Laubdachs oben (also höchst ungünstiger Lichtverhältnisse unten) wenn schon nicht zu lösen, dann doch zu umgehen.

Der Waldmeister *(Galium odoratum)* gehört zu den prominenten Kräutern, nur verdankt er seine Bekanntheit mehr der Maibowle als den Buchenwaldgesellschaften, die mithilfe seines Namens gegen andere abgegrenzt werden. Dabei ist das kleine, aromatische Labkrautgewächs weitverbreitet, und zu Recht gibt es den hierzulande zweithäufigsten Buchenwaldformationen das fachbegriffliche Profil. Allerdings steht ihre saurere Spielart noch den krassen Moderbuchenwäldern sehr nahe, und trefflich lässt sich darüber streiten, ob sie der einen oder der anderen Einheit zugeschlagen werden soll. Generell sind die Böden der Waldmeister-Buchenwälder besser mit Wasser versorgt, und der Rohhumus ist besser zersetzt. Und wer hier neben dem Waldmeister noch das Buschwindröschen *(Anemone nemorosa)* oder das Waldveilchen *(Viola reichenbachiana)* erkennt, darf ziemlich sicher sein, einen wirklichen Waldmeister-Buchenwald vor sich zu haben.

Der aromatische Waldmeister (*Galium odoratum,* linke Seite oben) hat einem ganzen Buchenwaldkomplex seinen Gesellschaftsnamen gegeben, das Waldveilchen (*Viola reichenbachiana,* linke Seite unten) gehört zum Ensemble der Buchenwälder auf besseren Böden. Regelrechte Blütenteppiche bildet das Buschwindröschen (*Anemone nemorosa,* rechts) im zeitigen Frühjahr.

Frische Kalkbuchenwälder

Mit den Gesellschaften des Frischen Kalkbuchenwalds sind die Buchenwälder auf der Höhe ihrer Möglichkeiten; frisch meint hier, dass der Waldboden gut durchfeuchtet ist. Sein Humus ist vom Moder zum Mull fortentwickelt, der mehr Nährstoffe bereitstellt. Ihren Namen verdankt die Einheit jedoch dem tieferen Untergrund. Denn ihre feste Basis ist das Kalkgestein beziehungsweise der Dolomit, bei dem das Kalzium zu großen Teilen durch Magnesium ersetzt ist. Der gute Boden wurde oft von Land- und Forstwirtschaft in Anspruch genommen, der Wald musste weichen. So überlebten diese Buchenwaldgesellschaften oft nur auf den steileren Hängen. Immerhin kommt aus Bayern die Nachricht, dass sie dort wieder an Fläche hinzugewinnen.

Gemessen am Artenreichtum dieser Einheit mag erstaunen, wie souverän die Rotbuche auch hier die Baumschicht beherrscht. Dabei zeigt sich mancher Eschen- und Berg-Ahorn-Schössling, aber nur ganz wenigen gelingt es, in die Baumschicht vorzustoßen, die meisten gehen später an Lichtmangel ein. Auch Sträucher gibt es nur wenige, darunter den Seidelbast *(Daphne mezereum)* mit dem betörenden Duft seiner ebenso frühen wie schönen Blüten und das Pfaffenhütchen *(Euonymus europaeus)* mit der kessen Birettform seiner Fruchtkapseln.

Der Aronstab (*Arum maculatum*) gehört zu den auffälligsten Erscheinungen unserer Laubwälder-Flora. Sein großes Blütenhüllblatt ist Teil einer raffinierten Vorrichtung, deretwegen die Pflanze auch „Kessel-Gleitfallenblume" genannt wird. An der glatten Wand rutschen die Insekten ins Innere der Blüte. Dort werden sie durch Reusenhaare so lange gefangen gehalten, bis sie mit Blütenstaub gepudert sind und die nächste Pflanze bestäuben können (linke Seite). Links unten ein Querschnitt des Aronstabs. Der Seidelbast (*Daphne mezereum*, Mitte) blüht früh und hat einen exquisiten Duft. Wie er ist auch das Gelbe Windröschen (*Anemone ranunculoides*) mit seiner prächtigen Blüte eine Zierde der Buchenwälder auf basenreicheren Böden.

Aber die Krautschicht: Während sie in den bisher vorgestellten Buchenwäldern oft dürftig ausfiel, kann hier etwa das Wald-Bingelkraut *(Mercurialis perennis)* große Bestände bilden. Der anspruchsvolle Aronstab *(Arum maculatum)* wächst zahlreich, und das Gelbe Windröschen *(Anemone ranunculoides)*, die nahe, aber sehr viel seltenere Verwandte des weißblütigen Buschwindröschens, kann häufiger entdeckt werden.

So unauffällig die Gräser sind, eignen sie sich dank ihres großen Arten- und Anspruchspektrums doch besonders, um den Wechsel von Standortbedingungen zu erfassen. Sie sind damit eine große Hilfe bei der genaueren Ansprache der Pflanzengesellschaften. Hier ist es die Wald-Haargerste *(Hordelymus europaeus)*, nach der manche Botaniker denn auch die Frischen

Beim Märzenbecher (*Leucojum vernum*, linke Seite) sagt schon der Name, dass er zu den Frühblühern im Buchenwald gehört. Etwas später erscheint die Haselwurz (*Asarum europaeum*, oben links). Die Frühlings-Platterbse (*Lathyrus vernus*, oben rechts) ist im Lenz eine besondere Augenweide.

Kalkbuchenwälder benannt wissen wollen. Das Gras ist übrigens auch in dieser Einheit nicht überall häufig, zeigt aber eine ausgesprochene Vorliebe für sie. Und wo die Wald-Haargerste völlig fehlt, wie etwa an der nordwestlichen Verbreitungsgrenze des Buchenwaldtyps, gibt es genug Trennarten, die eine zuverlässige Ansprache erlauben. Im Westen fehlen manche botanische Charakterköpfe weitgehend, etwa die Haselwurz *(Asarum europaeum)* und vor allem das Leberblümchen *(Hepatica nobilis)*, vielfach auch die Frühlings-Platterbse *(Lathyrus vernus)*. Dagegen reicht die schon erwähnte Stechpalme nur an den Küsten ein wenig weiter nach Osten.

Namentlich im Frühling laufen die Frischen Buchenwälder über Kalk zu großer Form auf. Eine besondere Rolle spielen jetzt die sogenannten Geophyten. Wörtlich übersetzt sind das die Erdpflanzen, definiert als krautige Gewächse, bei denen die Erneuerungsknospen unterirdisch angelegt sind. Ihre Nahrungsreserven sammeln sich in Zwiebeln, Knollen oder Wurzelstöcken, dort werden sie lange vorrätig gehalten. Denn mit den ersten warmen Tagen im Jahr sind sie zu einer gewaltigen Energieleistung aufgerufen: Die Geophyten müssen ihr Blühen und Fruchten hinter sich haben, ehe der Kronenschluss den Waldboden so stark verdunkelt, dass sie nicht mehr oder nicht mehr genug Fotosynthese betreiben können.

Es sind höchstens gut drei Monate, die ihnen für das Durchlaufen (wirklich ein Laufen) ihres Vegetationszyklus, also für ihr aktives Leben bleiben. Etliche sind im Juni dann wie vom Erdboden verschluckt, und das Welken ihrer Blätter hat die Melancholiker unter den Pflanzenliebhabern schon im Lenz in herbstliche Stimmung versetzt. Geophyten wachsen auch in anderen Wäldern, sehr gern in den Hartholzauwäldern, aber sie prägen doch auch die Krautschicht der Frischen Kalkbuchenwälder. Allen voran blüht der Märzenbecher *(Leucojum vernum)*. Das Amaryllisgewächs ist keineswegs häufig, aber wo es auftritt, kann es imposante Bestände bilden. Einen wunderschönen Blühaspekt bietet ebenfalls der Hohle Lerchensporn *(Corydalis cava)*, dessen Weiß und Violett den Waldboden manchmal wie ein Teppich überzieht.

Auch Scharbockskraut (*Ranunculus ficaria*, links), Wald-Ziest (*Stachys sylvatica*, rechts) – an seinem Blütenstand sitzt der Kleine Kohlweißling – und Bärlauch (*Allium ursinum*, rechte Seite) sind Waldpflanzen.

Bärlauchreicher Buchenwald

Der Anblick eines Bärlauchreichen Buchenwalds lässt nicht nur das Herz der Küchenmeister höher schlagen: Im noch winterlichen Wald schiebt sich dieses zarte Grün so dicht an dicht aus dem welken Falllaub, als hätte es nie eine kalte Jahreszeit gegeben. Manche meinen angesichts der Blätter, das (giftige) Maiglöckchen *(Convallaria majalis)* vor sich zu haben, doch klärt ein wenig Reiben an der Oberfläche auf: hier sprosst der Bärlauch *(Allium ursinum)*.

Er gehört heute zu den bekanntesten Waldpflanzen, der ebenso in den Auwäldern (auch der Ebene) zu Hause ist. Im Frischen Kalkbuchenwald bevorzugt er die nordexponierten Mittelgebirgshänge: Er braucht einen nährstoffreichen Wurzelgrund ebenso wie eine hohe Boden- und Luftfeuchtigkeit. Möglicherweise findet der Bärlauch diese Bedingungen zunehmend vor, jedenfalls hat er während der letzten Jahrzehnte an Fläche hinzugewonnen. Oft wächst der Bärlauch derart üppig, dass er die anderen Frühblüher der Waldgesellschaft kaum zur Geltung kommen lässt. Aber häufig begleiten die Geophyten Wald-Goldstern *(Gagea lutea)*, Scharbockskraut *(Ranunculus ficaria)* und Moschuskraut *(Adoxa moschatellina)* das Lauchgewächs. Vom Olfaktorischen her inszeniert der Bärlauch noch sein oberirdisches Absterben höchst effektvoll. Erst wenn er den Walboden geräumt hat, können Wald-Ziest *(Stachys sylvatica)*, Hexenkraut *(Circea lutetiana)* und das Springkraut mit den sprechenden Namen „Rühr mich nicht an" *(Impatiens noli-tangere)* wirklich ins Auge fallen.

Die mancherorts sehr dynamische Ausbreitung des Bärlauchs bringt die Botaniker ins Grübeln. Ursachen werden erwogen, und natürlich wird mit dem Klimawandel auch der gegenwärtig Hauptverdächtige vorgeführt. Weiterhin

könnte der erhöhte Nährstoff-Eintrag aus der Luft eine Rolle spielen, denn die Art profitiert von gut versorgten Böden. Möglicherweise hat aber zum vermehrten Auftreten des Bärlauchs beigetragen, dass der Mensch die Baumbestände weniger beansprucht. Wenn etwa eine Niederwald-Nutzung aufgegeben wird, kommt das dem zuvor stark mitgenommenen Boden zugute. Dann kann über Jahrzehnte ein Prozess einsetzen, der nicht nur das Gesicht des Walds, sondern auch dessen Artenspektrum stark verändert. Ein buchenreicher Hochwald hat ein anderes Binnenklima als ein Eichenschälwald, ein Binnenklima, das den Bärlauch schon dank der höheren Luftfeuchtigkeit begünstigt.

Allerdings hat die erfreuliche Zunahme der Art eine Kehrseite: Bärlauch macht sich häufiger auf Kosten anderer, mindestens ebenso seltener Pflanzen breit. Nach heutigem Kenntnisstand schadet es jedenfalls nichts, frischen Bärlauch für die heimische Küche zu ernten. In der Haute Cuisine hat er gar eine steile Karriere gemacht. Viele Feinschmecker stellen ihn über den Knoblauch, dabei ist es ein Gerücht, dass er nicht so hartnäckig rieche wie die Kulturpflanze.

Orchideen-Buchenwald

Es ist Zeit, von den Grenzen der Rotbuche zu sprechen – wobei sich ihre Vitalität auch daran erweist, wie sie sich selbst an diesen Grenzen behauptet. Weniger sagen ihr die nach Süden ausgerichteten Hänge der Kalkgebiete zu. Zur geringmächtigen Bodendecke kommt hier die ungünstige Wasserversorgung: Zu schnell versickert der Niederschlag im klüftigen Gestein. Aber

Feld-Ahorn im Abendlicht. Häufig wirkt dieser Baum mit seinem äußerst kleidsamen Laub recht schmächtig. Doch es gibt auch Exemplare mit imposantem Stammumfang.

selbst an diesen Standorten beherrscht die Buche das Feld. Allerdings eben nicht mehr ganz so souverän: Sie wird hier nur 15 bis 20 Meter hoch, und die Bäume stehen so weit auseinander, dass sie kein geschlossenes Kronendach mehr bilden. Ziemlich regelmäßig treten jetzt die beiden Eichenarten, der Feld-Ahorn *(Acer campestre)* oder die Mehlbeere *(Sorbus aria)* hinzu. Auch die Sträucher haben jetzt Gelegenheit, stärker das Waldbild zu bestimmen. Es sind ausgesprochen lichthungrige darunter, wie der Wollige Schneeball *(Viburnum lantana),* Liguster *(Ligustrum vulgare)* oder die Feldrose *(Rosa arvensis).*

Natürlich müssen hier die Frühblüher des Frischen Kalkbuchenwaldes die Waffen strecken. Dafür finden sich viele Süßgräser und Seggen, die zu den Sauergräsern gestellt werden. Zuweilen heißt diese Waldgesellschaft auch Seggen-Buchenwald nach der Weißen Segge *(Carex alba)*, die jedoch im gesamtem Nordwesten Deutschlands nicht vorkommt. Wo es besonders trocken, die Hänge also besonders steil, die Bodenkrume besonders dünn ist, finden sich viele Pflanzen der wärmeliebenden Saumgesellschaften, zu ihnen

Gewöhnliche Mehlbeere und Blüten der Pfirsichblättrigen Glockenblume.

gehören Blütenschönheiten wie die Frühlings-Primel *(Primula veris)*, die Pfirsichblättrige Glockenblume *(Campanula persicifolia)* und der Blut-Storchschabel *(Geranium sanguineum)*.

Vor allem aber wachsen hier Orchideen. Diese Familie ist insgesamt mehr oder weniger streng geschützt und gilt allgemein als spektakulärste unserer Flora. Und seit je gilt ihr das besondere Engagement der Pflanzenfreunde, ein Arbeitskreis heimischer Orchideenliebhaber ist bundesweit aktiv. Im Unterschied zu ihren Verwandten aus den Regenwäldern sind die Orchideen Mitteleuropas keine Epiphyten, wachsen also nicht auf anderen Gewächsen, sondern wurzeln im Erdreich. Sie sind jedoch auf die Lebensgemeinschaft mit einem Pilz angewiesen, um gedeihen zu können (sie sind *mykotroph*).

Viele Orchideen sind an Kalk gebunden, viele brauchen das Offenland. Zweifellos zum Orchideen-Buchenwald gehören jedoch Kleinblättrige Sumpfwurz *(Epipactis microphylla)*, Weißes Waldvöglein *(Cephalanthera damasonium)* und als ganz große Kostbarkeit dessen nahe Verwandte, das Rote Waldvöglein *(Cephalanthera rubra)*.

Noch stärkere Aufmerksamkeit findet zweifellos der Frauenschuh *(Cypripedium calceolus)*. Seine Blüten können sich ohne Weiteres mit denen der tropischen Orchideen messen: Folgerichtig spielt der Wortteil „Cypri-" auf einen Beinamen der griechischen Liebesgöttin Aphrodite an. Seine Blütenschönheit hat dem Frauenschuh manches natürliche Vorkommen gekostet, immer noch wird die Pflanze ausgegraben. Im Übrigen wächst sie nicht immer dort, wo die reine Lehre sie ansiedelt, in Baden-Württemberg beispielsweise finden sich starke Bestände in Nadelholzforsten.

Manche Orchideen bilden kein oder ganz wenig Blattgrün, sie leben wie erwähnt nur dank der Vorarbeit von Pilzen. Diese bereiten tote organische Substanz für sie zu Nährstoffen auf, über die Pilze vermittelt zehren sie vom Humus. Noch einen Schritt weiter geht offenbar die Vogel-Nestwurz *(Neottia nidus-avis)*. Sie ernährt sich nicht nur mithilfe eines Pilzes, sondern auch von einem Pilz. In den äußeren Rindenschichten ihres nestartig verflochtenen Wurzelwerks bereitet der zunächst die Nährstoffe auf, um weiter innen selbst verdaut zu werden.

Eine hinreißende Blütenschönheit im Orchideen-Buchenwald ist das Rote Waldvöglein (*Cephalanthera rubra,* links), eine fast mythische Pflanze ist der streng geschützte Frauenschuh (*Cypripedium calceolus,* rechte Seite), der vielerorts ausgerottet wurde. Wenn irgendeine, dann kann es die Blüte dieser heimischen Orchidee mit den spektakulären Blumenkronen ihrer exotischen Verwandten aufnehmen.

Tannen-Buchenwälder

Besonders im Frühjahr bieten die Tannen-Buchenwälder ein ganz eigentümliches Bild. Jetzt mischt sich das lichte Grün des jungen Buchenlaubs mit dem tief dunklen der Tanne *(Abies alba)*; umso heftiger wird mancher Waldläufer die Forstwirtschaft verdächtigen, hier ihre Hand im Spiel zu haben. Der unvertraute Anblick bestärkt nur noch den Eindruck, dass Laub- und Nadelbäume durch Welten getrennt sind.

Berg-Ahorn (*Acer pseudoplatanus*) am Hochgrat, Allgäu (links). Auf der rechten Seite sei der Blick über die Grenze gestattet: Der Große Ahornboden in der Eng im Karwendelgebirge, Tirol, liegt auf 1200 Meter Höhe und hat seinen Namen vom Berg-Ahorn, der auf den hiesigen Almwiesen seit Jahrhunderten dem Vieh Schatten spendet. Dieses grandiose Naturdenkmal zu erhalten, kostet einige Mühe.

Aber als Tannen-Buchenwälder finden sie unter bestimmten Voraussetzungen doch zu einer natürlichen Waldgesellschaft zusammen. Nachdrücklich hat der renommierte Vegetationskundler Heinz Ellenberg auf die „vielen Beziehungen“ der beiden Baumarten hingewiesen, von allen Nadelhölzern stehe die Tanne den Laubhölzern am nächsten. Übrigens leidet sie von allen Koniferen auch am stärksten unter Wildverbiss.

Der Waldtyp tritt in den mittleren Höhenlagen auf und hat eine schwache Tendenz zu den besser basenversorgten Böden. Seine Schwerpunkte liegen im Bayerischen Wald, im östlichen Schwarzwald und im Nordwesten der Schwäbischen Alb, er reicht kaum tiefer als 400 Meter hinab und nicht höher als tausend Meter hinauf. Ausgesprochene Kennarten fehlen ihm, doch gibt ihre Baumschicht der Gesellschaft genug Profil.

Subalpiner Ahorn-Buchenwald

Der Subalpine Ahorn-Buchenwald nimmt in Deutschland nur ganz kleine Flächen ein. Er verdient jedoch Erwähnung, weil hier die Buche nicht nur an ihre Grenze, sondern auch an die Waldgrenze geht. Bis etwa 1500 Meter steigt der subalpine Buchenwald im Allgäu, daneben findet er sich nur noch im Hochschwarzwald und im Bayerischen Wald.

Und noch immer herrscht keine völlige Klarheit über die Bedingungen, die der Buche diesen Aufstieg erlauben, die ihr so weit nach oben einen Konkurrenzvorteil gegenüber den Koniferen verschaffen. Einiges spricht für das ozeanische Klima als ausschlaggebenden Faktor. Wo der Subalpine Buchenwald – wie häufiger in den Westalpen oder selten im Hochschwarzwald – vorkommt, herrschen relativ milde Winter und eine durchgängig hohe Luftfeuchtigkeit. So werden die Koniferen geschwächt, weil ihnen das Grün erhalten bleibt und die Nadeln für Pilzbefall anfällig sind. Allerdings bleibt hier die Buche weit unter ihren durchschnittlichen Wuchshöhen und wirkt oft geradezu krüpplig. Sie lässt anderen Gewächsen viel Raum, schon in der Baumschicht ist mit dem Berg-Ahorn *(Acer pseudoplatanus)* ein anderes Gehölz gut vertreten. Fast immer zeugt eine gekrümmte Stammbasis vom Schneedruck, und die hohe Luftfeuchtigkeit fördert einen reichen Behang durch Flechten und Moose, die diesen Waldpartien ein urtümliches Aussehen geben können.

Lichter Bestand und nährstoffreicher Boden wirken zusammen, um die hochwüchsigen Stauden vorteilhaft ins Waldbild zu setzen, gesellschaftsfähig ist vor allem der Alpen- oder Berg-Sauerampfer *(Rumex alpestris)*. Als besonders schöne Art im subalpinen Buchenwald erscheint die Akeleiblättrige Wiesenraute *(Thalictrum aquilegifolium)*. Häufig findet sich der Graue Alpendost *(Adenostyles alliariae)* ein, ebenso der Alpen-Milchlattich *(Cicerbita alpina)*. Früher sahen ihn die Bergbauern gern, glaubten sie doch, er steigere die Milchleistung ihrer Kühe.

Hier sitzt eine Lederwanze (*Coreus marginatus*) am Alpen-Sauerampfer (*Rumex alpestris*), und zeigt ganz nebenbei, dass manche Wanzen – trotz des grottenschlechten Images dieser Gruppe – durchaus ansehnliche Tiere sind (linke Seite). In den lichten Subalpinen Buchen-Ahornwäldern wachsen Blütenschönheiten wie der Alpen-Milchlattich (*Cicerbita alpina,* oben links) und die Akeleiblättrige Wiesenraute (*Thalictrum aquilegifolium,* oben rechts).

Edles Holz auf steilem Hang

Schon seine Namen klingen verheißungsvoll. Edellaubholzwald heißen diese Gesellschaften oft, oder nach ihrem augenfälligsten Standort Schluchtwald. Doch muss es nicht immer eine Schlucht sein. Auch einseitige Lehnen können diesen Waldtyp tragen, sofern sie nach Norden oder Nordosten ausgerichtet, schattig, sicker- und luftfeucht sind. Oft haben sich an den Abhängen größere Gesteinsbrocken gelöst, die nun als Blockschutthalden das imposante Erscheinungsbild zusätzlich bereichern.

In der Natur der Sache liegt, dass sich die nötige Reliefdynamik erst vom Hügelland aufwärts einstellen kann. Besonders eindrucksvolle Schluchtwälder stocken über basenreichem Untergrund. Die Buche tritt (meist) zurück, selbst wenn sie das waldige Umfeld beherrscht. Dafür finden hier mit Esche, Berg-Ahorn und Sommer- und Winter-Linde die sogenannten Edellaubhölzer zusammen, und falls ihr die Schlauchpilze der Gattung Ophiostoma nicht den Garaus gemacht haben, gesellt sich auch die Berg-Ulme *(Ulmus glabra)* zum Baumensemble.

Der feuchte, schattige Standort begünstigt die Moosflora. Ebenfalls ins Auge fällt der Farnreichtum dieser Waldgesellschaft, Dorniger oder Gelappter Schildfarn *(Polystichum aculeatum)* und Zerbrechlicher Blasenfarn *(Cys-*

Biotop mit Geheimnis: Der Schluchtwald (linke Seite). Leitpflanzen des Schluchtwalds: Der Farn mit dem ungewöhnlichen Erscheinungsbild heißt Hirschzunge (*Phyllitis scolopendrium,* oben links), das Silberblatt (*Lunaria rediviva,* oben rechts) hat seinen Namen von der Scheidewand seiner Schötchen.

topteris fragilis) finden sich häufiger. Charakterart aber ist die seltene Hirschzunge *(Phyllitis scolopendrium)*, ein ungewöhnlicher Farn schon deshalb, weil ihre Wedel einen glatten Rand haben. Damit ähneln sie einer Zunge, und im Wald liegt der Bezug zum Hirsch nah. Die Hirschzunge bleibt im Winter grün, braucht jedoch frostgeschützte Plätze. Als besonders attraktive Pflanze wird sie in Gärten und auf Friedhöfen gehalten, ganz ohne menschliches Zutun gelangt sie in die Schächte alter Brunnen, offenbar sagt ihr das Klima dort sehr zu.

Auffälligste Art des Schluchtwalds ist das Silberblatt *(Lunaria rediviva)*. Silbrig glänzt allerdings nicht ihr Blatt, sondern die (falsche) Scheidewand ihrer Schotenfrüchte, wenn die Samen schon abgefallen sind. Diesem Glänzen verdankt sie auch den Namen Mondviole, zumindest den ersten Namensteil. Viole heißt die Pflanze nach dem betörenden Duft ihrer Blüten, der an März-Veilchen erinnert.

Häufig sind Schluchtwälder nicht, aber ganz sicher gehören sie zu den urtümlichsten Waldformationen. Da sie öfter über Kalk-, manchmal auch über Gipsgestein wachsen, droht ihnen überdies die Vernichtung durch Abbau. Als Beispiel sei nur das Neandertal bei Düsseldorf angeführt. Obwohl im Hügelland gelegen, bot es spektakuläre Felspartien und war im 19. Jahrhundert geradezu eine Pilgerstätte für die Maler der Düsseldorfer Kunstakademie. Unzählige Bilder feiern die wilde Romantik des Tals, von der nur ein ganz schwacher Abglanz geblieben ist. Als sich die Kalksteinindustrie der Gegend annahm, verschwanden Felsen und Wälder – immerhin fanden Steinbrucharbeiter hier die Reste des Neandertalers.

Naturparks für den Buchenwald – Hainich und Eifel

„Urwald mitten in Deutschland" heißt das Motto des Thüringer Nationalparks Hainich. Tatsächlich liegt er nur knapp neben dem geografischen Zentrum Deutschlands. Dagegen liegt der 2004 gegründete, sechs Jahre jüngere Nationalpark Eifel tief im Westen der Republik, nahe der Grenze zu Belgien. Er ist im Vergleich zu seinem östlichen Gegenstück deutlich größer, gut 76 Quadratkilometer umfasst der Nationalpark Hainich, 107 Quadratkilometer der Nationalpark Eifel. Im internationalen Vergleich der Großschutzgebiete zählen beide allerdings zu den kleineren. So gibt es auffälligere Unterschiede als die schiere Ausdehnung: Während der westliche Nationalpark größtenteils über sauren Gesteinen liegt, befindet sich der östlichere über Muschelkalk. Und während der Nationalpark Eifel ganz stark subatlantisch geprägt ist, reicht der Nationalpark Hainich auch ins subkontinentale Klimagebiet hinein.

Als Nationalparks haben sie eines gemeinsam: beide sind ausdrücklich der Buche gewidmet. Und noch eine zweite Gemeinsamkeit haben sie. Hainich und Eifel eint ihre Vergangenheit, und das über die scharfe Systemgrenze hinweg: Große Teile der beiden Parks waren früher militärisch genutzt. Hier hatte die Natur ihre – relative – Ruhe, und schon deshalb bot sich die Umwandlung in ein großes Schutzgebiet an. Für den Kernbereich des heutigen Nationalparks Eifel war die Ausweisung offenbar schon während der 50er-Jahre im Gespräch, wie das folgende Zitat zeigt:

In Nordrhein-Westfalen ist das Kermetergebiet in der Eifel, das auch die großen Stauseen einschließt, als Nationalpark ausersehen … Die Natur herrscht hier allein, nicht der Mensch, und der Mensch soll hier wieder Demut und Ehrfurcht lernen.

Der Vergleich beider Nationalparks führt noch einmal schön vor Augen, dass Buchenwald nicht gleich Buchenwald ist. Über den sauren Eifel-Gesteinen dominiert der Hainsimsen-Buchenwald, also eine eher arme Gesellschaft. Dagegen beherbergt der Hainich das imposante Pflanzenspektrum der Wälder über basenreichen und kalkhaltigen Böden. Die Krautschicht zeigt mit Märzenbecher, viel Bärlauch, Haselwurz und Leberblümchen eine starke Präsenz der Frühjahrsblüher, später kommen Blütenschönheiten wie die Türkenbund-Lilie hinzu. Auch der trockene Orchideen-Buchenwald steuert etliche namengebende Arten bei.

Der Vergleich mit dem Nationalpark Eifel zeigt außerdem eine erstaunliche Vielfalt an Laubbaumarten im Hainich. Neben der seltenen Elsbeere finden sich Berg-, Spitz- und Feld-Ahorn. Esche, Hainbuche und Winter-Linden kommen häufiger vor, wobei sich vor allem Esche und Winter-Linde robust verjüngen. Am stärksten leidet, zumindest auf manchen Flächen, ausgerechnet die Hainbuche unter der Rotbuchen-Konkurrenz.

Die Fotografien zeigen einen Baumkronenpfad im thüringischen Nationalpark Hainich (oben) und den Rursee mit Blick zum Kermeter in der Eifel. Der Nationalpark Hainich umfasst gut 76 Quadratkilometer, mit 107 Quadratkilometern ist der Nationalpark Eifel um einiges größer. Die Buche bestimmt das Waldbild beider Parks – oder soll es doch künftig bestimmen.

Dagegen fehlen im Nationalpark Hainich weitgehend die Auwälder. Im Muschelkalk trocknen die Wasserläufe rasch aus, kein Bach führt das ganze Jahr über Wasser. Wasser aber ist das Element des Nationalparks Eifel, keineswegs nur wegen der Talsperren, also der künstlichen Wasserspeicher. Etliche Bachläufe durchziehen das Gebiet, entsprechend gut ausgebildet sind die Bachauenwälder. Ebenfalls stehen die markanteren Felspartien im Westen an, die Buntsandsteinschroffen über der Rur gehören hier zu den größten Sehenswürdigkeiten.

Unterschiedliche Ausgangspositionen haben die beiden Schutzgebiete auch dank ihrer (jüngeren) Waldgeschichte. Während im Nationalpark Hainich die Koniferen kaum eine Rolle spielen, besetzt die Fichte im Nationalpark Eifel sage und schreibe 34 Prozent der Fläche. Weil viele dieser Nadelbäume kurz vor der „Hiebreife" stehen, stellen sie ein beträchtliches Vermögen dar. Es widerspräche also der wirtschaftlichen Vernunft, die Umwandlung zum Buchenwald übereilt voranzutreiben.

Für noch mehr Nachdenklichkeit, wenn nicht Irritationen sorgt, dass sich die Fichte an manchen Standorten ausgesprochen gut behauptet hat. Wenn schon Prozessschutz, lautet die beinah ketzerische Anregung, sollte der Nadelbaum – Bodenständigkeit hin, Bodenständigkeit her – doch so lange den Wäldern erhalten bleiben, bis er auf dem Weg der natürlichen Sukzession verschwinden wird (oder eben auch nicht). Doch die Zielvorstellung eines Buchen-Nationalparks steht über solchen Einwänden. Gegatterte Anpflanzungen sollen dem Laubbaum auf die Sprünge zu helfen.

Sonst werden im Nationalpark Eifel der unaufhaltsamen Entwicklung hin zum Wald einige Riegel vorgeschoben. Höchst verständlich, wenn man bedenkt, dass zum Beispiel die Wilde Narzisse *(Narcissus pseudonarcissus)* hier im Offenland wächst. Dabei kommt auch diese atlantische Art, besser bekannt als Osterglocke, ursprünglich aus dem Wald. Sie dringt nur bis in den äußersten Westen der Republik vor und hat ihre spektakulärsten Vorkommen im Nationalpark.

Dennoch: Es wird auf viele Jahrzehnte hinaus spannend bleiben in diesen Wäldern, nicht zuletzt für die Waldforschung. Ihr Interesse gilt auch der Tierwelt. Wer ihre Entwicklung im Nationalpark verfolgen will, muss sie zunächst einmal gründlich erfassen. Die Bestandsaufnahme ergab, dass in beiden Nationalparks sechs Spechtarten heimisch sind, also eine stattliche Zahl dieser wichtigen Waldvogel-Gattung. Außerdem konnte im Osten wie im Westen die Mopsfledermaus *(Barbastella barbastellus)* nachgewiesen werden, die im Rheinland schon lange nicht mehr gesichtet und auf die Verlustliste gesetzt worden war. Wichtige Hinweise auf den Zustand des Waldes geben auch weniger auffällige Gruppen, zum Beispiel die Käfer. Sie sind in beiden Nationalparks gut und auch mit seltenen Spezies vertreten. Allerdings zeigt sich, dass selbst hier gerade die ganz raren Totholzbewohner (noch) Mangelware sind.

Beide Großschutzgebiete sind eben erst auf dem Weg zum „Urwald", sie sind junge, sind Ziel- oder Entwicklungsnationalparks. Niemand kann ganz genau vorhersagen, wie dieses Ziel aussehen oder wie diese Entwicklung ablaufen wird. Aufschlussreiche Jahrzehnte stehen bevor.

Zu den größten Attraktionen des Nationalparks Eifel gehören die Narzissenwiesen. Die Wilde Narzisse (*Narcissus pseudonarcissus*, oben), eine extrem atlantische Art, hat aus den Wäldern ins Offenland gefunden. In Eifel und Hainich lebt die seltene Mopsfledermaus (*Barbastella barbastellus*, unten) und beglaubigt die Intaktheit der Lebensräume.

Gefährdetes Waldtier – die Europäische Wildkatze

Die zwei Nationalparks Eifel und Hainich haben einen prominenten Bewohner gemeinsam: die Europäische Wildkatze (Felis silvestris silvestris). *Einst weitverbreitet, wurde sie in weiten Teilen des Kontinents ausgerottet, erst in jüngster Zeit haben sich ihre Bestände etwas erholt. Und während die Eifel eine der größten Populationen Mitteleuropas beherbergt, durchstreifen den Hainich wohl kaum mehr als dreißig Tiere.*

Wenigstens auf den ersten Blick sind Haus- und Wildkatze schwer auseinanderzuhalten. Nur stammt die Hauskatze wohl von der Falbkatze ab. Dieses weiter südlich, in Afrika und Westasien beheimatete Tier galt früher als eigene Art, heute wird sie nur noch als Wildkatzen-Untergruppe geführt. Anders als bei der Hauskatze hat das Fell der Wildkatze eine verwaschenere Zeichnung, seine Grundfarbe changiert zwischen gelblich- und braungrau. Am besten lassen sich ausgewachsene Tiere unterscheiden, besonders im dichten, langen Winterfell wirken sie größer und massiger als ihre gezähmten Verwandten. Der dicke, relativ kurze Schwanz hat im hinteren Teil (nicht immer deutlich abgesetzte) dunkle Ringe, das stumpfe Ende ist schwarz.

Früher galt die Wildkatze als Bestie, Motto:

Die ächte wilde Katze ist ein unheimliches Thier. Nimm dich wohl in Acht.

DER SCHWEIZER NATURFORSCHER JOHANN JAKOB VON TSCHUDI, 1858

Und sie galt als tückischer Räuber: „Das Rehkitz ist durch die Wildkatze ebenso gefährdet wie die Auerhenne. Sie gehört zu den schädlichsten Raubtieren unserer Heimat." So ein Jägerhandbuch 1913. Dabei besteht ihre Nahrung zu etwa achtzig Prozent aus Kleinsäugern, meist Wühlmäusen. Außerdem erbeutet sie Vögel, Eidechsen und Frösche, selbst größere Insekten verschmäht sie nicht. Selten reißt sie einen Hasen oder ein Kaninchen.

Wildkatzen sind heimliche Jäger, die meist im Schutz der Dämmerung umherstreifen und oft lange Wege zurücklegen. Sie sind Einzelgänger, die nur zur Paarungszeit zusammenkommen. Das Weibchen sucht bodennahe Baumhöhlen, Fuchs- oder Dachsbauten auf, um die Jungen großzuziehen, in der Eifel nachweislich auch die verlassenen Bunker des Westwalls. Ihre Lebensweise erschwert die genaue Erfassung, manchmal machen erst verkehrstote Tiere auf die Existenz der Art aufmerksam.

Haus- und Wildkatzen können fruchtbare Nachkommen zeugen, doch die Gefahr, dass der Wildtierbestand durch diese Kreuzungen gefährdet ist, dürfte nach neueren Untersuchungen nicht groß sein. Bedrohlicher sind jedenfalls die Zerschneidung weitläufiger Waldgebiete und ihre radikale Durchforstung. Auch wenn sich die Situation der Wildkatze aktuell gebessert hat, führen die bundesdeutschen Artenlisten sie immer noch als „stark gefährdet". Der Naturschutz hat sie zur Leittierart für großflächig intakte Wälder erkoren. Wiederum steht diese Wertschätzung im krassen Gegensatz zur allgemeinen Einschätzung vom Beginn des 20. Jahrhunderts: „Es dürfte selbst dem größten Tierfreund schwer werden, ihrem Leben irgendeine sympathische Seite abzugewinnen." Wildkatzenprojekte bemühen sich vielerorts, dieses Tier wieder anzusiedeln und Korridore zu schaffen, die ihm den Wechsel von einem Waldgebiet ins andere ermöglichen.

Eine Frage der Mischung – Eichenwälder

Nach der Rotbuche ist die Eiche der zweithäufigste einheimische Laubbaum. Aber schon diese Aussage darf ein Botaniker nicht ohne Weiteres durchgehen lassen. Denn Eiche bezeichnet nur die Gattung, die in Europa mit 24, in Deutschland nur mit zwei beziehungsweise drei bodenständigen Arten vertreten ist. Allerdings ähneln sich diese – Stiel- *(Quercus robur)* und Trauben-Eiche *(Quercus petraea)* – derart, dass sie außerhalb der Fachliteratur gern über einen Kamm geschoren werden. Wo sie gemeinsam wachsen, mischen sich beide Arten. Eine Nebenrolle, pflanzensoziologisch aber sehr interessant, spielt die südliche Flaum-Eiche *(Quercus pubescens)*. Sie kommt von Natur aus allein in den wärmsten Gegenden Deutschlands vor, dort bildet sie häufig Bastarde mit der Trauben-Eiche.

Die Stiel-Eiche ist robuster, sie verkraftet größere Ausschläge bei Temperatur und Feuchtigkeit, überdies kommt sie mit nährstoffarmen Böden besser zurecht. So ist sie weniger frostempfindlich, während die Trauben-Eiche eher ein wintermildes Klima braucht, und nur sie kann auf den Quarzsand-Rohböden Fuß fassen. Ob die Stiel-Eiche auch, wie manche Autoren annehmen, ein höheres Alter erreicht als die Trauben-Eiche, steht allerdings dahin. Im Allgemeinen gilt für beide, dass sie die magische Tausend-Jahre-Marke streifen können.

Insgesamt sind die zwei Eichenarten zwar an vielen Waldgesellschaften beteiligt, aber die Vorherrschaft erlangen sie im Vergleich zur Rotbuche sel-

ten. Diese Rangfolge schärft noch einmal den Blick für die Prominenz der Eiche gerade hierzulande: Wenn sie, und nicht die Buche, im Rampenlicht der Kulturgeschichte steht, spricht auch dies dafür, dass der Mensch die Eichen tatkräftig gefördert hat. Die ersten Ackerbauern waren noch von eher unsteter Sesshaftigkeit, weil sie den Boden nur beschränkt nutzen konnten. Daraus folgte die Zügigkeit neuer Landnahmen und neuer Rodungen. Sie gingen entschieden zulasten der Eichen, die vielerorts dort verschwanden, wo sie bis vor etwa 4000 Jahren noch vorgeherrscht hatten. Und als dann Bäume die Brache wieder erobern konnten, kamen sie häufig als Buchenwald zurück: Manches spricht demnach dafür, dass der Mensch das natürliche Vordringen der Buche künstlich beschleunigte.

Je nach Landschaft verzeichnet die Eiche vor 3000 bis 4000 Jahren die geringsten Anteile in den Pollendiagrammen. Aus den Mittelgebirgslagen verschwand sie praktisch ganz, jedenfalls zeigen die Diagramme ein „Eichenminimum“. Aber mit den gewachsenen Möglichkeiten der Metallverarbeitung ging es vermehrt der Buche ans Holz. Und als seit der Eisenzeit die Baumbestände oft als Niederwald bewirtschaftet wurden, kam dies der Eiche ebenfalls zugute. Entsprechend schwer fällt zu beurteilen, welche Möglichkeiten als Waldbildner ihre beiden Arten von Natur aus haben. Im Buchenland behaupten sie sich auf bodentrockenen und an Standorten mit sehr geringem Niederschlag. Die überstauten Böden der Flussauen erträgt die Stiel-Eiche, sie verträgt auch das schlecht belüftete Erdreich besser als Buchen. In der Regel machen es die lichtbedürftigen Eichen anderen Gehölzen leichter, sich in ihren Waldgesellschaften zu behaupten. Sie dunkeln deren Nachwuchs nicht so stark aus wie die sogenannten Mütter des Waldes, die Rotbuchen.

Eichenwälder auf bodensauren Standorten

Für diesen Waldtyp bleiben die sehr trockenen wie die feuchten und jedenfalls ganz nährstoffarmen Böden. Dorthin kann ihnen die Buche kaum mehr folgen – obwohl sich die eine oder andere zwischen den Eichen verlieren kann und sich manche Übergänge zu Buchenwaldgesellschaften beobachten lassen.

Ihre Domäne ist das Tiefland, wo weite Sandebenen, Binnendünen und Altmoränen die Eiszeit noch gegenwärtig halten. Der bodensaure Eichenwald hat seine Schwerpunkte im Nordwesten und Nordosten Deutschlands. In waldgeschichtlicher Perspektive sind das Gegenden, die von der Buche erst zu einer Zeit erreicht wurden, als unsereiner schon mehr oder weniger stark ins Landschaftsbild eingreifen konnte.

Von Natur aus müsste gerade die trockene Ausprägung des Waldtyps größere Flächenanteile innehaben. Aber schon recht bald nahmen Heiden seinen angestammten Platz ein, die dann später von Kiefernforsten abgelöst wurden. Auf Heiden kann sich noch heute der trockene bodensaure Eichenwald als sogenannter Sekundär-, also Zweitwald wieder einstellen, stets in Kooperation mit der Sand-Birke und im Unterwuchs deutlich von den früheren, den Offenland-Verhältnissen geprägt.

Zweimal Eiche: Oben als Vorposten des Waldes, auf der rechten Seite mit imposantem Blick in die Krone, den eben nur die Eichen erlauben. Auf Seite 80 der Weg durch einen Eichenwald: Selbst wenn die Eichen in naturnahen Wäldern des Hügellands zahlreicher vertreten sind, behaupten sie nie allein das Feld.

Eine besonders starke Rolle spielt, vor allem in den Anfangsstadien der Gesellschaft, das Pioniergehölz Birke. Und häufiger wird ihr Unterwuchs von den hüfthohen Wedeln des weltweit verbreiteten Adlerfarns *(Pteridium aquilinum)* derart beherrscht, dass andere krautige Pflanzen kaum dagegen aufkommen. Überhaupt: Zwar erhalten hier die bodennahen Gewächse viel Tageslicht, aber profitieren können davon nur solche, die den stark sauren Untergrund ertragen. Und sie finden sich auch an ähnlich arm ausgestatteten Standorten, sodass sich keine ausgesprochene Kennart des Waldtyps ausmachen lässt. Immerhin sind einige Habichtskrautarten ziemlich regelmäßig vertreten. Die Drahtschmiele, schon beim armen Buchenwald erwähnt, und das außerordentlich zähe Weiche Honiggras *(Holcus mollis)* bilden zuweilen große Bestände.

Deutlicher tritt die feuchte Ausprägung des bodensauren Eichenwalds in Erscheinung. Sie behauptet sich auf Böden mit wechselnden Grundwasserständen, die der Buche nicht mehr behagen. Statt der Sand-Birke tritt hier denn auch häufiger die Moor-Birke *(Betula pubescens)* hinzu. Und wie in der trockenen Ausprägung die Besenheide zur Gesellschaft tritt, findet sich hier die Glocken-Heide *(Erica tetralix)* häufiger ein.

Am stärksten aber macht sich in Bodennähe das Blaue Pfeifengras *(Molinia caerulea)* geltend. Seine markanten Bulte fallen ins Auge, seine schwach violetten Ährchen weniger. Der Gattungsname jedoch erinnert an seine einstige Verwendung. Die gestreckten, knotenlosen Halme dienten zum Reinigen der langstieligen Pfeifen. Wie das Pfeifengras sind auch die anderen niederwüchsigen Pflanzen nicht ausschließlich an die bodensauren Eichenwälder gebunden. Aber sie geben doch deutliche Hinweise auf die sauren Verhältnisse am jeweiligen Standort, bekräftigen also die Zugehörigkeit der Eichen zu ebendiesem Waldtyp.

Links erobert die Natur den ehemaligen Truppenübungsplatz Schonwald-Vogelherd bei Pforzheim zurück. Im „sekundären" Wald spielt zunächst das Pioniergehölz Birke die Hauptrolle, doch stellt sich bald auch die Eiche (hier als Pflänzchen im Vordergrund) ein.

Ein verlandeter Torfteich mit Moor-Birkenhain (*Betula pubescens*) und Teichbinsen bei Rosenheim, Bayern (rechts).

Lebensbaum Eiche

Zugegeben, es sind nicht in jedem Fall die lieblichsten Vertreter des Tierreichs, die mit der Eiche namentlich zusammenhängen. Und der Eichenprozessionsspinner (Thaumetopoea processionea) *erregt neuerdings sogar öffentliches Ärgernis: Der denkbar unauffällige Nachtschmetterling trägt als Raupe nach der dritten Häutung einen Besatz aus Brennhaaren, die leicht brechen und dann ein hochallergenes Eiweiß freisetzen. Lange hielt sich das Auftreten des wärmeliebenden Falters in Grenzen, aber zuletzt vermehrte er sich im Süden derart massenhaft, dass allenthalben vor ihm gewarnt wurde.*

Eichenwickler, Eichenblattwickler und Eichengallwespe gehören ebenfalls zu den Insekten, die der Eiche einen Teil ihres Namens verdanken. Nicht alle sind allein auf Eichen angewiesen, aber Goldgruben-Eichenprachtkäfer, Großer Eichenbock oder Eichenwidderbock bevorzugen sie doch deutlich. Insgesamt beherbergen die beiden deutschlandweit heimischen Eichen eine reichere Tierwelt als alle anderen Baumarten. Je nach Quelle sind es 300 bis 500 Spezies, dazu kommt mindestens die gleiche Zahl an Tieren, die sie nicht nur, aber auch auf ihren Speiseplänen oder Quartierzetteln haben. Besonders die Stiel-Eiche zeichnet sich als Lebensbaum aus.

Ein wesentlicher Grund für diese große Anziehungskraft ist wohl das hohe stammesgeschichtliche Alter der Eiche, währenddessen sie vielen Lebewesen die Anpassung ermöglichte. Hinzu kommen die weite Verbreitung des Baums in Europa und die Vielfalt seiner Lebensraumangebote, vom höchsten Wipfel der ausladenden Krone bis hinunter zu den borkigsten Teilen des Stamms. Und weil die Eiche selbst sehr lange lebt, fächert sich ihr Spektrum zwischen vital und abgestorben besonders weit. Eichen grünen noch, wenn sie schon unübersehbar wipfeldürr sind, und so bietet ein einziger Baum viele Nahrungs- wie Unterkunftsmöglichkeiten.

Einige Tiernamen, bei denen die Eiche Pate stand, könnten sich ihrem Nimbus verdanken: Wahrscheinlich heißt das Eichhörnchen deshalb Eichhörnchen, weil die Eiche häufiger fürs große Ganze, also für den Wald steht. Ein wenig anders liegt der Fall beim Eichelhäher: Obwohl er keineswegs nur Eicheln frisst, hat der bunt gefiederte Rabenvogel doch beträchtliche Verdienste um die Verbreitung des Baums. Lange stellten die Jäger dem großen Krachmacher nach. Die Förster aber wissen, was sie am Eichelhäher haben: Vergessene Nahrungsvorräte, sogenannte Hähersaaten, unterstützen sie in ihrem Bemühen, naturnahe Wälder aufzubauen.

Fünf mehr oder weniger bekannte Tiere, die der Eiche ihren Namen verdanken: Eichenbock (linke Seite), Eichhörnchen und Eichelhäher (rechte Seite oben) sowie Eichenprozessionsspinner und die Larve einer Eichengallwespe (rechte Seite unten).

Eichen-Hainbuchenwälder

Für das Modell „Potenzielle Natürliche Vegetation" stellen sie die schwerste Belastungsprobe dar. Häufig zeigen diese Wälder Anzeichen des Übergangs, künden noch von den Zeiten der Niederwaldwirtschaft und sind nun auf dem Weg zum Buchenwald. Doch gibt es im Nordwesten Deutschlands durchaus auch Eichen-Hainbuchenbestände, die eine fernere Waldvergangenheit gegenwärtig halten könnten, eine vor dem Siegeszug der Buche. Hier hätte der Mensch also dem Rad der Waldgeschichte in die Speichen gegriffen und aus wohlverstandenem Eigeninteresse einen „ursprünglicheren" Zustand festgeschrieben. Diese Möglichkeit lässt noch mehr darüber grübeln, wie natürlich dieser oder jener Eichen-Hainbuchenwald sein und wohin er sich wohl entwickeln mag, bliebe er sich selbst überlassen. (Und alle Überlegungen beantworten die Frage nicht, wie denn nun mit dem konkreten Wald umgegangen werden soll.)

Generell lässt sich sagen: Was Vielfalt und Artenreichtum angeht, kann sich mancher Eichen-Hainbuchenwald mit den gut versorgten Buchenwäldern ohne Weiteres messen, nicht selten bietet er das breitere Spektrum an Flora und Fauna. Diese Wälder sind meist lichter und von den namengebenden Bäumen stehen die Eichen auch von der Wuchshöhe den Hainbuchen voran.

Da in vielen Buchenwäldern auch die Eichen vertreten sind, muss umso nachdrücklicher betont werden, dass (Rot-)Buche und Hainbuche nicht derart nah miteinander verwandt sind, wie ihre Namen es nahelegen. Die Hainbuche *(Carpinus betulus)* zählt keineswegs zur Familie der Buchen-, sondern zu den Birkengewächsen. Am leichtesten lässt sich das Laub beider Bäume auseinanderhalten. Das Blatt der Hainbuche ist (doppelt) gezähnt, während das der Buche einen zwar gewellten, aber glatten Rand hat.

Zügig streben die Äste der Hainbuche (*Carpinus betulus*) in die Höhe. Das Blatt dieser Art lässt sich vom Buchenlaub immer durch den gezackten Rand unterscheiden (links). Die Eiche auf der rechten Seite zeigt einen besonders eindrucksvollen Drehwuchs, dessen Ursachen immer noch nicht endgültig geklärt sind.

Fruchtstände der Hainbuche (oben). Das wärmeliebende Melissen-Immenblatt (*Melittis melissophyllum*, unten) ist ein rares Gewächs, aber doch eine Kennart der besser ausgestatteten Eichenwälder.

Noch stärker unterscheiden sich ihre Früchte, genauer die Fruchthüllen. Bei der Buche bildet die Blütenachse den „bestachelten" Becher, der die beiden Nüsse umschließt. Bei der Hainbuche dagegen liegt der Samen offen, er wird vom (langen) Tragblatt und den zwei kurzen Vorblättern präsentiert. Wegen dieser Nuss auf der dreilappigen, flugfähigen Fruchthülle wird die Hainbuche manchmal den Haselartigen zugesellt.

Die Hainbuche drang nach der letzten Kaltzeit erst relativ spät von Südost- nach Mitteleuropa vor, doch profitierte auch sie von der Niederwaldwirtschaft und Waldweide. Denn die Hainbuche gehört – anders als die Buche – zu den ausschlagfreudigen Gehölzen.

Waldgesellschaften bildet die Hainbuche zusammen mit Stiel- und Trauben-Eiche, oft sind die Lichtholzarten Winter-Linde, Vogel-Kirsche und Feld-Ahorn mit von der Partie. Und wie die Hainbuche von Osten ins Buchenareal übergreift, gibt es außerhalb dieses Areals subkontinental geprägte Waldgesellschaften unter starker Hainbuchen-Beteiligung, die ihrerseits schon zu den eichenbeherrschten Steppenwäldern Osteuropas vermitteln. Der Linden-Eichen-Hainbuchenurwald im UNESCO-Weltnaturerbe von Bialowieza (Polen) ist ein beliebtes Studienobjekt der Vegetationskundler. (Sie mussten allerdings feststellen, dass hier die Eichen immer mehr ausfallen und sich nur Winter-Linde *(Tilia cordata)* und Hainbuche gut vermehren.) Schwache Ausläufer dieser Wälder reichen über die deutsch-polnische Grenze nach Westen hinaus, sind aber selbst im Osten der Republik kaum verbreitet.

Den lindenreichen stehen hierzulande die waldlabkrautreichen Eichen-Hainbuchenwälder am nächsten. Das Wald-Labkraut *(Galium sylvaticum)* kennzeichnet die gemäßigt kontinentalen Varianten dieses Verbands, sie haben ihren Verbreitungsschwerpunkt im mittleren und südlichen Deutschland. Insgesamt fächert sich das pflanzengesellschaftliche Bild dieser Wälder weit, vor allem in Abhängigkeit zu den Bodenverhältnissen. Einzelne Buchen können beigemischt sein, aber dichte Lehm- und Tonböden machen ihnen das Leben

schwer. Dennoch lässt mancher einschlägige Baumbestand rätseln, ob er sich an seinem Standort von Natur aus oder dank menschlicher Förderung behauptet. Und wenn er nicht im Hügelland, sondern im Mittelgebirge angetroffen wird, spricht besonders viel dafür, dass er hier die Planstelle eines Buchenwalds besetzt.

Eine besonders geschützte Art dieser Gesellschaften ist das Melissen-Immenblatt *(Melittis melissophyllum)*, der auffällige Lippenblütler reicht nach Nordwesten nicht über das Niedersächsische Hügelland hinaus. Eine weitere Verbreitung hat die Doldige Wucherblume *(Chrysanthemum corymbosum)*. Sie wächst häufiger in diesen lichten Wäldern, an denen von Eichenseite meist die Trauben-Eiche beteiligt ist.

In stärker ozeanisch getönten Klimaten, auf feuchten Böden mit hohem Grundwasserstand, hat die nässetolerantere Stiel-Eiche den Vorrang, und zur krautigen Leitart wird, anstelle des Wald-Labkrauts, die Große Sternmiere *(Stellaria holostea)*. In einem bayerischen Naturwaldreservat setzt sich auch ein „Forstunkraut" spektakulär in Szene, die Zittergras-Segge *(Carex brizoides)*. Warum diese Segge auch Seegras genannt wird, zeigt sich, wenn der Wind im Hochsommer durchs Reservat streicht, dann schlägt der dichte Teppich tatsächlich so etwas wie Wellen.

Diese Wälder weisen im Ganzen gesehen ebenfalls ein sehr unterschiedliches Artengefüge auf. So artenreich sie sein können, ihre Kennarten sind doch recht unauffällig. Schon deshalb sei die westeuropäische, atlantische Spielart dieses Waldes angeführt. Denn in diesem Eichen-Hainbuchenwald tritt mit dem Hasenglöckchen oder der Waldhyazinthe *(Hyacinthoides non-scripta)* eine auffällige Blütenpflanze. Sie wächst zwar in England auf fast jedem Campingplatz (und gerne auch unter Buchen), hat bei uns aber nur im äußersten Westen und auch dort nur ganz wenige Vorkommen.

Freilich bietet diese Untergliederung nur eine grobe Orientierung. Die Feststellung, am Oberrhein seien die Eichen-Hainbuchenwälder so verschieden, dass jeder seine eigene Gesellschaft sei, lässt Ratlosigkeit anklingen.

Weit verbreitet ist die Große Sternmiere (*Stellaria holostea*, oben), die im Winter häufig grün bleibt. Das wilde Hasenglöckchen (*Hyacinthoides non-scripta*, unten) erreicht nur knapp den Westen Deutschlands – nahe Verwandte oder seine Zuchtformen blühen hier trotzdem in vielen Gärten.

Frisch grünen die Eichen im hessischen Reinhardswald. Enthusiasten nennen den Reinhardswald ein „Schatzhaus der europäischen Wälder“, innerste Kammer dieses Schatzhauses ist das über 100 Jahre alte Naturschutzgebiet „Urwald Sababurg“.

Eichenmischwälder trocken-warmer Gebiete

Schon die Kennzeichnung „trocken-warm“ (manche Autoren sprechen sogar von trocken-heiß) lässt anklingen, dass diese Eichenwälder hierzulande nur kleine Flächen einnehmen. Immerhin reichen mit ihnen Waldgesellschaften nach Deutschland hinein, die eigentlich anderen Klimazonen angehören, die mediterranen oder – im Osten – Steppenwaldcharakter tragen. Und selbst wenn ihre Ausstattung weniger üppig ist, so beherbergen sie doch einige seltene und höchst seltene Gewächse. Was nicht zuletzt daran liegt, dass an den oft felsigen Standorten dieser Eichenmischwälder auch der Wald selbst an die Grenzen seiner Möglichkeiten gerät. Die Bäume stehen licht, erreichen weder ihre gewöhnlichen Höhen noch ihr gewöhnliches Alter. So bleibt viel Raum für die Sträucher, sie können sich in solchen Gesellschaften zahlreich einfinden.

Auf hohen Stufen der pflanzensoziologischen Hierarchie, nämlich auf Ordnungs- und Verbandsebene, werden diese Wälder nach der Flaum-Eiche und der Trauben-Eiche *(Quercetalia pubescenti-petraeae* beziehungsweise *Quercion pubescenti-petraeae)* benannt. Die Flaum-Eiche erreicht in Deutschland die Nordgrenze ihrer Verbreitung, selbst aus Gebieten mit so hohen Durchschnittstemperaturen wie dem Moselraum sind – wenn überhaupt – allenfalls Kreuzungen von Flaum- und Trauben-Eiche bekannt. Das große Ordnungsdach übergreift auch Eichenmischwälder, in denen die Flaum-Eiche gar nicht vorkommt.

Überhaupt ist der mediterrane Baum selten, und weil er nur auf den wärmsten Standorten gedeihen kann, hat er oft dem Weinbau weichen müssen. Von Flaum-Eichen(misch)wäldern lässt sich deshalb nur bei wenigen Vorkommen sprechen. Zweifellos sind sie eine Domäne Baden-Württembergs. Im Kaiserstuhlgebiet und im Klettgau, also an der Schweizer Grenze bei Schaffhausen, findet sich diese südländischste aller hiesigen Waldgesellschaften, am Zeller Horn auf der Schwäbischen Alb behauptet sie sich sogar in der stattlichen Höhe von 750 Meter. Die wenigen Flaum-Eichen im Nationalpark Unteres Odertal sind sehr wahrscheinlich im vorvorigen Jahrhundert angepflanzt worden, heute ist die Art dort nahezu verschwunden. Auch auf den Muschelkalkkuppen um Jena sind die Flaum-Eichen auf dem Rückzug, wie die Art überhaupt die Tendenz zu haben scheint, im Meer ihrer Hybriden mit der Trauben-Eiche unterzugehen.

Auf den genannten Wärmeinseln Baden-Württembergs besteht dieser Baum nur auf den trockensten Standorten gegen die Konkurrenz. Sobald sich die Wasserversorgung bessert, lösen Hybride mit der Trauben-Eiche die Flaum-Eiche ab, und auf der Alb lässt sich gut verfolgen, wie die Flaum-Eichenmischwälder dann in Orchideen-Buchenwälder übergehen. Und während die Flaum-Eichenwälder Südeuropas hinsichtlich der Böden keine besonderen Vorlieben zeigen, sind die hiesigen Flaum-Eichen eindeutig an Kalk gebunden.

So klein die Flächen sind, auf denen diese schütteren Wälder stocken, ihre Pflanzenwelt lohnt den Umweg. Schon die gedrungene, lichte Baumschicht bietet mit dem Französischen Ahorn *(Acer monspessulanum)* ein attraktives Gehölz, womöglich noch attraktiver ist der allerdings extrem seltene Schneeballblättrige Ahorn *(Acer italicum)*. Etwas häufiger wächst der

Ein Baum und seine Früchte: Der Speierling hatte früher wegen seines harten Holzes einen großen Ruf, seine gerbstoffreichen, recht großen Früchte werden dem Apfelwein zugesetzt.

III. Syringa flore lacteo. I. Buxus. II. Syringa flore cæruleo.

Speierling *(Sorbus domestica)*, dessen Früchte sich hierzulande um den Apfelwein verdient gemacht haben. Die weiter verbreitete Elsbeere *(Sorbus torminalis)* tritt hinzu, sie wächst auch in anderen wärmeliebenden Waldgesellschaften. Von Westen her greift der immergrüne Buchsbaum *(Buxus sempervirens)* in diese Gesellschaften hinein, er kennzeichnet die flaumeichenlosen, doch immer noch äußerst wärmebedürftigen Spielarten dieser Wälder. Lange war umstritten, ob er in Deutschland überhaupt natürliche Vorkommen hat, aber zumindest die im Buchswald (Landkreis Lörrach) und an der Mosel dürfen aufs Heimatrecht pochen. Im östlichen Deutschland sind die subkontinentalen Eichenwälder an den trocken-warmen Standorten häufig vom Weißen Fingerkraut *(Potentilla alba)* geprägt, auf Kalk spielt der Schwarzwerdende Geißklee *(Cystius nigricans)* eine führende Rolle.

Tatsächlich ist der Buchsbaum weit häufiger in den Gärten und auf Friedhöfen als in der freien Natur wärmeliebender Eichenwälder zu finden. Deshalb erscheint er im berühmten Pflanzenbuch *Hortus Eystettensis* (*Der Garten von Eichstätt,* 1713) des Basilius Besler auch zwischen zwei Fliedern (linke Seite). Die Elsbeere ist ebenfalls eine typische Art der wärmeren Waldstandorte. Auch ihr Holz erzielt hohe Preise, und der Elsässer Edelbrand aus ihren Früchten erfreut sich unter Kennern großer Beliebtheit.

Eine ganze besondere Art dieser Wälder ist der Diptam *(Dictamnus albus)*, der am unteren Mittelrhein seine Nordgrenze erreicht. Im betäubenden Bukett seiner Blüten mischen sich Zimt- und Zitronenaromen, die Herkunft aus südlichen Gefilden lässt sich diesem Rautengewächs förmlich anriechen. Der Blaurote Steinsame *(Lithospermum purpurocaeruleum)* greift zwar über das Spektrum der wärmegebundenen Eichenmischwälder hinaus, aber auch die Verhältnisse hier sagen ihm sehr zu. Die rauen Blätter zeigen seine Verwandtschaft mit dem Küchenkraut Borretsch an, Steinsame heißt er nach der ungewöhnlichen Härte der Früchte. Seine Blüten sind schlicht eine Augenweide: Nach dem Aufblühen noch rot-violett, präsentieren sie später ein Blau, dessen Strahlkraft in der hiesigen Pflanzenwelt kaum ihresgleichen hat.

Der mediterrane Diptam (*Dictamnus albus,* links) liebt es sonnig. Wo sich der Eichenwald lichtet, prangt im südlicheren Deutschland seine Blüte – aber noch stärker beeindruckt sie die Nase. Der Name Blauroter Steinsame (*Lithospermum purpurocaeruleum,* rechts und auf der gegenüberliegenden Seite) sagt es, nur wechseln seine Blüten vom anfänglichen Rot zu Blau. Dafür ist dieses Blau von einer Leuchtkraft, die ihresgleichen sucht.

Die deutsche Eiche

Im 19. Jahrhundert stießen Brückenbauer in Mainz auf die acht Meter langen und fünfzig Zentimeter starken Eichenpfähle des römischen Rheinüberwegs. Gut anderthalb Jahrtausende hatten sie im Flussbett gesteckt und dem Zahn der Zeit getrotzt. „Von diesem historischen Holz hat eine Pianofabrik (Biese, Berlin) einige Hundert Zentner erworben und aus demselben Mitte April 1883 vier Instrumente fertiggestellt, deren Wohllaut jedes musikalische Ohr entzückt."

Bei der Mengenangabe „einige Hundert Zentner" meinen wir den schweren Flügelschlag der Zeitungsente zu hören, und auch sonst fügt sich alles zu genau ins Bild. Die deutsche Eiche *(Quercus spec.)*: Da haben die welschen Besatzer sie roh dem Schoß des deutschen Waldes entrissen, sie in Grund und Boden des deutschen Stroms gerammt – aber dies alles hat ihr Holz mit Gleichmut über sich ergehen lassen, um eines gründerzeitlichen Tages nicht nur wieder ans Licht zu kommen, sondern auch deutschen Tasteninstrumenten jene Klangfülle zu verleihen, welche die geladenen Gäste hausmusikalischer Soireen immer so gemütvoll erschauern ließ. Wer außer einem deutschen Baum könnte dergleichen Triumphe sonst noch feiern?

Nun nährt sich die Idee der Eiche ja nicht von irgendwelchen archäologischen Funden, sondern von ihrem gegenwärtigen Erscheinungsbild:

Ick weit einen Eikbom, de steiht an de See,
De Nurdstorm, de brus't in sin Knäst;
Stolz reckt hei de mächtige Kron' in de Höh',
So ist dat all dusend Johr west;
Kein Minschenhand, De hett em plant't,
Hei reckt sik von Pommern bet Nedderland.

FRITZ REUTER

Der formidable Fritz Reuter musste nach seinem Sinnbild des Plattdeutschen nicht lange suchen. Schließlich lagen die Ivernacker (Stiel-)Eichen in der Nähe seiner mecklenburgischen „Vaterstadt" Stavenhagen. „Diese Eichen waren die stolzen Grenzwärter meiner Besitzungen, bis hierher ging mein Reich und zugleich meine Geografie." Die noch aufrechten Bäume, Zeugen eines ehemaligen Hudewalds, sind vielleicht doch nicht die gern beschworenen tausend Jahre alt, dürften aber trotzdem zu den höchstbetagten Eichenensembles in Mitteleuropa zählen.

Nun wachsen hierzulande ja zwei Eichenarten, und die beiden können sich mischen. Das ist aus botanischer Sicht keine Affäre und kommt bei der ganz nahen Verwandtschaft von Stiel- und Trauben-Eiche auch öfter vor. Doch dass ein Heldenbaum Bastarde bildet, muss irritieren. Aber ein solcher ist die Eiche in unseren Breiten ja auch erst seit dem 18. Jahrhundert. Zwar

„Baumhöhle": Ein alter Eichenstamm bietet sogar Platz für zwei (kleine) Menschen. Unter den Ivenacker (Stiel-)Eichen (unten), die zu den ältesten Eichenensembles in Mitteleuropa zählen, gibt es wahre Prachtexemplare.

Der Kupferstich stammt aus Pierre Mussards in Latein geschriebener *Geschichte der weissagenden Götter* (1675). Deshalb wird Zeus hier Jupiter genannt; dem höchsten Gott der Griechen war mit dem Orakel von Dodona das nach Delphi bedeutendste der antiken griechischen Welt geweiht. Gedeutet wurde hier neben dem Rauschen der heiligen Eiche (vielleicht ein Exemplar der Art *Quercus trojana*) auch der Flug und das Gurren der Tauben (deshalb in der Bildunterschrift die „columba loquax"). Im historischen Keller des ehemaligen Zisterzienserklosters Eberbach (rechte Seite) ruht der illustre „Steinberger" (Riesling) – selbstverständlich in Eichenfässern.

kann sich die Verknüpfung von Eichenlaub und Schwertern vage auf antike Vorbilder berufen, doch Verse wie „Land der Eichen, Land der Treue/ Mannesstammes reifer Kern" mussten auf den Musenkuss vaterländischer Einfalt warten. Und möglicherweise haben schon Zeitgenossen aus Friedrich Schillers Versicherung „Mädchen – stark wie die Eiche stehet noch dein Dichter" die unfreiwillige Komik herausgehört.

Und doch hat die hohe Wertschätzung der Eiche eine lange Vorgeschichte. Die redenden Eichen von Dodona gelten als ältestes Orakel Griechenlands und waren dem Göttervater Zeus geweiht. Zu welcher Art diese Bäume gehörten, lässt sich nicht mehr feststellen; viel spräche für die Mazedonische Eiche – wenn sie nur ein wenig höher in den Himmel wüchse. Auch der Kult des baltischen Gottes Perkunas räumt der Eiche eine besondere Stellung ein. Perkunas war ein Donnergott wie der germanische Donar. Alle diese Götter gebieten über jene machtvollen Manifestationen des Himmels, die wir Gewitter nennen. Bis heute hält sich denn auch hartnäckig das Gerücht, Blitze hätten eine Vorliebe für Eichen. Um das Jahr 725 ließ der heilige Bonifatius eine dem Donar geweihte Eiche bei Geismar fällen. Er tat zweifellos recht daran, auf dieses Gehölz ein besonderes Auge zu haben. Öfter als ihm lieb sein konnte, musste sich der geistliche Stand bis weit ins Mittelalter um die Glaubensfestigkeit seiner Schäfchen sorgen. Vorsichtshalber brachte er die Eichen in Misskredit, jedenfalls finden sich unter den überlieferten Spuk- und Teufelsbäumen auffällig viele Eichen.

Allerdings verfolgten die Gottesmänner nicht immer die vergleichsweise grobschlächtige Taktik, die Eiche dem Reich des Bösen zuzuschlagen. Manche sahen es als Gebot der Klugheit, eine heidnisch geheiligte Eiche umzuwidmen, meist der Gottesmutter. Denn so oder so prädestinierte die lange Lebensdauer der Eichen, die Haltbarkeit ihres Holzes sie zum Symbol des ewigen Lebens. Noch heute zeugt so manches laub- und eichelngeschmückte Kapitell französischer Kathedralen von dieser Vereinnahmung.

Außerdem wurde die Eiche ja noch gebraucht, die Früchte für die Schweinemast, die Rinde zum Gerben des Leders, das Holz zum Bau der mehr oder weniger stattlichen Behausungen. Und keineswegs dürfen die Verdienste des Baums um Most und Wein vergessen werden. Bis vor Kurzem wurde fast jedes alkoholische Getränk den Eichenfässern anvertraut, ob Wein oder Starkbier, ob Cognac oder Whisky. Sogar die Eichengallen ließen sich nutzen, wenn schon nicht bei der Herstellung von Tinte, dann doch zum Färben der Haare.

Über kosmetische Korrekturen ist der Baum selbst natürlich erhaben. Doch wird einem unvoreingenommenen Betrachter kaum entgehen, dass sich unter den Eichen keineswegs nur ragende Lichtgestalten finden. Vor allem die zähe Stiel-Eiche behauptet sich auch an sehr ungünstigen Standorten, mühevoll oft, und davon kündet auch ihr kümmerlicher Wuchs. Der oft unterschätzte Dichter Friedrich Rückert beispielsweise muss jede Menge wenig repräsentative Exemplare gekannt haben: „Wie ihr zu dem Wahn gekommen,/ Deutsche, dass für euern Baum/ Ihr die Eich' habt angenommen,/ zu begreifen weiß ich's kaum." Ketzerisch spricht er vom Baum der Deutschen als „krüpplig Jammerbild", dem dann auch noch die Eisheiligen sowie das bekannteste Insekt des Wonnemonats zusetzen:

Und dann nagt der Maienkäfer
Scharf dem Maienfroste nach;
Und dem armen deutschen Schläfer
Bleibt ein spärlich Blätterdach,

Wo im hohen Sommergrase,
Hohes träumend, er sich streckt,
Bis im Herbstwind, auf die Nase
Fallend ihn die Eichel weckt.

FRIEDRICH RÜCKERT

Natürlich nur weiter oben – Nadelwälder

Ginge es nach der Natur, würde hierzulande die Vorherrschaft der Laubbäume nur an wenigen Standorten gebrochen. Dem widerspricht allerdings der Augenschein: Durch menschliches Zutun wachsen Lärche, Kiefer und vor allem Fichte heute dort, wo von Rechts wegen Buche oder Eiche das Waldbild prägen müssten. Damit nicht genug, können (wohlgemerkt können) die „verpflanzten" Nadelbäume durchaus höhere Wuchsleistungen erreichen als die bodenständigen, jedenfalls bislang. Demnach wären sie von ihren Möglichkeiten her sehr wohl in der Lage, sich weiter zu verbreiten, aber unter den gegebenen Rahmenbedingungen sind eben die Laubbäume meist konkurrenzstärker.

Die Form rechtfertigt das Wort „Nadel", doch es ist mehr Bild als Begriff. Begünstigt durch die Unterscheidung von Laub- und Nadelbaum verleitet es leicht zur falschen Annahme eines Gegensatzes. Aber auch Nadeln sind Blätter. Allerdings deutet schon ihre geringere Oberfläche auf eine Eigenschaft der Koniferen hin, die den Laubbäumen fehlt: Sie können große Trockenheit aushalten. Im Fall der Wald-Kiefer bedingt der sandige Untergrund oft einen prekären Wasserhaushalt. Nadelbäume der höheren Lagen sind dagegen mit dem Nass oft reichlich versorgt. Doch an ihren Standorten verhindert der gefrorene Boden im Winter die Wasseraufnahme, die Nadelbäume müssen die sogenannte Frosttrocknis überstehen. Dann ist es besonders wichtig, über die immergrünen Nadeln kein Wasser abzugeben. Solcher Vergeudung beugt hier zunächst einmal ein wächserner Überzug *(Cuticula)* vor. Auf ihn folgt eine massive Epidermis (Hautschicht). In sie und die Schicht darunter sind die Spaltöffnungen tief eingesenkt. Damit liegen sie derart geschützt, dass ihnen selbst der Wind keine Feuchtigkeit entziehen kann.

In Deutschland gehören die meisten Nadelbäume zur Familie der Kieferngewächse, Ausnahmen sind Eibe und Wacholder. Von der Tanne war schon beim Buchen-Tannenwald die Rede, von Natur aus bildet sie hierzulande keine Reinbestände. Die natürliche Domäne der Fichte liegt an der Waldgrenze, noch höher kann die Lärche steigen. Dagegen hat die Wald-Kiefer ihren Verbreitungsschwerpunkt im Nordosten der Republik. Doch kann ihre nahe Verwandte, die Berg-Kiefer, bis in die hohen Gebirgsregionen vordringen und sich in ihrer Gestalt als Spirke sogar oberhalb der Waldgrenze behaupten.

Links eine Tanne, rechts ein naturnaher Fichtenbestand. Für die Seite 102 kann die Frage, ob Wald oder Forst, dahingestellt bleiben: Wenn das Sonnenlicht erst durch den Nebel dringt und dann zwischen die Fichten fällt, wird jedenfalls der Schönheitssinn angesprochen.

Die Tanne und die Tannenmischwälder

Eindrucksvolle Tannenverjüngung bei Pfalzgrafenweiler Kälberbronn im nördlichen Schwarzwald (linke Seite oben). Im Fichtenbestand (linke Seite unten) warten Buchen darauf, die Vorherrschaft des Nadelbaums zu brechen. Die Eibe, hier mit ihren Früchten (oben), ist ein Nadelbaum, und in weiten Teilen Deutschlands sogar der einzig einheimische (unabhängig davon, dass er vielerorts ausgerottet wurde). Die Eibe kommt in Tannenwaldgesellschaften, doch mindestens ebenso häufig in den besser ausgestatteten Buchenwaldgesellschaften mittlerer Standorte vor.

Die Tanne ist der imposanteste Nadelbaum unserer Breiten. Sie kann über fünfzig Meter hoch werden, einige Exemplare haben es auch auf über sechzig Meter gebracht, mit 500 bis 600 Jahren erreicht sie ein hohes Alter. Auch weil er hartnäckig mit der Fichte verwechselt wird, heißt der Baum genauer Weiß-Tanne *(Abies alba)* nach seiner hellgrauen, bei jüngeren Bäumen glatten Borke.

Die Nordgrenze der bodenständigen Verbreitung verläuft in Deutschland vom Schwarzwald über den Thüringer Wald in Richtung Osten. Im Tiefland der Niederlausitz, wo sich auch die Fichte behaupten konnte, kommt sie natürlich vor; dort erreicht sie außer der geringsten Meereshöhe auch ihren nördlichsten Punkt. Sonst konnte die Tanne nach allgemeiner Überzeugung nie weiter nach Norden vordringen, selbst aus den ursprünglich tannenreichen Vogesen sei sie nicht in den gleich benachbarten Pfälzer Wald eingewandert. Allerdings lassen römerzeitliche Funde die Frage zu, ob es der Baum vielleicht doch bis in die Mittelgebirge um Trier geschafft hat. Jedenfalls ist er – im Gegensatz zu den anderen Nadelbäumen – eine Art Mittel- und Süd(ost)-europas geblieben. Von der Höhenstufe steht die Tanne zwischen Buche und Fichte. Anders als die Fichte ankert sie tief, selbst die dichtesten Pseudogley-Böden bringen ihre Pfahlwurzel nicht vom vertikalen Kurs ab. Tannen gehören zu den sturmsichersten Bäumen.

Von allen heimischen Koniferen zersetzen sich ihre Nadeln am besten. Und es kommt keineswegs von ungefähr, dass die Tanne am stärksten von allen unter Wildverbiss leidet. Im Vergleich zur Fichte sorgen ihre jungen Triebe für die bessere Ernährung (höhere Gehalte an Phosphor, Calcium und Magnesium), ohne Reh und Hirsch durch reichlich Kieselsäure oder Harz den Appetit zu verderben. Anmerkungen der Art, die Tanne sei ein „Anzeiger für angepasste Schalenwildbestände", wecken beim Leser den Ironie-Verdacht.

Vor allem aber: Die Weiß-Tanne ist kein Baum für die Kahlschlagwirtschaft. Noch besser als die Buche erträgt sie das Waldesdunkel, kann Jahrzehnte, kann sogar 150 Jahre im Unterholz auf ihre Stunde warten.

Aber wenn sie im wahrsten Sinn des Wortes bloßgestellt wird, bekommt sie eine Art Lichtschock und kümmert. Zudem fehlt ihr auf den kahlen Flächen der Frostschutz, den sie mehr braucht als ihre waldbauliche Konkurrentin, die Fichte.

Und lange bevor das „Waldsterben" Karriere machte, war vom „Tannensterben" die Rede. Schon um 1900 ließen die Schadbilder aus dem Erzgebirge erkennen, wie empfindlich die Tanne auf „Rauchgase" reagierte. Bis Ende der 1980er-Jahre hat ihr der schwefelsaure Regen besonders zugesetzt. So geriet sie auch in den Ruf einer „Mimose unter den Waldbäumen". Mit anderen Worten, die Weiß-Tanne war selbst „schuld", und mancher Forstmann ersparte sich die vergebene Liebesmüh. Zumal er um Ersatz nicht verlegen war: Bringt es doch die Fichte sehr viel schneller zur Hiebreife. Da hat der Tanne auch wenig geholfen, dass sie in späteren Jahren durchaus mehr Festmeter in die Waagschale werfen kann.

Über lange Zeit verzeichneten die Waldinventuren immer weniger Exemplare der Weiß-Tanne, besonders kritisch war die Lage im Freistaat Sachsen.

Nun stuft die Rote Liste der bedrohten Arten sie als „gefährdet“ ein. Schöne Bestände finden sich dennoch im Bayerischen Wald, im (nördlichen) Schwarzwald sowie im (westlichen) Allgäu. Und zumindest was die Verlautbarungen angeht, erfährt die Tanne neuerdings eine Renaissance. Sie führt wieder den Titel „Königin des Waldes“, und die Forstverantwortlichen der südlichen und östlichen Bundesländer wollen ihr wieder einen angemessenen Platz in den Wäldern verschaffen.

Der Titel kann allerdings nicht darüber hinwegtäuschen, dass viele Tannen immer noch vom Stress der vergangenen Jahrzehnte gezeichnet sind. Bei älteren Exemplaren ist auch heute nicht ausgemacht, ob sie nicht doch an den Spätfolgen der Schwefelduschen eingehen werden. Und leider gleicht das Ringen mit „zu hohen Schalenwilddichten“ auch heute noch viel zu oft einem Kampf gegen Windmühlenflügel …

Insgesamt gilt, dass Tannen die nach ihnen benannten Wälder auch von Natur nicht so deutlich beherrschen, wie das die Buche im Fall ihrer Waldgesellschaften tut. Doch ebenso gilt, dass sich die Weiß-Tanne häufig nur kümmerlich „beigemischt“ findet, wo sie nach der reinen Waldgesellschaftslehre auf eine starke Präsenz Anspruch machen dürfte. Deshalb ist oft schwierig zu beurteilen, welcher Grad an Natürlichkeit dieser oder jener Tannenmischwaldgesellschaft zugesprochen werden kann.

Als gelber Film überzieht der Fichten-Blütenstaub das Wasser am Seeufer (links), rechts ein vitaler Fichtenwald oberhalb des Eibsees, Bayern.

Vom gemeinsamen Auftreten der Tanne mit der Buche war schon die Rede. Wie die Tanne von der Höhenlage her zwischen Buche und Fichte steht, vermittelt sie auch im Fall der Waldgesellschaften. Bei ihrem Zusammengehen mit der Fichte führt, weil häufiger, meist Letztere die Formationsbezeichnungen an. Versprengte Buchen können diesen Wäldern beigemischt sein, doch schon der schwache Wuchs spricht für den Verlust ihrer Konkurrenzkraft.

Sowohl auf sauren wie auf eher neutralen Böden gibt es Formationen, die von der Tanne beherrscht werden oder doch beherrscht werden müssten. Generell sind diese Wälder reicher an Erd-Moosen als die buchendominierten Bestände, deren dicke Falllaubschicht bodennahen Sporenpflanzen nur wenig Lebensraum gönnt. Auf den ganz nährstoffarmen, sauren Böden wächst der Preiselbeeren-Weiß-Tannenwald, der aufs Ganze der Republik gesehen eher die Heidelbeere im Namen führen müsste. Nur wenige andere Arten finden hier ihr Auskommen, sie sind in der Lage, auch längere Trockenheitsphasen zu ertragen. Eine schon bessere Versorgung zeigt der Hainsimsen-Weiß-Tannenwald an, den die Weiße oder die Wald-Hainsimse näher beschreibt. Außerdem lässt der Rippenfarn *(Blechnum spicant)* auf das stärker ozeanisch getönte Klima seiner Standorte schließen.

Doch führt schon die weite Spanne der Höhenstufen zu unterschiedlichen Waldbildern, auf der Stufe um 400 Meter können sich, wie etwa im Vorderen

Rippenfarn (*Blechnum spicant*) in einem Hainsimsen-Weiß-Tannenwald. Der recht weit verbreitete Farn findet sich auch in anderen Waldgesellschaften, bei ihm trennen sich die Laub- von den sporentragenden Blättern.

Birngrün (*Orthilia secunda,* links) im Wintergrün-Weiß-Tannenwald. Obwohl ihre Blüten besonders nektarreich sind, ist die Pflanze auf eine Verbreitung durch Insekten nicht unbedingt angewiesen, denn sie bildet lange unterirdische Ausläufer und Wurzelsprosse. Rechts der Wald-Schachtelhalm, ebenfalls im Weiß-Tannenwald vertreten.

Bayerischen Wald, sogar die beiden Eichenarten einmischen. Andererseits steigt dieser Tannenwald in den Bayerischen Alpen so hoch, dass er den Almwiesen weichen musste, die später mit Fichten aufgeforstet wurden.

Eine interessante Ausstattung bieten die Labkrautreichen-Weiß-Tannenwälder, so genannt nach dem Rundblättrigen Labkraut *(Galium rotundifolium)* ihrer Krautschicht. Hier finden sich noch Säureanzeiger wie die Heidelbeere, doch treten auch anspruchsvollere Arten wie das Wald-Bingelkraut *(Mercurialis perennis)* hinzu. Wo es feucht wird, können Echtes Springkraut, Großes Hexenkraut und Wald-Schachtelhalm diesen Wäldern ein eigenes Profil geben. Mit Artenreichtum aber glänzt jener Flügel der Weiß-Tannenwälder, die auf basenreichen Böden stocken. Wintergrün-Weiß-Tannenwälder heißen sie nach dem Birngrün, der insgesamt recht seltenen, charakteristischen Art ihrer Krautschicht. Sie sind über sehr unterschiedliche Naturräume gestreut und zeigen dementsprechend viele, unterschiedliche Spielarten. In ihrer obersten Etage können auch Fichte und Kiefer vertreten sein, selbst einzelne Exemplare von Buche und Berg-Ahorn können sich darin verlieren.

Wer mit dem systematischen Ehrgeiz eines Pflanzensoziologen gesegnet ist, hat mit Wintergrün-Weiß-Tannenwäldern seine liebe Mühe. Denn hier kommt zusammen, was eigentlich nicht zusammengehört, gleich neben Säureanzeigern aus dem Bereich der Moose und Zwergsträucher wachsen anspruchsvolle Arten wie der Seidelbast oder das Rote Waldvöglein, eine hinreißende Blütenschönheit sogar unter den Orchideen. Das namengebende Birngrün *(Orthilia secunda)* gehört zu den Humuspflanzen, die auf Pilzhyphen angewiesen sind, um ihre Nährstoffe aus dem Boden aufzunehmen.

Listiger Tannenschutz – am Freudenstädter Plenterwaldpfad

Über die Beschilderung der Natur mit Lehrpfaden lässt sich streiten. Ebenfalls streiten lässt sich über den Waldanspruch von Baumbeständen, die genau genommen Parks sind oder doch nach Parkmanier gepflegt werden. Aber der Plenterwaldpfad im Freudenstädter Parkwald öffnet wirklich die Augen. Vieles spricht dafür, dass dieses Mittelgebirge wegen seiner Tannen Schwarzwald heißt. Noch immer wächst im Schwarzwald etwa die Hälfte aller bundesdeutschen Tannen, obwohl ihre Zahl auch hier stark abnahm. Und dass sich die Tanne im Freudenstädter Stadtwald so eindrucksvoll behaupten konnte, liegt auch am geschmeidigen Umgang der Gemeinde mit den waldbaulichen Direktiven. Ende des 19. Jahrhunderts entschied sie sich für einen neuen Weg aus der wirtschaftlichen Notlage. Freudenstadt wurde Kurort und als solcher recht erfolgreich. Damit war auch dem Wald eine neue Perspektive eröffnet: Er musste nicht mehr nach Maßgabe des höchstmöglichen Ertrags bewirtschaftet werden, sondern konnte dem Kurerfolg dienen. Fortan hieß er Parkwald, gleich einer Anwendung sollten die Kurgäste jetzt seine „balsamischen Düfte“ genießen.

Hätte die Stadt ihre Baumbestände vor gut hundert Jahren nicht zum Parkwald umgewidmet, wäre wohl auch hier ein Altersklassenforst entstanden. So aber durfte weiter „geplentert“, also nur einzelne Bäume gehauen werden. Und aus den anfänglich bescheidenen 113 Hektar wurden im Jahr 1929 150, heute werden 366 Hektar als Plenterwald genutzt, die Überführung von weiteren 355 in diese Nutzungsform ist geplant. Sie bekommt gerade der Weiß-Tanne gut, die auf diesem Waldpfad „Charakterbaum des Plenterwalds“ genannt wird. Zum Erfolg trugen wesentlich jene Forstleute bei, die sich diesem Konzept über Jahrzehnte verschrieben hatten. Der Erfolg gab ihnen recht. Die gut gewachsenen Tannen hier bieten eine schöne Gelegenheit zum Vergleich mit der Fichte. Wer einmal auf dem Freudenstädter Plenterwaldpfad unterwegs war, wird Fichte und Tanne stets auseinanderhalten können. Schon die Silhouette unterscheidet die zugespitzte Fichte von der sanft gerundeten Tanne.

Und zur größten Tanne des Schwarzwalds ist es auch nicht weit. Ein Abstecher vom Plenterwaldpfad führt zur sogenannten „Großvatertanne“ mit einer Höhe von mehr als vierzig Meter und einem Alter von mehr als 250 Jahren. Das mächtigste Exemplar der Republik steht allerdings im Bayerischen Wald südöstlich von Bayerisch-Eisenstein. Es ist gut fünfzig Meter hoch und geschätzte 400 Jahre alt.

Die Fichte und die Fichtenwälder

Zuweilen scheint es, als würde der Fichte *(Picea abies)* ihre forstliche Karriere sozusagen persönlich übel genommen. Immerhin kann sie, seit von der Erderwärmung die Rede ist, auf einen gewissen Mitleidseffekt rechnen, die Erderwärmung teilt ihr die Rolle des Hauptopfers zu.

Weil die Fichte häufiger als Sündenbock herhalten muss, schadet die Erinnerung nicht, dass der Baum hierzulande sehr wohl auch natürlich vorkommt, dass er bodenständige Wälder und Mischwälder bildet. Dies allerdings erst ab etwa 700 (850) Metern, also in hochmontanen und subalpinen Lagen. Nach Westen verliert die Fichte an Konkurrenzkraft: Schon im Schwarzwald müsste sie deutlich hinter der Tanne zurückstehen, in den Vogesen hat sie keine natürlichen Vorkommen mehr.

Nur kleine Areale haben die reinen Fichtenwälder in der subalpinen Stufe der Alpen ab tausend Meter. Sie sind der Höhenlage entsprechend lichter ausgebildet als andere Nadelbaumformationen und kommen fast nur über Silikatgestein vor. Unter ihnen stellt sich der säuretolerante Grüne Alpenlattich *(Homogyne alpina)* so häufig ein, dass Baum und Staude der Waldeinheit ihren Namen gaben. Doch reichen Fichten in den nördlichen Alpen bis zur Waldgrenze hinauf.

Fichtenbestand bei Geretsried (Landkreis Bad Tölz-Wolfratshausen, Bayern)

Für die hohen und höchsten Lagen der Mittelgebirge geben die Gesellschaften des Peitschenmoos- und des Wollreitgras-Fichtenwalds den Ton an. Während das Dreilappige Peitschenmoos *(Bazzania trilobata)* eher im Westen seinen Verbreitungsschwerpunkt hat, ist das Wollige oder Berg-Reitgras *(Calamagrostis villosa)* östlich stärker präsent. Für den Nadelbaum ist es ein schwieriger Partner. Gerade auf verkahlten Flächen steht das Gras dicht an dicht, die Fichtensamen können seinen Teppich nur schwer durchdringen. Dafür besetzen die jüngsten Bäume oft zahlreich die Wurzelteller ihrer sturmgeworfenen Artgenossen, und auch deren vermodernde Stämme bieten ihnen ein Keimbett.

Die Hochlagen-Fichtenwälder der östlicher gelegenen Mittelgebirge (Bayerischer Wald, Fichtel- und Erzgebirge, auch der Harz) werden vom Hauptbaum völlig beherrscht, Borkenkäferbefall kann diese Herrschaft schön herausarbeiten. Doch bei etlichen Waldformationen ist die Fichte nur Mitgesellschafter. Es gibt Buchen-Tannen-Fichtenwälder, Tannen-Fichtenwälder wie Fichten-Kiefernwälder, darunter einige, die allen Verbreitungsregeln zu spotten scheinen. Ein besonderes Kleinod sind die natürlichen

Fichtenvorkommen bei Großdittmannsdorf im sächsischen Tiefland auf kaum mehr als 150 Metern Höhe. Dort treten sie an Moorrändern zusammen mit den länger benadelten Kiefern auf. Im Gebiet schmarotzt wie zur Bekräftigung die Kiefern-Mistel auf Fichten, ein hierzulande ganz ungewöhnlicher Übergriff. Überhaupt erlaubt ihre Säuretoleranz der Fichte, sich an den Moorrändern zu behaupten. Sie nimmt hier aber naturgemäß nur schmale Streifen ein, wenn nicht das Moor selbst – wie häufig der Fall – so gestört ist, dass die Fichten ins sonst baumfreie Zentrum vordringen können.

Eine interessante Erscheinung sind die Blockhaldenfichtenwälder, so genannt nach ihren wenig waldfreundlichen Standorten, die sich durch mehr oder wenig große Felsenmeere auszeichnen. Im Blockschutt haben es die Fichten nicht nur wegen der roh geklüfteten Steinlage schwer, sondern auch wegen der kalten Luftströme, die selbst im hohen Sommer durch den Wurzelraum streichen können. Diese Fichtenwälder zeigen nicht die Geschlossenheit anderer Formationen, säuretolerante Moose und Sträucher können sich hier ansiedeln.

Schließlich führte die waldbauliche Bevorzugung der Fichte zu Beständen, die eigentümlich zwischen Wald und Forst oszillieren. Hier würde der Nadelbaum zwar auch von Natur aus vertreten sein oder gar vorherrschen, doch hat die Forstwirtschaft kräftig nachgearbeitet. Hin und wieder sind einiger Scharfsinn und sehr gute Standortkenntnisse gefordert, um den täuschend natürlichen Wald als Forst zu enttarnen.

Der erste seiner Art – Nationalpark Bayerischer Wald

Was heißt Wildnis, was heißt unberührte Natur? Keine Frage, dass sie sich hierzulande immer erst entwickeln muss. Immer schon fertig sind die Vorstellungen von Wildnis in unseren Köpfen. Sie laufen, so unterschiedlich sie im Einzelnen sein mögen, doch auf den Wald hinaus, den Urwald eben.

Diesem kam der Bayerische Wald nahe. Ganz nebenbei sprach für ihn seine Entlegenheit, die geringeren Widerstand beim Nationalpark-Vorhaben erwarten ließ. Aber selbst hier geriet das Projekt zwischen die Fronten, es wurde ein Kampf, wie ihn auch später mancher Nachfolger durchzustehen hatte.

Mit der Erweiterung von 1997 umfasst der 1970 gegründete Park 243 Quadratkilometer, auf tschechischer Seite schließt sich der 1991 gegründete und knapp 700 Quadratkilometer große Nationalpark Šumava (Böhmerwald) an, beide gemeinsam bilden das größte Waldschutzgebiet Mitteleuropas.

Der Bayerische Wald ist ein Mittelgebirge, das sich zu beachtlichen Höhen aufschwingt, doch fehlen ihm die spektakulären Gipfel. Bis auf etwa 600 Meter reichen die Hänge im Nationalpark herab, höchster Punkt ist der Große Rachel (1453 Meter). Hohe Jahresniederschläge (1000–2000 Millimeter) prägen das Gebiet ebenso wie das schon kontinental getönte Klima mit rauen und schneereichen Wintern. Hauptgesteinsarten sind die geologisch sehr alten Granit und Gneis, sie können zu imposanten Felspartien und Blockschutthalden verwittern.

Die Hanglagen werden noch von Bergmischwäldern mit Fichte, Tanne, Buche und Berg-Ahorn geprägt, doch ab 1200 Meter geben die Bergfichtenwälder den Ton an. Und die Aufichtenwälder des Nationalparks sind eine Besonderheit, die sich den nächtlichen Kaltluftströmen in den nassen Talmulden verdankt. Im Vergleich zur Šumava spielen die Moore, sie heißen hier Filze, eine geringere, aber immer noch prägnante Rolle. Eindrucksvolle Partien im Landschaftsbild sind die Bergwiesen, Schachten genannt. Oft weitab der Siedlungen gelegen, waren sie von Juni bis September Sommerweide des Viehs. Etliche Schachten entgingen ihrer behördlicherseits schon verfügten Aufforstung, heute sind die einstigen Unterstellbäume markante Gehölz-Persönlichkeiten.

Bayerischer Wald: Blick zum Großen Rachel, mit 1453 Metern der höchste Berg im Nationalpark Bayerischer Wald (links). Auf der rechten Seite ein Wandersteig im Bayerischen Wald, der an der Grenze zwischen Bayern und Tschechien verläuft.

Die sauren, basenarmen Ausgangsgesteine des Nationalparks lassen weniger Artenvielfalt zu als die basenreicheren, etwa im Hainich. Aber bestimmte Pflanzengruppen sind doch machtvoll vertreten, genannt seien nur die Farne und Bärlappe. Von der Vielteiligen *(Botrychium multifidum)* und der Ästigen Mondraute *(Botrychium matricariifolium)*, zwei kleinen, höchst seltenen, oft übersehenen Farnen, wachsen hier die deutschlandweit bedeutendsten Vorkommen.

Vor Jahrmillionen bildeten die Vorfahren der Bärlappgewächse noch wirkliche Baumriesen, aus erdgeschichtlicher Perspektive sind die heutigen Bärlappe nur ein Schatten ihrer Ahnen, und häufig sind auch die häufigeren Vertreter dieser Familie nicht. Aber im Nationalpark bringen es die Bärlappe auf stattliche zehn Arten. Damit keineswegs genug, finden sich unter ihnen äußerst rare Flachbärlappe mit allen sechs Arten, die hierzulande bekannt sind.

Wenn der Luchs in einer Region Aussicht auf ein dauerndes Heimatrecht hat, dann sicher im Bayerischen Wald (Seite 116). Dort fehlen auch um den Lusengipfel die spektakulären Zuspitzungen, aber das schließt imposanten Blockschutt nicht aus (Seite 117).

Faszination Luchs

Als 1846 bei Zwiesel der letzte Luchs im Bayerischen Wald erlegt wurde, herrschte Erleichterung. Nach damaliger Sprachregelung war diese größte europäische Wildkatze eine Bestie: So heimlich lebte sie eben auch nicht, um das leichtere Beutemachen unter Weidetieren zu scheuen. Allerdings lassen Hinweise aus den Jahren 1954 und 1968 vermuten, dass Luchse hier sporadisch wieder auftauchten, auch im benachbarten Tschechien soll der eine oder andere gesichtet worden sein.

Menschen bekommen den Nördlichen oder Eurasischen Luchs (Lynx lynx) *selten zu Gesicht. Seine unverwechselbaren Kennzeichen sind der auffallend kurze, dunkel gerundete Schwanz, vor allem aber die berühmten Pinselohren, von denen vermutlich die Wendung „aufpassen wie ein Luchs" herrührt. Leicht ließe er sich auch am gefleckten Fell erkennen, wenn ihn dieser Pelz in freier Waldbahn nicht so vorzüglich tarnen würde. Doch hat jedes Tier seine individuelle Zeichnung. An ihr kann es nicht nur erkannt, sondern auch wiedererkannt werden – vorausgesetzt es tappt von der Seite in die Fotofalle.*

Die männlichen Tiere, Kuder genannt, sind um einiges größer und schwerer als die weiblichen, bis zu siebzig Zentimeter Schulterhöhe können sie erreichen und damit etwa so groß wie ein Schäferhund werden. Die Kuder haben beachtliche Reviergrößen von mindestens hundert Quadratkilometern. Zwar richten sich ihre territorialen Ansprüche auch nach dem Nahrungsangebot, aber da die Rehe als ihre bevorzugten Beutetiere nach einem Riss vorsichtig werden, setzt der Jäger mit den leisen Pfoten auf die Überraschung. Und um dort aufzutauchen, wo er nicht erwartet wird, braucht er viel Platz. Luchse sind Einzelgänger, die sich nur während der sogenannten Ranzzeit (im späten Winter bis in den Frühling) zwecks Fortpflanzung zusammenfinden.

Die Auswilderung der ersten Luchse im jungen Nationalpark war eine Art Schwarzarbeit. Die Naturschützer wollten jedes Aufsehen vermeiden, und so blieb bei der Aktion vieles im Dunkeln. Selbst über die Zahl der Tiere herrscht Ungewissheit, einiges spricht dafür, dass sie aus den slowakischen Karpaten stammten, wo die Wildkatze bis heute überlebte. In den 1980er-Jahren wurden dann im angrenzenden Böhmerwald 17 Tiere freigelassen. Nachdem die Zahl der Nachweise zwischenzeitlich stark anstieg, scheint sie sich jetzt auf einem recht niedrigen Niveau zu festigen. Laut Fachliteratur müsste eine stabile Population mindestens fünfzig Tiere umfassen, aber das sind Schätzungen auf wenig gesicherter Datenbasis. Und wenn es in Mitteleuropa überhaupt noch geeignete Lebensräume für Luchse gibt, dann ist der Wald diesseits und jenseits der Grenze einer davon.

Dennoch steht einstweilen dahin, ob diese Tierart hier wieder heimisch werden kann. Der Riss eines Haustiers genügt, um das alte Feindbild wieder zu beleben. Die größte Gefahr für den Luchs lauert allerdings auf der Straße. Auch im wenig zerschnittenen Bayerischen und Böhmerwald kann einem weit streifenden, dämmerungsaktiven Jäger manches Auto begegnen, und mancher Scheinwerfer kann ihn blenden.

Borkenkäfer – Pioniere der Walderneuerung

Mit dem Nationalpark-Leitsatz „Natur Natur sein lassen" liegt das Hauptaugenmerk zwangsläufig auf der Waldentwicklung. Und aus Sicht seiner Vorreiter sprachen für einen Nationalpark Bayerischer Wald entschieden die großflächigen Bergfichtenwälder, deren Ausstattung als naturnah gelten durfte. Ausgerechnet sie aber hat der Borkenkäfer seit Mitte der 1990er-Jahre in immer neuen Schüben heimgesucht. Die weithin sichtbaren Strecken fahlgrauer Nadelbaumleichen stehen quer zum liebevoll gehegten Bild einer ungekränkten Natur. Niemandem kann verübelt werden, wenn es ihm bei diesem Anblick kalt den Rücken herunterläuft, schwer fällt der Entschluss, in abgestorbenen Wäldern dieser Größe eine Art Naturschauspiel oder wenigstens Naturereignis zu sehen.

Gegen erhebliche Proteste wurden die Flächen im älteren, dem südlichen Teil des Nationalparks nicht aufgearbeitet. Noch heute verstummen die Widerreden nicht: der Natur ihren Lauf zu lassen sei schön und gut, aber keinen Amoklauf. Jenseits der Grenze zu Tschechien fordert der südböhmische Kreishauptmann im Kampf gegen den Borkenkäfer weiträumige Kahlschläge und droht, für seinen Teil des Nationalparks Šumava den Katastrophenzustand auszurufen. Selbst Expertenrunden, Symposien gar kommen zu keiner einheitlichen Bewertung.

Ein Blick weit nach Nordosten mag helfen: Die Nadel(ur)wälder der Taiga erneuern sich großflächig, nicht kleinräumig wie die Laubwälder unserer Breiten. Die Fichte ist als Flachwurzler besonders sturmwurfgefährdet, und seit je folgt den Stürmen der Borkenkäfer auf dem Fuß. Insofern sind beide, Sturm und Borkenkäfer, „natürliche Steuerungselemente". Mit den Worten des hiesigen Nationalparkleiters: „Borkenkäferbefall ist ein Problem der Forstwirtschaft und kein Problem des Waldes."

Bündiger lässt sich der Perspektivwechsel nicht auf den Punkt bringen. Die Eingriffsverweigerer können ins Feld führen, dass der Waldnachwuchs auf den älteren Tummelplätzen des Borkenkäfers eindrucksvolle Zeichen der Erneuerung setzt – wenngleich das raue Klima der Hochlagen die Entwicklung verzögert, wachsen auf den ehemaligen „Totholzflächen" bereits mehr als 5000 junge Bäumchen pro Hektar.

Befragungen deuten darauf hin, dass die Touristen viel entspannter mit dem fremdartigen Landschaftsbild umgehen als die ortsfeste Einwohnerschaft, dass der Borkenkäfer also nicht auch noch einen Rückgang der Übernachtungszahlen verschuldet.

Der Wissenschaft eröffnet das Wirken des Borkenkäfers ein faszinierend weites Feld. Endlich einmal kann auf großer Fläche beobachtet und erforscht werden, welche Wege die Natur bei ihrer Rückkehr nimmt.

Fallen (links) mit dem Sexuallockstoff des Borkenkäfers können sicher die Ausbreitung des Tierchens im Nadelwald hemmen, aber bei einer Massenvermehrung stehen auch sie auf verlorenem Posten. Doch zeigt sich auf den befallenen Waldstücken mehr oder weniger bald, dass sich die Fichte dort eindrucksvoll verjüngt (rechts). Auf Seite 119 Borkenkäfer-Fraßgänge samt Kinderstuben.

„Größter Waldnationalpark Deutschlands" – Nationalpark Harz

Ob ein Gebiet das Prädikat Nationalpark verdient, ist nicht zuletzt eine Frage der Größe. Und gerade das Ökosystem Wald braucht Weiträumigkeit, wenn es alle seine Möglichkeiten ausspielen soll. Die Schwierigkeiten häufen sich, sobald ihm diese Möglichkeiten im dicht besiedelten Deutschland zugestanden werden sollen.

Mit seiner Größe liegt der Nationalpark Harz souverän über den Mindestanforderungen. 2006 wurden seine beiden zuvor selbstständigen Teile (der niedersächsische und der sachsen-anhaltinische) – endlich – vereinigt, seitdem erstreckt sich das Schutzgebiet über 247 Quadratkilometer, rund zehn Prozent der Gesamtfläche des Harzes. Damit war das werbewirksame Etikett „größter Waldnationalpark in Deutschland" gesichert, und das – um gleich noch einen Superlativ anzuschließen – im höchsten und nördlichsten Mittelgebirge Mitteleuropas. Außerdem ist wenigstens einen Hinweis wert, dass der neue Nationalpark die alte deutsch-deutsche Grenze übergreift.

Seine besondere Attraktion ist natürlich der 1141 Meter hohe Brocken. Andererseits liegt die untere Grenze des Schutzgebiets im Norden bei 230 Meter (im Süden bei 270 Meter). Und aufwärts zieht es sich vom Hügelland bis ins subalpine Gelände über nicht weniger als sechs Höhenstufen. Allerdings beginnt hier die Kampfzone des Waldes schon bei 1050 Meter, während sie in den südlicheren Alpen um einige Hundert Meter höher liegt.

Schon diese weite Spanne lässt eine große Vielfalt der Waldbilder erwarten. Nur sind wir im Harz, einer lange bergbaulich intensiv genutzten Region. Seit dem 16. Jahrhundert kommen von hier Klagen über verwüstete Wälder, später wurde auch dieses Gebirge großflächig mit Fichten aufgeforstet. Demnach verwundert nicht, dass es vorerst nur zum „Entwicklungsnationalpark" reicht. In Zahlen: 41 Prozent sind „Naturdynamikzone", bis 2020 sollen die 75 Prozent erreicht sein, die den Harzer zu einem wirklichen Nationalpark machen.

Mit 82 Prozent ist die Fichte im Schutzgebiet vertreten, mit vorerst geringen zwölf Prozent die Buche. Immerhin treibt auch hier der Borkenkäfer die Entwicklung voran. Seine Aktivitäten begünstigen einen – ziemlich robusten – Waldumbau. Wohlgemerkt: Auch im Harz gibt es ab etwa 800 Meter Höhe naturnahe Moor-Fichten- und (Bärlapp-)Block-Fichtenwaldgesellschaften mit eindrucksvollen, 200 Jahre alten Nadelbaumveteranen. Aber die unteren Regionen gehörten von Natur aus doch der Buche, ein Vorrang, der dem Baum jetzt auch eingeräumt wird.

Kommen wir noch einmal auf den Brocken zurück. Wegen seiner nördlichen Lage ist die Kuppe von Natur aus waldfrei: Diese Nacktheit hebt sie vom Erscheinungsbild her noch stärker heraus als ihre schiere Höhe. Klimatisch werden die Verhältnisse hier oben gerne mit denen Islands verglichen, der nordischen Insel, die ebenfalls keinen Waldwuchs erlaubt. So verwundert nicht, dass der Brocken immer schon als magischer Berg galt, erinnert sei nur an den Hexensabbat in Goethes *Faust*. Entsprechend groß ist noch heute die Zahl der Brocken-Besucher. Viele davon meistern den Aufstieg mithilfe der historischen Brockenbahn, und der geballte Gipfelsturm ist in einem Nationalpark keineswegs unproblematisch.

Nationalpark Harz: Blick über die verschneiten Nadelbäume zum Brocken, mit 1141 Metern die höchste Erhebung im Harz. Im Nationalpark stellt die Fichte 82 Prozent des Baumbestandes, die Buche nur zwölf Prozent. Aber ab etwa 800 Meter gibt es auch naturnahe Moor-Fichten- und Bärlapp-Block-Fichtenwaldgesellschaften mit eindrucksvollen Nadelbäumen.

Die Schmalspurbahn auf den Brocken ist zweifellos eine Touristenattraktion, Naturschützer sehen sie mit gemischten Gefühlen.

Nur muss ebenso deutlich gesagt werden, dass der Harz schon eine Touristenattraktion war, als andere Gegenden immer noch die Abgeschiedenheit pflegten. Illustre Dichter haben seine Naturschönheiten besungen, von Goethe war schon die Rede, *Die Harzreise* steht am Beginn von Heinrich Heines Reisebildern. Zwar spricht Heine hartnäckig von Tannen, wo Fichten gemeint sind, dafür singt er das Hohe Lied der hiesigen Bäche und Flüsse, besonders „der lieben, süßen Ilse“. Aber vom Standpunkt der Naturnähe verdient vielleicht doch Theodor Fontane die Palme. In seinem Roman *Cécile* wird auch die Schmerle *(Barbatula barbatula)* erwähnt. Allerdings lässt der Autor den kleinen Gründelfisch wegen seines außerordentlichen Wohlgeschmacks rühmen („Forelle, ja das ist mir recht,/ Und doppelt recht die Schmerle“).

Den Harzflüssen und -bächen wird seit je besondere Anmut zugesprochen, eher unter die herberen Landschaftsbilder rechnen die Hochmoore. Aber im Vergleich zu anderen Regionen haben sie hier die Zeiten der Torfgewinnung und Trockenlegung besser überstanden. Heute gehören sie zu den Pfunden, mit denen der Nationalpark wuchern kann. Natürlich wurde manchen Hochmooren auch im Harz das Wasser abgegraben, das ihnen jetzt wieder zugeführt werden kann. Dieser Wiederbelebung wird die eine oder andere Fichte zum Opfer fallen. Nichtsdestoweniger sind die Moor-Fichtenwälder am Rande der baumfreien Moore eine natürliche oder doch naturnahe Waldgesellschaft. Auch sie behaupten sich in einer Kampfzone, nur dass deren Waldwidrigkeit nicht von der Höhe, sondern vom nassen Untergrund bestimmt wird. Neben der Fichte gelingt es als einzigem Baum nur noch der Karpaten-Birke, hier ihr Dasein zu fristen.

Herbstlich bunt spiegeln sich die Laubbäume im Wasser des Harzer Sösestausees. Die wilde Romantik des Ilsetals (folgende Doppelseite) hatte es schon Heinrich Heine angetan.

Die Pionierleistung der Zirbel-Kiefer (*Pinus cembra*) links spricht für sich selbst, der Tannenhäher (*Nucifraga caryocatactes*, rechts) macht sich um die Erhaltung des Baumes verdient.

Die höchsten Nadelbäume

Wir haben noch nicht von den Nadelbäumen gesprochen, die ganz hoch hinaufsteigen. Am bekanntesten ist sicher die Europäische Lärche (Larix decidua), *obwohl sie ihre Bekanntheit den niederen Höhenstufen und dem Flachland verdankt. Dort hat sie als Park- und Forstbaum eine zweite Heimat gefunden, auf den rohen Böden der subalpinen Steilhänge und Blockschutthalden setzt sie sich als typischer Pionier fest.*

Die Lärche kann sowohl sommerlicher Hitze trotzen als auch Temperaturen bis -40 Grad überstehen. Zu ihrer Überlebensstrategie gehört wesentlich, dass sie als einziger einheimischer Nadelbaum im Herbst ihr Grün verliert. So läuft sie gar nicht erst Gefahr, während der kalten Jahreszeit Fotosynthese zu betreiben.

Die Lärche bildet auch im deutschen Teil der Alpen keine Reinbestände. Mit ihr zusammen stellt die Arve, Zirbe oder Zirbel-Kiefer (Pinus cembra) *die weitest vorgeschobene Waldgesellschaft. Ein Vorposten der Waldkulisse, bieten ihre gezausten Exemplare dankbare Motive für den Fotografen. Die Arve gibt Gelegenheit, existenziellen Trotz gegen die Ungunst eines Standorts effektvoll ins Bild zu setzen.*

Wo die Waldgrenze wesentlich eine Wärmemangelgrenze ist, widersteht die Arve den niedrigen Temperaturen mit anderen Mitteln als die Lärche. Der hierzulande frosthärteste Baum behält seine Nadeln, stellt aber den Gasaustausch durch ihre Spaltöffnungen völlig ein, sobald seine dünne Splintholzschicht gefroren ist. Schon im Herbst beginnt die Blattleitfähigkeit abzufallen. Das Plasma in den Nadelzellen wird zähflüssiger und an den kältesten Tagen hat ihr Wasseranteil die geringsten Werte, sodass ihr Inneres nie völlig zu Eis erstarrt.

Die Lärche bereitet der Arve den Boden, diese Kiefernart erträgt Schatten und kann unter den Lärchen heranwachsen. Das geschieht allerdings sehr, sehr langsam, dafür kann der Baum auch das magische Alter von tausend Jahren erreichen. Im Allgemeinen bringt er es auf zwei bis vier Jahrhunderte. Die Almwirtschaft der Vergangenheit begünstigte die Lärche, weil unter ihren lichten Schirmen das Grünfutter besser gedieh. Neuerdings kann sich die Zirbe wieder stärker durchsetzen, dabei ist der Tannenhäher (Nucifraga caryocatactes) *ein natürlicher Bundesgenosse. Wie der verwandte Eichelhäher bei der Eiche sorgt er für den Fortbestand der Arve. Wenn er die hartschaligen Früchte in eine Zapfenschmiede geklemmt und mit seinem stabilen Schnabel geknackt hat, trägt er die delikaten Nüsse ins Versteck. Und obwohl er einen phänomenalen Orientierungssinn hat und seine Vorratskammern auch unter einer hohen Schneedecke ausfindig macht, bleibt doch mancher Samen übrig, der dann für den Fortbestand der Arve sorgt.*

Bis hoch hinauf – Nationalpark Berchtesgaden

Dieser 210 Quadratkilometer große Alpen-Nationalpark im Südosten Bayerns hat eine einschlägige Vorgeschichte. Schon 1910 wurde ein „Pflanzenschonbezirk Berchtesgadener Alpen" eingerichtet (83 Quadratkilometer). Er sollte das floristisch sehr attraktive Gebiet vor den Handgreiflichkeiten der vielen Blumenliebhaber schützen, die hier den andernorts raren Blütenschönheiten nachstellten. Elf Jahre später entstand mit dem Naturschutzgebiet Königssee ein bedeutend erweiterter Nachfolger, der um nur zehn Quadratkilometer vergrößert 1978 zum Nationalpark Berchtesgaden wurde. 1990 wies dann die UNESCO das gleichnamige Biosphärenreservat aus (467 Quadratkilometer); seine Kern- und Pflegezone ist mit dem Nationalpark identisch, seine Entwicklungszone erstreckt sich als Vorfeld nach Norden.

Folie all dieser Daten ist der Alpentourismus; er hatte und hat im Berchtesgadener Land einen seiner Schwerpunkte. Nachdem das Hochgebirge, lange Inbegriff einer menschenfeindlichen, bestenfalls rückständigen Ödnis, nun als Sehnsuchtslandschaft erlebt wurde, gehörte das Ensemble von Königssee und Watzmann entschieden zu seinen Ikonen. Die Anziehungskraft der Gegend bewirkte um die Wende vom 19. zum 20. Jahrhundert einen Anstieg der Bevölkerungszahlen, wie ihn damals nur wenige Regionen des Alpenraums verzeichnen konnten.

Noch weiter zurück führen die massiven Eingriffe in die hiesigen Wälder. Von Ursprünglichkeit konnte bei ihnen schon seit dem 14. Jahrhundert nicht mehr die Rede sein. Sie wurden nach den Erfordernissen der Salzgewinnung wenn nicht geplündert, dann doch „umgebaut". Das Holz kam aus den montanen und hochmontanen Bergmischwäldern. Mit ihren Hauptbaumarten Buche, Tanne und Fichte würden sie noch heute zwei Drittel des Nationalparks einnehmen, wäre es nach der Natur gegangen. Aber schon im Mittelalter hatte ja vor allem die Buche das Nachsehen gehabt. Denn Nadelholz ließ sich besser flößen, also kostengünstiger zu den Salinen transportieren.

Die uniformen Fichtenforste besonders am Nordrand des heutigen Schutzgebiets haben demnach eine lange Tradition. Wie andernorts sind die Fichten auch hier durch Windwurf und Borkenkäfer besonders gefährdet, aber hier oben stört das eben nicht nur den Schönheitssinn oder die Forstwirtschaft. Der Wald ist im Hochgebirge immer auch Schutzwald. Wenn er geschwächt wird, liegt darin ein ganz anderes Bedrohungspotenzial.

Die Frage der „Waldpflege" stellt sich ebenso dringend wie grundsätzlich. Grundsätzlich soll im Nationalpark der Natur freien Lauf gelassen, aber der Wandel von „naturfernen" zu naturnahen Beständen doch nicht der natürlichen Sukzession überlassen werden, die womöglich unberechenbar und hier oben jedenfalls besonders schleppend verläuft. Die Eingriffe bleiben jedoch auf die permanente Pflegezone beschränkt, das Hauptaugenmerk gilt der Tanne. Denn auch im Nationalpark Berchtesgaden muss das Lied vom „extremen Wildverbiss" angestimmt werden. Hirsch, Reh und zusätzlich Gämse, sie haben eine besondere Vorliebe für diesen Baum. Andernorts helfen die teuren, aber effektiven Schutzzäune, hier nicht: In den Zäunen könnte sich das höchst rare Auer- und Birkwild verfangen.

Das Fotomotiv im Nationalpark Berchtesgaden: Der Königssee mit der Kapelle St. Bartholomä, darüber die Watzmann-Ostwand. In einem Waldbuch darf der Hinweis nicht fehlen, wie nahe der Wald dem Ufer kommt. Die beiden Birkhähne unten messen sich einstweilen nur mit den Blicken. Noch heute wird im Alpenraum gelegentlich der gesungene *Spielhahnsegen* angestimmt, und natürlich geht es dem Hahn dabei an den Kragen. Aber die Tiere sind derart selten geworden, dass sich die Jagd auf sie verbietet. Übrigens braucht das Birk- wie auch das nahverwandte Auerwild lichte Waldstrukturen, im dicht geschlossenen Hochwald hat es keine Überlebenschance.

Der Nationalpark Berchtesgaden reicht über die Baumgrenze hinaus, in Grenzlagen tritt die Lärche zur Fichte. Noch höher steigen auch hier die Lärchen-Arvenwälder; auf dem Gebiet der Bundesrepublik haben sie in diesem Nationalpark ihre Domäne. Darüber hinaus verdient eine Kiefernart eigens erwähnt zu werden. Im hinteren Wimbachgries, dem Hochtal zwischen Watzmann und Hochkalter, gibt es ein regelrechtes Spirkenwäldchen. Die Spirke ist eine Unterart der Berg- oder Latschen-Kiefer *(Pinus mugo)*, manche Botaniker gestehen ihr auch den Artrang zu *(Pinus uncinata)*. Während die flach ausstreichende Berg-Kiefer (Legföhre) im sogenannten Krummholzgürtel eine Art Ouvertüre zum Wald bildet, steht die Spirke aufrecht. Sie kann sich zwar nur auf solchen Schuttflächen wie hier halten, befestigt aber den Boden außerordentlich. Das Gehölz bringt es weiter südlich zu zweifelloser Baumhöhe, hier werden ihre Exemplare nur bis zu acht Meter groß.

Der eingangs erwähnte Pflanzenreichtum soll mit wenigstens zwei Vertretern gewürdigt werden. Den höchsten Bekanntheitsgrad hat das Alpenveilchen. Allerdings sind die vertrauten Zimmer- und Zierpflanzen meist Zuchtformen einer Art, die aus Kleinasien stammt. Das Europäische Alpenveilchen *(Cyclamen purpurascens)* gehört zur ostalpinen Flora; die ansehnlichen Bestände im Nationalpark dürfen nicht darüber hinwegtäuschen, dass die Art sonst nur ganz selten zu finden ist. Eine noch geringere Verbreitung hat die Christrose *(Helleborus niger)*, deren natürliche Vorkommen in Deutschland kaum über den Berchtesgadener Raum hinausreichen. Sie verdankt ihre Anziehungskraft dem frühen Erscheinen ihrer spektakulärsten Einzelheit, den großen Blütenhüllblättern. Dies rosa überhauchte Weiß erglänzt zwar nur ausnahmsweise um Weihnachten über dem Schnee, doch das hat der Nachfrage keinen Abbruch getan. Ein älteres Botanikwerk berichtet noch von rüden Plünderungen, nennt sogar zwei Firmen beim Namen, die für diesen Raubbau verantwortlich waren.

Von beiden Pflanzen wurden die unterirdischen Teile genutzt. Die flache Knolle des Alpenveilchens, für den Menschen stark giftig, wurde an die Schweine verfüttert, denen ihre Saponine nichts ausmachten. Bei der Christrose weist schon der Zweitname Schwarze Nieswurz darauf hin, dass ihr unterirdischer Teil in den Schnupftabak kam. Wichtiger noch: Beide kalkholden Gewächse gehören zur Ausstattung der Bergmischwälder, sind also nicht wie andere grüne Raritäten des Nationalparks im Offenland zu Hause.

Das (wilde) Europäische Alpenveilchen (*Cyclamen purpurascens*) ist eine Waldpflanze und eine Zierde des Nationalparks Berchtesgaden.

Mit heroischer Geste: Eine Latschen-Kiefer (*Pinus mugo*) an steiler Wand.

An den Rand gedrängt – Kiefernwälder

Ägyptisch rot sind die Kiefern.
Unter den Kronen die Rinde ist rot.
Stammabwärts sind sie schiefern
Und wie rissige Rinde von Brot.
Eine der Sensationen,
Für die man im Leben nicht zahlt:
Wie die Sonne die Kiefernkronen
Herbstabends feuermalt.

EVA STRITTMATTER

Mancher war überrascht, als die Wald-Kiefer *(Pinus sylvestris)* 2007 zum „Baum des Jahres" gekürt wurde, und gleich ging der Verdacht um, hier habe die geringe Zahl der Kandidaten zu einer Verlegenheitswahl geführt. Dieser Verdacht tut der Wald-Kiefer unrecht. Offensichtlich steht der Autor mit seiner Sympathie für sie nicht allein. Wo sich sie frei entfalten kann, glänzt sie mit kühner Ästhetik, und kaum eine Kiefern-Krone gleicht der anderen.

Im Übrigen belehrt schon ein Blick über die Landesgrenzen, dass sich dieser Nadelbaum die Ehrung verdient hatte. Von allen Koniferen hat er das

Kiefernforst nahe der polnischen Grenze, Mecklenburg-Vorpommern.

weltweit größte Verbreitungsgebiet, behauptet sich sowohl in der spanischen Sierra Nevada und auf dem Olymp wie in Schottland und Skandinavien, östlich reicht er bis ins sibirische Amurgebiet. Warme Sommer und trockenkalte Winter sagen ihm zu.

Nach der Fichte ist die Wald-Kiefer der zweithäufigste deutsche Baum. Die Wald-Kiefer beherrscht vor allem den flachen Nord(ost)en Deutschlands, in den Berliner und Brandenburger Wäldern hat er beinahe eine Dreiviertelmehrheit, in Sachsen-Anhalts Wäldern kommt er auf 46 Prozent. Die Grenze seines natürlichen Vorkommens verläuft vom schon atlantisch getönten nordwestdeutschen Tiefland nach Südwesten, jenseits davon kommen bodenständige Wald-Kiefern wohl nur vereinzelt vor.

Die Häufigkeit der äußerst lichtbedürftigen Wald-Kiefer steht in denkbar großem Gegensatz zu ihrer Konkurrenzschwäche. Doch in vielen Gegenden hatte sie wie andernorts die Fichte den Rang eines „Brotbaums“, und nicht anders als die Fichtenbestände wurden die Kiefernbestände großenteils von Menschenhand begründet.

Nun geht die Baumart bundesweit so heftig wie keine andere zurück. Betrug ihr Anteil an den bayerischen Wäldern 1970 noch 25 Prozent, kommt sie derzeit nur noch auf 16 Prozent. Unsereiner (und vorerst nicht der Klimawandel) lässt sie ins Hintertreffen geraten. Wo sie die Förderung verliert, kann sie sich gegen andere Bäume nicht behaupten. Sie muss sogar auf Standorten weichen, die lange als ihre Domäne galten.

So fällt nicht leicht, die Natürlichkeit, genauer die Naturnähe von Kiefernwaldgesellschaften einzuschätzen. Gerade dort, wo sie bessere Holzqualitäten liefert, ist sie nicht zu Hause. Sie weicht sozusagen aus der Mitte der

Originärer Kiefernwald-Standort: Der Darß im Nationalpark Vorpommersche Boddenlandschaft.

Waldgesellschaften an die unwirtlichen, gerade noch besiedelbaren Standorte aus. Hier behaupten ihre Gesellschaften immer nur kleine Flächen, aber diese um so prägnanter. Nicht von ungefähr wird sie der „Hunger-“ oder „Überlebenskünstler“ unter den Bäumen genannt. Deshalb gilt eine paradoxe Faustregel: Wo die Wald-Kiefer mit den kümmerlichsten Exemplaren vertreten ist, besteht der meiste Anlass, von einem naturnahen Standort auszugehen. Selbst dann ist häufig Vorsicht angebracht: Denn auch diese Gesellschaften können durch zu starke Beanspruchung entstanden sein.

Auf stark sauren, sehr nährstoffarmen Quarzsanden und -kiesen, aber auch auf den quarzitischen Felsköpfen stockt der **Flechtenreiche Kiefernwald,** der mit ganz wenig Humus auskommen kann. Lichthungrige Strauchflechten geben diesem Waldtyp oft das Gepräge, die bekanntesten unter ihnen sind Rentierflechte *Cladonia portentosa* und Isländisches Moos *(Cetraria islandica)*. Trotz seines deutschen Namens ist dieses Moos eine Flechte, dessen Droge noch heute als probate Medizin gegen chronische Bronchialkatarrhe gilt.

Allerdings darf der Gesellschaftsname nicht täuschen: Auch in diesen kargen Wäldern können Moose vorherrschen. Und im Norddeutschen Tiefland reicht das Silbergras *(Corynephorus canescens)* von den Flugsanden bis in solche Kieferngehölze hinein. In den hohen Sandsteinriffen der Sächsischen Schweiz und den Quarzitfelsen des Bayerischen Walds mit ihren extremen kleinklimatischen Bedingungen tritt gelegentlich die stark gefährdete, ebenfalls heilkräftige Bärentraube *(Arctostaphylos uva-ursi)* hinzu. Und nur hier dürften die Flechtenreichen Kiefernwälder natürlichen Ursprungs sein, während ihre Vorkommen auf den Binnendünenzügen des Norddeutschen Tieflands sich wohl menschlicher Übernutzung verdanken.

Die Rentierflechte *Cladonia portentosa* (links). Der Volksname deutet an, dass das unscheinbare Silbergras (*Corynephorus canescens,* rechte Seite) auf den zweiten Blick durchaus seine Reize hat. Es ist ein Pionier auf den Flugsanden, hält sich aber auch in den dünennahen lichten Kiefernwäldern.

Die sogenannten **Weißmoos-Kiefernwälder** nehmen größere Flächen ein und bilden etwas mächtigere Humusauflagen. Sie unterscheiden sich durch keine nur ihnen zugehörige Arten, doch fehlen ihnen die Flechten. Dafür können hier die Zwergsträucher Heidel- und Preiselbeere gedeihen, gelegentlich auch die Besenheide. Vergleichsweise noch besser ausgestattet sind die **Drahtschmielen-Kiefernwälder.** Der sprechende Name Drahtschmiele *(Deschampsia flexuosa)* gehört einem zähen Süßgras, das etwa auf der Lüneburger Heide das Heidekraut bedrängt und damit den spätsommerlichen Blütenzauber zu ersticken droht. In diesem Waldtyp sind die Kiefern von kräftigerer Statur, die Beerensträucher treten zurück und höherwüchsige Gehölze können sich behaupten.

Immer wieder machen die Lebensraum-Kartierer darauf aufmerksam, dass diese Waldformationen auf dem Rückzug sind. Entweder werden sie von anderen Waldgesellschaften im Laufe der natürlichen Sukzession abgelöst oder der Mensch bewirkt ihr Verschwinden. Dabei wurde ihre Natürlichkeit oder doch Naturnähe lange stillschweigend vorausgesetzt. Jetzt müssen oft die brutalst möglichen „Entnahmemaßnahmen“ greifen, um sie zu schützen. Schon die allgemeinen Nährstoffeinträge aus der Luft bedrohen die Existenz dieser nährstoffarmen Varianten. Und eine Schweine- oder Rindermastanlage in seiner Nähe kann ein einzelnes Vorkommen gefährden.

So sauer wie die zuvor genannten Spielarten brauchen es die ebenfalls flechtenreichen Krähenbeeren-Kiefernwälder auf den Dünen an der Ostseeküste (etwa auf Rügen oder dem Darß) nicht. Und wenn unter den Wald-Kiefern der Doldenblütler Berg-Haarstrang *(Peucedanum oreoselinum)*, wenn Sand-Thymian *(Thymus serpyllum)* und Hunds-Veilchen *(Viola canina)* vertreten sind, dann lässt sich schon von einer artenreichen Pflanzengemeinschaft sprechen, wie sie sich etwa nahe der Oder im nordöstlichen Brandenburg findet. Dieser Waldtyp steht den sogenannten **Steppen-Kiefernwäldern** nahe, die den nicht ganz glücklich gewählten Namen ihrem häufigeren Auftreten in Osteuropa verdanken. Hierzulande kommen sie, selten genug, im Nordosten und im äußersten Südwesten der Republik vor. Ihre Krautschicht zeichnet sich durch die auffällige Häufung der sonst selteneren Wintergrüngewächse aus.

Extreme Trockenheit kennzeichnet auch bestimmte naturnahe **Kiefernwälder auf Karbonatgestein.** Auf steilen, felsigen Kalk- und Dolomithängen markieren sie das Ende aller Waldentwicklung, aber sie gründen auch auf den jungen Schotterböden der Alpen- und Voralpenflüsse. Sie fallen durch einen besonderen Artenreichtum auf, Sträucher wie die Echte Felsenbirne *(Amelanchier ovalis)* oder der Wollige Schneeball *(Viburnum lantana)* gedeihen hier im Unterwuchs. Der Lech trägt (oder trug vielmehr) einen Hauch von Alpenflora bis vor die Tore Augsburgs. Überhaupt haben die Karbonat-Kiefernwälder im süddeutschen Raum ihren Schwerpunkt, sie finden sich auch auf der Fränkischen oder Schwäbischen Alb. Zu ihren Schätzen gehören Schwarzviolette Akelei *(Aquilegia atrata)* und das Steinröschen *(Daphne striata)*, eine Seidelbast-Verwandte, stark giftig, aber von betörendem Blütenduft. Andernorts selten ist auch der Frühblüher Schneeheide *(Erica herbacea)*; Schneeheide-Kiefernwälder zeichnen häufig an den Steilhängen der Kalkalpen die Föhnbahnen nach.

Ganz verschiedene Kiefernwald-Gesellschaften vertreten diese Pflanzen: Steinröschen (*Daphne striata*, linke Seite oben, auch Gestreifter Seidelbast genannt) und Rosmarin-Seidelbast (*Daphne cneorum*, linke Seite unten) finden sich als große Kostbarkeiten in den lichten Karbonat-Kiefernwäldern im Süden der Republik, die Bärentraube (*Arctostaphylos uva-ursi*, links) schmückt selten die Flechtenreichen Kiefernwälder und das Hunds-Veilchen (*Viola canina*, rechts) wächst in den sogenannten Steppen-Kiefernwäldern.

Die letztgenannten Gesellschaften frieren ein nacheiszeitliches Waldbild ein, das damals der namengebende Nadelbaum prägte. Aber so unbestritten hoch ihre Bedeutung für den botanischen Artenschutz ist, haben sie heute einen schweren Stand. Hinter vorgehaltener Hand räumen Naturschützer ein, dass ihre Existenz oft dem reichlich vertretenen Schalenwild geschuldet ist. Es hält den Übergang zu reiferen Waldstadien auf, einen Übergang, der einige Seltenheiten wenigstens aus der Pflanzenwelt verschwinden lässt.

Auch auf der nassen Seite des Waldspektrums besetzen die naturnahen Kiefernwaldgesellschaften den äußeren, ganz nährstoffarmen und sauren Rand, auch hier sind sie Überlebenskünstler. Die Verhältnisse erlauben keine prachtvollen Baumexemplare; sollten einer Berg-Kiefer imposantere Höhen vergönnt sein, ist sie im nachgiebigen Wurzelgrund höchst sturzgefährdet. Hochmoore kann das Gehölz allerdings nur erobern, wenn sie im Sommer längere Zeit austrocknen. Sonst lassen **Kiefern-Moorwälder** auf Moorstadien schließen, die immer noch Kontakt zum Grundwasser haben.

Wie bei anderen Moor- oder Bruchwäldern auch, ist die Nässe der bei Weitem wichtigste Standortfaktor. Sie sind im nordöstlichen Tiefland der Republik, also in den sommerwarmen und winterkalten Lagen, ähnlich weit verbreitet wie die Flechtenreichen oder Weißmoos-Kiefernwälder auf der Trockenseite, nehmen aber häufig noch kleinere Flächen ein. Und wie diese Trocken-Wälder oft Arten der offenen Sandrasen aufnehmen, können sich in den ohnehin sehr lückenhaften Moorwäldern Pflanzen der offenen Moorflächen behaupten.

Zur Strauchschicht der Karbonat-Kiefernwälder kann auch der Wollige Schneeball *(Viburnum lantana,* links*)* gehören. Die kalkholde Dunkelviolette Akelei *(Aquilegia atrata,* rechte Seite) findet sich an den Säumen lichter Kiefernwälder, vor allem in den (deutschen) Alpen.

Wald mit nassen Füßen – Au- und Bruchwälder

Eine Aue reicht so weit wie das höchste Hochwasser eines Flusses, und wo sein Hochwasser hinreicht, hat der Fluss das letzte Wort: Beim Anschwellen kann ein Fluss ohne Weiteres das Fünfzigfache seiner Niedrigwassermenge aufbieten. Viel Willkür zeigt er bei der Schaffung von Lebensräumen. Daraus folgt, auch für die Bäume in seiner Niederung: Sie müssen dem extremen Schwanken des Wasserstands gewachsen sein.

Wälder gelten als Muster von Stabilität und Dauerhaftigkeit. Für Auwälder stimmt das nur bedingt, denn die nächste große Flut kann hier eine Schotterbank zurücklassen und dort eine Partie Auwald mit sich reißen. Und doch ist öfter Segen als Fluch, wenn ein Fluss über die Ufer tritt. Seine Fracht düngt den Boden, jedes geflutete Stück Land profitiert davon. Deshalb hat übrigens der Stickstoffanzeiger Brennnessel, oftmals als „Unkraut" geschmäht, in den Auwäldern einen natürlichen Lebensraum.

Und schon möglich, dass dieser Wald nach einem Hochwasser eher einer Müllkippe ähnelt. Aber das Strandgut gehört zu ihm, und ein richtig hohes Hochwasser gibt seinen Bäumen Gelegenheit zu zeigen, was eine Harke ist. Vielleicht findet sich sogar ein gutwilliger Betrachter, der den Plastiktüten im Gezweig eine ganz eigene Ästhetik zubilligt.

Aber die Abfallwimpel passen nicht wirklich: Wenn irgendein heimischer Wald, dann kommt er, kommt genauer seine Hartholzaue, unseren Vorstellungen vom Urwald am weitesten entgegen. Jedenfalls dann, wenn der tro-

Die Weidenmeise (*Poecile montana,* links) fühlt sich im Weichholzauenwald wohl. Sie bevorzugt morsche Bäume, und ohnehin kommen ihr die weichen Hölzer entgegen, wenn sie sich ihre Nisthöhle zimmert. Das Frühlingsgrün der überschwemmten Weichholzaue auf der rechten Seite hielt die Kamera am Mittersee bei Ruhpolding, Chiemgau, fest.

Auwälder müssen den extremen Schwankungen des Wassers gewachsen sein, und eine starke Flut kann auch für ihre mächtigsten Bäume etwas Mitreißendes haben. Aber dieser Wald profitiert auch vom Hochwasser, dessen Fracht ihn reichlich düngt. So bietet er solch imposante, urwaldgleiche Naturschauspiele wie an der niedersächsischen Elbe auf Seite 140.

pische Regenwald für die Ur-Natur einsteht. Der Fluss sorgt für die Vielfalt der Waldbiotope, für das machtvolle Erscheinungsbild des Baumensembles. Und nicht zuletzt führt der Auwald besonders eindruckvoll vor, wie viel Leben im sogenannten Totholz steckt.

Aber gerade diesem Wald ging es oft am heftigsten an die Substanz. Schon früh lockte überall die Fruchtbarkeit des Talbodens, auf dem er wurzelte. Überall wurden die Flüsse begradigt, ihr Wasserregime veränderte sich völlig, Hartholzauen hinter den Deichen erreichte kein Hochwasser mehr. Gerade an den ganz großen Fließgewässern blieben vom Auwald nur klägliche Reste erhalten. Das gilt besonders für Rhein, Donau oder Elbe. Ihr Ausbau zu besseren Kanälen ließ Auwälder im großen Stil verschwinden, wo sie erhalten blieben, gestalteten forstliche Eingriffe das Waldbild um. Dabei liegt in der Natur der Sache, dass sich ein Auwald umso eindrucksvoller ausprägt, je größer die Flüsse sind und je breiter sie dahinströmen. So gibt es nur mehr wenig Gelegenheit, das variantenreiche Zusammenspiel von Fluss und Wald zu studieren.

Seinen ganz eigenen Charakter verdankt der Auwald dem Fluss. Während das Großklima für die meisten Pflanzengesellschaften die entscheidende Rolle spielt, lassen die extremen Bodenverhältnisse hier alle anderen Faktoren in den Hintergrund treten, Biologen sprechen im Fall des Auwalds von azonaler Vegetation. Die übrige Flora mag Welten trennen, die Auwälder ähneln sich, ob sie den Rhein oder den Amazonas begleiten.

Die Weichholzaue

Immer gesetzt den Fall, der Fluss darf halbwegs so, wie er will, ist die Aue ein Spiegelbild seiner Wandlungsfähigkeit. Dabei hält jedes Sumpfloch (samt Mückenpulk darüber) den Verursacher gegenwärtig, bis an den Auenrand können sich die Altarme oder doch Altgewässer ziehen, Zeugnisse der vergangenen, vielleicht sogar Andeutungen der zukünftigen Flusswege. Währenddessen nimmt er irgendwo in den grünen Kulissen seinen derzeitigen Lauf, durch dichtes Unterholz getarnt und für das Auge unsichtbar.

Auwälder haben beides: Nährstoffreichtum und einen schweren Stand. Auch wenn sich ein Fluss lange mit seinem Bett begnügt, ist seine Umgebung doch so wassergesättigt, dass hier nicht jede Baumart eine Überlebensstrategie entwickeln kann. Die Biologen unterscheiden zwischen Weichholz- und Hartholzaue. Dem Wasser am nächsten stockt das „Weichholz", es toleriert auch häufigere und längere Überschwemmungen. Meist gibt es ein strauchiges Vorspiel, der exponierte Standort empfiehlt den niedrigen Wuchs. Die Pioniere sind meist Weiden, sie wachsen rasch und trotzen der starken mechanischen Beanspruchung. Korbmacher wussten die Biegsamkeit von Weidenruten zu schätzen. Und sie hielten sich an die Faustregel: Je schmaler die Blätter, desto flechtwilliger die Zweige. Denn sowohl die Form des Laubwerks wie die Elastizität der Gerten können mit der Notwendigkeit erklärt werden, dem Wasser den geringsten Widerstand entgegenzusetzen.

Aus dem Osten, wo sie häufiger den Eisgängen ausgesetzt ist, kommt die Bruch- oder Knack-Weide *(Salix fragilis)*. Sie betont ihre Zerbrechlichkeit sogar durch ein akustisches Signal. Knack-Weiden haben an der Zweigbasis gewissermaßen eine Sollbruchstelle, die zum Überleben der Art entscheidend beiträgt. Wenn das Hochwasser die Gerte losgerissen und verfrachtet hat, kann sich dieses Teil andernorts rasch wieder bewurzeln und in die Auenvegetation eingliedern. Die gleiche Art Hinfälligkeit hilft der Korb- oder Hanf-Weide *(Salix viminalis)* sich auszubreiten, und auch die Reif-Weide *(Salix daphnoides)* nutzt das Hochwasser zur vegetativen Vermehrung. Allerdings kommt die Reif-Weide von Natur aus nur in den höheren Gebirgsregionen vor.

Von einem Wald lässt sich erst sprechen, wenn höherwüchsige Gehölze zusammenkommen. Die Bruch-Weide wird immerhin um die zwölf Meter hoch, ebenso die Lorbeer-Weide *(Salix pentandra)*. Die imposantesten Exemplare im Lebensraum Weichholzaue stellt jedoch die Silber-Weide *(Salix alba)*, nach ihr heißt auch die hier meist verbreitete Waldgesellschaft. Ihre Höchsthöhe von gut zwanzig Metern kann diese Weide bei einem jährlichen Zuwachs von zwei Metern schnell erreichen.

Der Begriff Weichholz zielt auf die Bearbeitbarkeit, ist aus botanischer Sicht also eine Verlegenheitslösung. Weiden fehlt das harte Kernholz, sie besitzen nur sogenanntes Splintholz. Doch verhalten sich die inneren Schichten dieses Splints wie das Kernholz anderer Bäume, sie leiten kein Wasser mehr von den Wurzeln nach oben. Mit dem Verlust dieser Aufgabe verliert das Weidenstamminnere den Gerbsäureschutz. Das Holz fault, was vielen Tierarten zugute kommt, denen Silber-Weiden Unterschlupf oder Nistgelegenheit bie-

Das „Elbholz" bei Gartow (Niedersachsen, oben) zählt zu den wenigen naturnahen Elbauwäldern in den alten Bundesländern. Dass Auwaldbäume wie in den oberbayerischen Isarauen (unten) leicht bemoosen, liegt nicht nur an ihrer Wassernähe, sondern auch an der hohen Luftfeuchtigkeit.

Auf der Fotografie unten bilden die Silber- als Kopfweiden eine ganze Allee. Außerdem erklärt sie zwanglos, woher die Kopfweiden ihren Namen haben. Und obwohl die meistgebrauchte Substanz gegen Kopfschmerzen ursprünglich aus Weiden gewonnen wurde, können Kopfweiden rasch einen (zu) schweren Kopf bekommen, wenn sie nicht gepflegt, also die Rutenzweige geschnitten werden. Die Abbildung rechts zeigt Korbflechter um 1935. Heute steht ihr Handwerk auf der Roten Liste fast ausgestorbener Berufe. Die selten gewordene Schwarz-Pappel (*Populus nigra,* rechte Seite) ist der imposanteste Baum in den Weichholzauen.

ten. Eine davon ist den Bäumen namentlich verbunden: Die zierliche Weidenmeise *(Poecile montana)* baut eigene Bruthöhlen ins morsche Holz.

Zwischen Weich- und Hartholzaue nimmt die Schwarz-Pappel *(Populus nigra)* eine Mittlerstellung ein. Sie verträgt die Überschwemmungen weniger gut als Weiden und Erlen, aber besser als die Bäume der Hartholzaue. Bis dreißig Meter kann eine Schwarz-Pappel hoch werden, sie fällt also in der Weichholzaue schon durch ihre Größe auf. Allerdings nur noch selten: Echte Schwarz-Pappeln sind eine Rarität, obwohl sie eine außerordentlich gute Figur machen. Wenigstens haben sich die Naturschützer in den letzten Jahren sehr für diese Augenweide eingesetzt. Aber noch immer kommen ihre Bastarde, etwa die Kanadische Pappel, viel häufiger vor. Eine Unterart der Schwarz-Pappel scheint die (südliche) Pyramiden- oder Säulen-Pappel zu sein, die eine große Karriere als Straßenbaum machte.

Schon auf dem Weg zur Landplage? – Der Biber kehrt zurück

Die Brandmeldungen kommen vor allem aus Bayern. Der Biber *(Castor fiber)* verursache „gewaltige Schäden“. Das Sündenregister des größten europäischen Nagers reicht vom Fällen wertvoller Obstbäume über das Plündern von Mais- und Zuckerrübenfeldern bis zur Zerstörung der Fischteichdämme.

Doch zunächst einmal ist der Biber ein genuiner Bewohner des Auwalds, allerdings, besser neuerdings einer, der durchaus Talent zum Kulturfolger hat. Er ist nachtaktiv, lebt also heimlich, kann aber durchaus deutliche Spuren hinterlassen. Einigermaßen verhängnisvoll wirkt sich aus, dass Europas größter Nager in der kalten Jahreszeit die Bäume benagt, wenn die entlaubten Gehölze besonders auffällig von seinen Aktivitäten zeugen. Im Winter – und nur im Winter – besteht die Nahrung des Bibers hauptsächlich aus Baumrinde. Um an sie zu gelangen, muss er die zugehörigen Bäume fällen. Dabei bevorzugt er authentische Weichholzauenbäume wie Weiden und Pappeln, benagt aber auch schon einmal Eichen oder Fichten. Doch weichere Hölzer machen es ihm einfach leichter, obwohl die jeweils zwei vorderen Schneidezähne von sprichwörtlicher Härte und großer Schärfe sind, außerdem eine ungeheuer kräftige Kiefernmuskulatur dem Biberbiss Nachdruck verleiht.

Schon Mitte des 19. Jahrhunderts ging es mit den Biberbeständen bergab. Der Biber war eine sehr gefragte Beute. Sein Fell gehört zu den dichtesten, und sein fetthaltiges Afterdrüsensekret, das sogenannte Bibergeil, galt als vorzügliches Potenzmittel. Seriöse Mediziner behandelten damit Krämpfe aller Art, Wirkstoff ist in diesem Fall die Salicylsäure, übrigens auch ein Bestandteil der Weidenrinde.

Der Biber ist zurück! Die Fotografien zeigen das Nagetier in seinem Element (links oben), eine gefällte Birke, die eindrucksvoll von den Fähigkeiten des Bibers zeugt (links unten), und einen Biberdamm.

Vor allem aber war der Biber im Weg. Er tat genau das Gegenteil von dem, was unsereiner für wichtig erachtete. Wo der Mensch noch die kleinsten Fließgewässer begradigte, wo er die Flüsse streckte und ihnen ein Trapezprofil aufzwang, nur um das anfallende Nass möglichst schnell abzuleiten, verlangsamt der Biber den Wasserlauf. Als vorzüglicher Schwimmer, der an Land eine unbeholfene Figur macht, erledigt er so viele Wege wie möglich im Wasser. Und wo die Wassertiefe im Revier nicht ausreicht, baut er Dämme.

Und er baut die berühmten Biberburgen. Ein bis zwei Meter hoch, drei bis fünf Meter breit, sind sie ein markantes Strukturelement der Aue. Sie bieten nicht nur ihren Erbauern, sondern auch zahlreichen anderen Tierarten Unterschlupf. Wo Biber einen wirklichen Lebensraum gefunden haben, zeigt sich schon jetzt, welch wichtige Rolle er im Ökosystem Flussaue spielt, vom Fließgewässer selbst ganz zu schweigen. Und einiges spricht dafür, dass die Zunahme des Waldtiers Schwarzstorch *(Ciconia nigra)* hierzulande auf die Zunahme der Biberpopulationen in Polen zurückgeht. Die Lebensgewohnheiten des Bibers schufen mit den neuen Feuchtgebieten neue Nahrungsgründe für den seltenen Großvogel, der sich dann nach Westeuropa ausbreiten konnte.

Allerdings lichten die Biber den Weichholzauwald. Sie lichten ihn nicht für immer und langfristig kräftigen ihre Eingriffe die Waldgesellschaft, aber Biberteiche und Biberwiesen öffnen doch erst einmal die dichten Baumbestände. Wenn irgendjemand unter den Tieren, dann ist der Biber ein Landschaftsgestalter. Biber verändern einen Lebensraum, indem sie ihn ihren Bedürfnissen anpassen.

Naturschützer werden heute nicht müde, auf die segensreiche Tätigkeit des Nagers hinzuweisen. Stärkstes Argument bei der Imagepflege: Biber können Flutkatastrophen vorbeugen, sie lassen das Wasser in die Breite, nicht in die Höhe gehen. Dass sie nützlich sind, hat ihnen in der Vergangenheit allerdings

Mein Heim ist meine Burg. Die Biberburg ist der wasserumschlossene Wohnbau dieses Nagetiers. Hier leben die Altbiber mit ihren (höchstens vier) Jungen.

Der Schwarzstorch (rechte Seite) ist immer noch selten, aber die Zahl seiner Brutpaare zeigt eine steigende Tendenz. Inzwischen ist das Tier vielerorts häufiger vertreten als sein naher Verwandter, der besser bekannte Weißstorch.

Die Biberdarstellung links stammt aus einem berühmten Pflanzenbuch, dem vielfach aufgelegten *Gart der Gesundheit*, lateinisch *Hortus sanitatis*. Der Holzschnitt hier stammt aus der Straßburger Ausgabe von Johann Pruss (1497). Der gewöhnliche Hopfen (*Humulus lupulus*, rechts), die wilde Form der Bierwürze, rankt häufig im Auwald.

wenig geholfen. Nur an der mittleren Elbe hielt sich eine kleine Biberpopulation, überall sonst in Deutschland wurde „Meister Bockert" ausgerottet. 1966 sorgte Bayern für eine Wende: Der Freistaat nahm die ersten Tiere wieder auf, weitere Bundesländer folgten. Manchmal wurden, obwohl eine andere Art, auch Kanadische Biber neben ihren europäischen Verwandten angesiedelt.

Derzeit wird der deutsche Bestand auf etwa 20 000 Exemplare geschätzt. Die Biber haben sich gut wieder eingewöhnt, fast zu gut. Mit ihrem Zuzug erklärten sie auch zu Lebensräumen, was nach der reinen Lehre gar keine sein dürften. In München zeigen sie sich schon einmal auf den Hauptverkehrsstraßen, im Schleißheimer Schlosspark bedrohen sie historisch wertvolle Zeugnisse grüner Gartenkultur. Zuweilen müssen die Biber dann wieder dorthin verfrachtet werden, wo es passt und sie keinen „Schaden" anrichten können. Bayern, das Bundesland mit den meisten Bibern, feiert die seinen als „Exportschlager". Allerdings zeichnet sich ab, dass die Kapazitäten der Aufnahmeländer begrenzt sind. Sind die Biber etwa wieder auf dem Weg zum jagdbaren Wild?

Gipfel der Enthaltsamkeit – Geschichten vom Biber

Fasten ist hart, macht aber wie jede Not erfinderisch. Im Umgang mit dem Fastengebot zeigten die Klöster besonderen Einfallsreichtum; und der Fairness halber muss gesagt werden, dass diese Art Enthaltsamkeit den Brüdern und Schwestern viel häufiger abverlangt wurde als den gemeinen Gläubigen. Auf die Dauer konnte ein verwöhnter Gaumen eben auch des delikatesten Fisches überdrüssig werden. Und was lag näher, als jedes essbare Wassertier für einen Fisch zu nehmen. Ähnelte der Biber nicht tatsächlich einem Flossenträger? Hatte er nicht diesen nackten abgeplatteten Schwanz, der außerdem mit Schuppen besetzt ist? Manche Zeugnisse erwecken den Anschein, als sei nur diese Kelle ein echter Leckerbissen und als solcher in den Bräter gekommen, also nicht das ganze Tier. Für den Biber sprach außerdem die zölibatäre Lebensweise. Seine Keuschheit gehört zwar ins Reich der Fabel, war aber dort sehr weit verbreitet.

Gerade die Jäger sind für ihr Latein berühmt. Kein Wunder also, dass sie die Geschichte vom klugen Biber besonders gern weitererzählten, zumal diese Geschichte durch viele geistliche Autoritäten beglaubigt war. Die Klugheit des Bibers zeigte sich in einem Akt der Selbstverstümmelung. Wenn ihm seine Verfolger bedrohlich nahe kamen, biss sich das Tier mit den scharfen Zähnen die Hoden ab, warf sie den Jägern hin und entging so dem Tod. Hatte sich ein Biber diese Körperteile einmal entfernt, brauchte er beim nächsten Halali nur noch seine Kastration vorzuweisen, und die Waidmänner verloren alles Interesse an der Beute.

Gewiss eine biberhaarsträubende Geschichte. Aber sie war derart fest in der Vorstellung verankert, dass manche Gelehrte den lateinischen Bibernamen Castor von Kastration herleiten wollten. Und der Biber ohne Hoden galt als Symbol des wahren Gläubigen, der sich jeder irdischen Anfechtung entäußert, um das ewige Leben zu gewinnen. Und selbstverständlich spielen die Jäger in dieser Geschichte die Rolle des Teufels, der den menschlichen Seelen so leidenschaftlich nachstellt. Die irdischen Jäger hatten es nicht nur auf den Bibelpelz und das Biberfleisch, sondern auch und womöglich ganz besonders auf das Bibergeil abgesehen. Die geruchsintensive Masse galt als fast universelle Medizin, war besonders gefragt bei Frauenleiden – und als Potenzmittel. Dabei stammt es keineswegs aus den Hoden des männlichen Tieres. Vielmehr wird das Sekret aus paarigen Afterdrüsen ausgeschieden, Drüsen, die sich sowohl bei den Bibermännchen wie bei den Biberweibchen finden. Aber in Kenntnis der anatomischen Gegebenheiten hätte die allerchristlichste Moral nicht funktioniert …

Die Hartholzaue

Weiden und Pappeln profitieren vom Nährstoffreichtum ihrer Standorte, so schwierig der im Einzelfall aufzuschließen sein mag. Vom fruchtbaren Schwemmmaterial, das die Flüsse absetzen, ziehen aber auch die Bäume der Hartholzaue ihren Nutzen. Um ihre Stammbasis schwappt das Wasser oft nur wenige Tage und das nicht einmal in jedem Jahr. Lange würden diese Gehölze nasse Füße und den damit einhergehenden Sauerstoffmangel auch nicht vertragen.

Gut genährt, finden sich unter den Bäumen der Hartholzaue prächtige Exemplare. Aber zuerst sollte von den Lianen oder lianenähnlichen Gewächsen die Rede sein. Sie sind in der hiesigen Flora nicht gerade zahlreich vertreten, prägen aber oft das Waldbild der Hartholzaue. Aus der Tropenperspektive gebührt der Schmerwurz *(Tamus communis)* die erste Erwähnung. Sie gehört zur Familie der Yamswurzgewächse, deren Heimat meist die tropischen, jedenfalls warmen Klimate sind. Allein die Schmerwurz hat es bis nach Mitteleuropa geschafft. Und auch hierzulande beschränken sich ihre

Die Gewöhnliche Waldrebe (*Clematis vitalba*, links), hier mit ihren Fruchtständen, kann ganze Uferwälder einspinnen, der Wald-Goldstern (*Gagea lutea*, Mitte) ist ein blütenschöner Geophyt. Das Pfaffenhütchen (*Euonymus europaeus*, rechts) heißt so nach seinen birettähnlichen Fruchtkapseln, der Strauch ist häufiger in Hartholzauen zu finden. Der Blaustern (rechte Seite) hat ein Hauptvorkommen in den Auwäldern.

Vorkommen auf den Moselraum und den Oberrhein. Ursprünglich weiter verbreitet war der Wilde Wein *(Vitis vinifera subsp. sylvestris)*, der heute nur noch am Oberrhein wächst. Dafür rankt der Gewöhnliche Hopfen *(Humulus lupulus)*, also die Wildform der Bierwürze, noch häufiger im Auwald, regelmäßig sind außerdem Efeu *(Hedera helix)* und Gewöhnliche Waldrebe *(Clematis vitalba)* anzutreffen. Die Waldrebe kann – wie zum Beispiel am Mittelrhein – ganze Gehölze völlig einspinnen. Besonders eindruckvoll sind ihre Fruchtstände. Erst recht trumpfen diese silbrig-grauen Bäusche auf, wenn die anderen Bäume und Sträucher schon die Blätter verloren haben.

Übrigens verschwanden etliche Auwälder nicht erst im Industriezeitalter, als etwa viele Unternehmen der chemischen Industrie die Nähe zum Rhein suchten. Schon lange wussten Menschen, dass die Böden der Hartholzaue besonders fruchtbar waren und eben auch nicht derart hochwassergefährdet wie andere Niederungsbereiche. Sie rodeten den Wald, um Äcker oder Wiesen anzulegen.

Die prominenteste Vegetationseinheit dieses Lebensraums ist der Ulmen-Stiel-Eichen-Auwald. Immerhin ist die Flatter-Ulme *(Ulmus laevis)* vom Ulmensterben weniger betroffen als ihre nächsten Verwandten, sodass sie noch ein wenig häufiger die Waldbilder der Niederung bereichern kann. Sie bildet jene spektakulären Brettwurzeln aus, die ihre Standsicherheit im nicht eben oder doch nicht immer festen Auenboden erhöhen – und wiederum an Bäume aus dem Tropenwald erinnern.

Auch die Stiel-Eiche kann hier mit prächtigen Exemplaren aufwarten, desgleichen die Esche. Unauffälliger ist die Gewöhnliche Trauben-Kirsche *(Prunus padus)*, sie schafft es bei ihrer geringeren Größe nur in die zweite Baumschicht. Doch auch mit Sträuchern ist der Auwald gut ausgestattet, Pfaffenhütchen *(Euonymus europaeus)*, Gemeiner Schneeball *(Viburnum opulus)* und Roter Hartriegel *(Cornus sanguinea)* seien nur stellvertretend genannt.

Zu ganz großer Form aber läuft hier der Lenz auf. Nicht dass diese Früh- und Frühlingsblüher nirgendwo anders wüchsen, aber im Auwald wachsen sie besonders üppig. Und es sind ausgesprochen attraktive Pflanzen darunter. Will die Blütenschönheit des Wald-Goldsterns *(Gagea lutea)* entdeckt werden, wartet der Blaustern *(Scilla bifolia)* mit einem echten Blickfang auf. Märzenbecher *(Leucojum vernum)* werfen sich hier ins Zeug, und auch der Hohle Lerchensporn *(Corydalis cava)* wie der Bärlauch können im Auwald dichte Teppiche bilden.

Auch stimmlich eine Schönheit – der Pirol

Der Europäische Pirol (Oriolus oriolus) *gehört zu einer Gattung, deren insgesamt 28 Arten zum größten Teil in den Tropen und Subtropen brüten, nur drei leben außerhalb dieses Bereichs. Davon dringt der Europäische Pirol am weitesten in die gemäßigten Zonen vor, aber das heftige Gelb seines Federkleids hält doch die Farbenpracht des Dschungels gegenwärtig.*

Insofern passt ins Bild, dass der Pirol, obwohl ein keineswegs häufiger Vogel unserer Breiten, die Auwälder zum bevorzugten Brutrevier wählt und bei feucht-warmer Witterung die größten Bruterfolge hat. Er lebt im Kronenbereich der Bäume, sein kunstvolles Nest legt er ans äußere Ende der Zweige, häufig in eine Gabel. Vogelkenner sagen ihm nach, dass er, obwohl tierischer Nahrung keineswegs abgeneigt, ein ausgesprochener Kirschenliebhaber sei: Die Wild-Kirsche kann ohne Weiteres zum Repertoire der Hartholzaue gehören.

Zur äußeren Pracht, die übrigens nicht nur den Männchen, sondern auch den – älteren – Weibchen zu Gebote steht, tritt beim Männchen eine Fülle des Wohllauts; zumindest unter seinen nächsten Verwandten, also den Rabenvögeln, tut es ihm keiner gleich. Allerdings ist der Pirol ein Zugvogel, der sich hierzulande nicht lange aufhält. Erst Mitte Mai besetzt er seine hiesigen Reviere, um schon ab Anfang Juli wieder auf Reisen zu gehen. Zielgebiete sind die subtropischen und tropischen Hochländer Ostafrikas.

Einen Hauch von Tropenwald verbreitet der Pirol. Rechts ein Blick in das Biosphärenreservat Mittlere Elbe. Am linken Bildrand ist eine Flatter-Ulme (*Ulmus laevis*) angeschnitten.

Einer der größten – Hartholzauwald an der Mittelelbe

Oberhalb von Riesa tritt die Elbe ins Norddeutsche Tiefland ein. Ab hier kann oder konnte sie lange wie ein Strom in der Ebene fließen. Die breite Aue ermöglichte ein ausführliches Mäandern, das dauernde Verlagern des Flussbetts. Zur Aue gehörten Altarme, (mückenverseuchte) Altwässer und Flutrinnen. Nur blieb auch die Elbe nicht vom Ausbau verschont. Auch hier gab es Durchstiche, Begradigungen, die den Grundwasserspiegel sinken ließen, und manchem Auwald wurde buchstäblich das Wasser abgegraben. Doch im Vergleich zu Rhein und Donau blieb größeren Partien der Elbaue ihre Naturnähe erhalten, selbst wenn der wirtschaftliche Sog des Hamburger Hafens tief ins Hinterland reicht …

Eine weitere Kanalisierung würde vielen guten Absichten des Naturschutzes zuwiderlaufen, gerade auch im ausgedehnten Biosphärenreservat „Flusslandschaft Elbe“. Sein sachsen-anhaltinischer Teil heißt „Mittel-Elbe“, dessen Vorgänger namens „Mittlere Elbe“ wiederum das 1979 ausgewiesene Biosphärenreservat Steckby-Lödderitz als Keimzelle hatte. Steckby-Lödderitz war eines der beiden ersten Schutzgebiete dieses Typs auf deutschem, damals noch DDR-Boden. Es liegt im Regenschatten des Harzes, im Sommer kann es zu ausgedehnten Trockenphasen kommen, was Überschwemmungen wie die verheerende vom August 2002 nicht ausschließt.

Es ist heute nicht ganz einfach, zwischen den diversen Gebiets- und Projektnamen den Überblick zu behalten. Doch wie nun immer, der Elbelauf zwischen den Mündungen der linken Nebenflüsse Mulde und Saale kann einen Superlativ beanspruchen. Hier erstreckt sich beiderseits des Stroms der größte zusammenhängende Auwald Deutschlands und einer der größten Mitteleuropas; Schwerpunkt ist das Naturschutzgebiet Steckby-Lödderitzer Forst.

Gut ausgeprägt ist vor allem die Hartholzaue, ein Stiel-Eichen-Feld-Ulmenwald, den allerdings das Ulmensterben um die Feld-Ulmen gebracht hat. Zwar sind sie immer noch häufig anzutreffen, doch schaffen sie es nur bis in die Krautschicht, dann machen ihnen die beiden Schlauchpilzarten aus der Gattung Ophistoma den Garaus. Dafür ist die Esche gut vertreten, und dieser Auwald erinnert daran, das die Obstbaumarten Wilde Kirsche, Wilde Birne und der seltene Wilde Apfel *(Malus sylvestris)* zum Ensemble gehören, sie bereichern vor allem die Waldränder. An den trockeneren Standorten treten Feld-Ahorn und Hainbuche hinzu.

Eine gewisse Prominenz kann das Gebiet beanspruchen, weil hier eine kleine Population des Elbebibers sein großflächiges Verschwinden überlebte und später dann für die erstaunliche Wiederausbreitung der Art sorgen konnte. Außerdem sind im Auwald zwischen Mulde- und Saalemündung die Vögel bemerkenswert vertreten. Sowohl der mächtige See- als auch der Fischadler haben hier ihre Horste, und als ganz große Rarität ist am westlichsten Rand seines Verbreitungsgebiets der Schreiadler *(Aquila pomarina)* zu Hause.

Zu den seltenen Tieren gehören die nur unterseits auffällige Rotbauchunke *(Bombina bombina)* und der oberseits heftig grüne Laubfrosch. Allerdings meidet die Unke den Wald, während der Laubfrosch ihn gerne

Blick auf den Englischen Garten mit Wörlitzer See in der UNESCO-Welterbestätte Dessau-Wörlitzer Gartenreich, Sachsen-Anhalt (oben). Die Rotbauchunke ist ein seltener Froschlurch, auch ihretwegen verdienen die Auen an der Mittleren Elbe besonderen Schutz.

Schöpfer des UNESCO-Weltkulturerbes Dessau-Wörlitzer Gartenreich war Leopold III. Friedrich Franz, Fürst von Anhalt-Dessau (1740–1817). Sein Landschaftspark steht für die Versöhnung von Natur und (Garten-)Kultur. Die etwa sieben Millimeter große Silvias Baumsaftschwebfliege *(Brachyopa silviae)* wurde im Naturschutzgebiet Steckby-Lödderitz als weltweit neue Insektenart entdeckt.

aufsucht. Von einem völlig unauffälligen Insekt, eine nachträgliche Sensation, soll ebenfalls die Rede sein. Silvias Baumsaftschwebfliege *(Brachyopa silviae)* wurde im Naturschutzgebiet Steckby-Lödderitz als weltweit neue Art entdeckt. Sie ist kein ausgesprochener Auwaldbewohner, lebt aber an absterbenden Eichen, wie sie hier, wipfeldürr, doch immer noch aufrecht, manche Auenpartie prägen.

So sehr die Hartholzaue an einen Urwald erinnern mag: Selbst die Kernflächen tragen Spuren der Bewirtschaftung. Mit diversen Hybrid-Pappeln und der nordamerikanischen, höchst nässetoleranten Rot-Esche *(Fraxinus pennsylvanica)* stehen hier auch nichtheimische Baumarten, die nach und nach verschwinden. Ihre vordringliche Aufgabe aber sehen die Naturschützer darin, dem Strom wieder mehr Spielraum einzuräumen. Durchstoßene Flussmäander sollen teilweise wieder als Altarme an den Hauptstrom angeschlossen werden. Wenn einmal der Lödderitzer Deich zurückverlegt ist, werden staatliche 500 Hektar für die Überflutung und damit für einen authentischen Auwald gewonnen sein. Denn ob ein Auwald hinter dem Deich auf Dauer Auwald bleibt, ist sehr die Frage.

Schon 1988 wurde dem Gebiet das elbeaufwärts gelegene Dessau-Wörlitzer Gartenreich angegliedert. Seit 2000 gehört dieses Reich zum UNESCO-Welterbe, ein immer noch 142 Quadratkilometer großer Landschaftsgarten, der nach dem Willen seines Schöpfers Leopold III. Friedrich Franz, erst Fürst, später Herzog von Anhalt-Dessau (1740–1817) Natur und Kultur verschmelzen sollte. Wenn sich unterhalb des Gartenreichs der Auwald noch weiter entwickeln kann, wird auch der große Park noch schöner ins Landschaftsbild gebettet sein.

Auwald der Bachtäler

Auch große Flüsse haben klein angefangen. Sofern ihre Ursprünge weit oben im Hochgebirge liegen, kann sie kein Wald begleiten. Immerhin stellt sich früh die Grün-Erle *(Alnus viridis)* ein, deren ebenfalls verbreitete Namen Alpen-Erle und Laub-Latsche ihren Standort aus zwei Perspektiven benennen.

Sobald die Höhenlage den geschlossenen Baumbestand erlaubt, säumt ein Auwald das Fließgewässer. Auch er hat seine Vorläufer, in denen sich die Weidenarten nur zu Gebüschen auswachsen können, häufig tritt der Sanddorn zu ihnen. Die Gehölze bleiben dem Fluss bis in die tiefen Lagen erhalten, doch wird sich dort hinter der Buschzone ein zweifelloser Wald aufbauen.

Dass die Bach-Auwälder heute oft nur als lückige Galerie in Erscheinung treten, verantwortet der Mensch. Allerdings würden sie auch von Natur aus kaum mehr als einen breiten Saum bilden. Übrigens zeigt sich schon hier, wie sehr ein Fluss die Verhältnisse beeinflusst. Die meisten authentischen Auwälder entstehen auf Kies- und Sandbänken. Sie können sich zu Inseln auswachsen, die der Fluss gegeben hat, aber auch wieder nehmen kann.

Bachauen sind die Domäne der Erlen. Im Alpen- und Voralpenbereich herrscht die Grau-Erle *(Alnus incana)* vor, und einmal mehr verhilft ihr die Hand eines mehr oder weniger kundigen Fachmanns zu Standorten im Mittelgebirge oder in der Ebene. Aber von Natur aus verschwindet sie, wenn ein Wasserlauf das Weichbild des Hochgebirges hinter sich lässt, und noch immer ist ungeklärt, aus welchen Gründen.

Die Wald-Sternmiere *(Stellaria nemorum)* ist eine Charakterpflanze vieler Bachauenwälder.

Das Eschen-Exemplar links macht deutlich, welch mythisches Potenzial dem Gehölz innewohnt. Der Weltenbaum der germanischen Sage ist demnach nicht zufällig eine Esche. Das Laub der Esche (rechts) wurde früher auch verfüttert. Die Nüsse ihrer Früchte haben zwei Samen, deren propellerartiger Flügel vom Wind bis 500 Meter weit verweht werden kann.

Jetzt gibt die Rot-Erle *(Alnus glutinosa)* den Ton an, die manchmal Schwarz-Erle genannt wird. Sie übernimmt auch in den Bachtälern der Mittelgebirge das Regiment übernimmt. Nach ihr heißt die zugehörige Waldeinheit, die zur näheren Charakterisierung noch die Wald-Sternmiere *(Stellaria nemorum)* als Kennart erhält.

Auch die Schwarz-Erle hat kein Kernholz und bringt es nur auf das bescheidene Höchstalter von 120 Jahren. Doch sie verfügt über ein (Herz-)Wurzelsystem, das mit vier Metern so tief hinabreichen kann wie das keines anderen Baums. So werden Bodentiefen erschlossen, in denen ganzjährig Grundwasser ansteht. Solche Verhältnisse führen regelmäßig zu Sauerstoffmangel, aber dagegen weiß sich der Baum zu helfen: An seiner Stammbasis und an den oberflächennahen Wurzeln hat die Rinde große Öffnungen. Von dort aus leiten Kanäle die Luft bis in die äußersten Wurzelspitzen.

Damit nicht genug, verwertet die Rot-Erle auch den Luftstickstoff. Er wird mittels eines Fadenbakteriums gebunden, das in ihren verschieden großen, korallenähnlichen Wurzelknöllchen sitzt. Diese erstaunliche Fähigkeit macht sich der Mensch zunutze, indem er die Rot-Erle auch an anderen Standorten zur Bodenverbesserung heranzieht.

Auffälligste Erscheinung an den Bachrändern ist die Esche *(Fraxinus excelsior)*, ein Baum, der wegen seiner weiten Standortamplitude auch gewiefte Forstleute immer wieder erstaunt. Manche wollten deswegen zwei Rassen annehmen, eine auf dem Trockenen, die andere auf nassem Grund. Aber die Esche wächst ohne Unterschied hier wie dort, solange sie mit Nährstoffen gut versorgt ist. Und die Gesellschaft der Erle setzt diesen Baum am besten in Szene.

Der „Erlenkönig mit Kron' und Schweif": die Krone hat Ludwig Richter (1803–1884), bekannt vor allem als Märchen-Illustrator, nur angedeutet. Das Unheimliche des Biotops beglaubigt der Erlenbruch in der Schorfheide, Brandenburg (rechts).

Erlenbäum' und rotes Haar
sind auf gutem Grunde rar.

VOLKSMUND

Zwei nah am Wasser –
Baumporträts Esche und Rot-Erle

Vom Standort aus gesehen sind sie oft Partner. Aber die eine gilt als Lichtgestalt, die andere als das Gegenteil. Die Esche (Fraxinus excelsior), *Weltenbaum der germanischen Sage, ist Garant einer göttlichen Ordnung, die Rot- oder Schwarz-Erle* (Alnus glutinosa) *ein dämonisches Gehölz, wenn nicht geradezu des Teufels.*

Zum üblen Leumund der Erle hat ein heimischer Dichterfürst beigetragen, der kein ganz schlechter Pflanzenkenner war. Eine seiner bekanntesten Balladen trägt den Titel „Der Erlkönig", und dieses geisterhafte Geschöpf ist ein monströser Unhold, eine wirkliche Ausgeburt der tückischen Sümpfe.

Allerdings gründet Goethes Schauergeschichte auf einem Übersetzungsfehler. Johann Gottfried Herder, sein Straßburger Jugendfreund und später ebenfalls Weimaraner, hatte wohl, weil die Erle zuweilen auch Eller heißt oder einfach wegen der Lautähnlichkeit, das dänische Ellerkong als Erlkönig wiedergegeben, obgleich es Elfenkönig hätte heißen müssen.

Der „Nebelstreif" des Goethe-Gedichts liegt auch über den mythologischen Zusammenhängen. Ob mit dem immergrünen Weltenbaum die Esche gemeint sein kann oder nicht doch die Eibe gemeint sein muss, ob dem isländischen Verfasser der Snorra-Edda *überhaupt Eschen bekannt waren, wo der Baum auf seiner Heimatinsel doch gar nicht vorkam – all diese Spitzfindigkeiten seien jetzt einmal beiseite gestellt. Schließlich spricht für die Esche ihre Stattlichkeit, ein Erscheinungsbild, wie es einem Weltenbaum ansteht. Sie hat das Zeug zu vierzig Metern Höhe und bei freiem Stand eine ebenmäßige, licht belaubte Krone. Auch ihr mächtiges Wurzelwerk lässt sehr wohl an ein Gehölz denken, das den ganzen Kosmos umspannt.*

Doch vom Wurzelwerk her kann die Rot-Erle ohne Weiteres mithalten. Leider sprachen gegen sie nicht nur der schlechte Ruf ihrer Wuchsplätze, sondern auch dessen Vorteile. Erlen beanspruchten des Öfteren einen Boden, der ertragreiches Ackerland versprach. Es konnte demnach nicht schaden, den Baum bloßzustellen. Er ließ sich dann leichter abholzen. Und dass sein Holz die Farbe wechselte, wenn es geschlagen war, bot Gelegenheit zu einer bewährten Diskriminierung.

Und der Volksmund wusste noch mehr: die Seelen der Übeltäter führen ins Erlenholz, außerdem sei das Kreuz des Heilands aus ihm gezimmert. Selbstverständlich konnte auch die Holzröte plausibel erklärt werden: Mit Erlenknüppeln prügelte der Teufel seine Großmutter – blutig versteht sich.

Wie nun immer: Beide Bäume, Gewöhnliche Esche wie Rot- oder Schwarz-Erle, gehören mythologisch zur Sphäre des Nordens. Von Standortgunst kann im Erlen-Fall keine Rede sein. Für sie lässt sich wenig mehr als ihr junges Laub ins Feld führen, offensichtlich waren die klebrigen Blätter eine probate Jagdwaffe bei der „Flohhatz".

Dass die Esche so viel besser wegkommt, wird etwas mit ihrem Äußeren zu tun haben. Die Überlieferung jedoch, nach der die asgardischen Götterkinder aus ihrem Holz den männlichen Menschen geschnitzt haben, darf nicht gegen den Baum verwendet werden. Höchstens schwächt sie das Vertrauen in die handwerklichen Fähigkeiten des himmlischen Nachwuchses.

Bruchwälder

Auch auf den Bruchwald nimmt das Wasser entscheidend Einfluss, wenngleich es nicht so offensichtlich die Bodenverhältnisse bestimmt wie bei den Auwäldern entlang der Wasserläufe. Bei den Bruchwäldern, manchmal auch Brücher genannt, wirkt es teilweise im Verborgenen, nämlich als Grundwasser. Besonders im Frühjahr und nach ergiebigen Regenfällen kann das Grundwasser auch zutage treten.

Und wieder folgt die Natur der Trennung am Schreibtisch nicht immer: Draußen in der Natur können Fluss- oder Bachniederungen partienweise „verbruchen“, Auwälder also in Bruchwälder übergehen. Ungeachtet der Übergänge gibt es zwei Unterschiede: Dem Bruchwald fehlen die Nährstoffe, die das Hochwasser in die Aue trägt, und der Bruchwald ist immer auf Waldtorf gebaut, stockt also auf mehr oder weniger saurem Boden. Doch misst diese Torfschicht gewöhnlich nur zehn bis zwanzig Zentimeter. Sie erreicht also keine Hochmoor-Mächtigkeiten, die den Kontakt zum Grundwasser abreißen lassen und die Pflanzendecke allein von den Niederschlägen abhängig machen.

Erlenbruch Neudarß im Nationalpark Vorpommersche Boddenlandschaft (links), ein üppiges Sumpfdotterblumenensemble (*Caltha palustris*) auf der rechten Seite.

Auch Bruchwälder gehören zu den raren Waldgesellschaften, auch ihnen wurde oft das Wasser abgegraben. Aber sie zeigen doch ein ganz eigenes und sehr prägnantes Profil. Schon die – eher gedrungene – Baumschicht lässt auf unterschiedlich gut versorgte Böden schließen. Im Großen und Ganzen gehören die Bruchwälder zwar zu den ärmeren Wäldern, aber innerhalb dieses Spektrums steht die Vorherrschaft der Erle doch für eine günstigere Nährstofflage.

Und einmal mehr sind es die Gräser, nach denen die Erlenbruchwaldgesellschaften weiter differenziert werden. Wenn das Klima stark atlantisch geprägt ist, zeigt das die Glatte Segge *(Carex laevigata)* an, aber das tut sie bis auf wenige Ausnahmen nur westlich des Rheins. Mit ihr vergesellschaftet sind in diesen Erlenbruchwäldern noch das Kleine Helmkraut *(Scutellaria minor)* und, wenn auch mit größerem Verbreitungsspektrum, der stattliche Königsfarn *(Osmunda regalis)*. Bei subatlantischem, auch mehr oder weniger kontinental getöntem Klima tritt anstelle der Glatten Segge die Walzen-Segge *(Carex elongata)*. Sie wird häufig begleitet von Sumpfdotterblume *(Caltha palustris)* und Wasser-Schwertlilie *(Iris pseudacorus)*, hinzu kommt oft der

Bittersüße Nachtschatten *(Solanum dulcamara)*. Ein exquisites Gewächs dieser Standorte ist die seltene Schlangen- oder Drachenwurz *(Calla palustris)*. Ihrem schmucken weißen Hochblatt verdankt sie den wissenschaftlichen Namen Calla (von griechisch *kallos* für „Schönheit"), die Form ihrer Sprossachse erinnert an eine Schlange. Früher kam dieses kräftige Rhizom ins Schweinefutter; demnach muss die Pflanze recht häufig gewesen sein.

Ein bemerkenswerter Strauch, der vom Heidemoor zum Erlenbruchwald überleitet, ist der Gagel *(Myrica gale)*. Sein Verbreitungsschwerpunkt liegt im Nordwesten Deutschlands, doch auch dort ist er heute selten. Nichts an seinem eher unauffälligen, weidenähnlichen Erscheinungsbild lässt auf seine kulturhistorische Bedeutung schließen: Er war lange Zeit Hauptbestandteil des Grut, der Bierwürze. Bei einigen seiner Vorkommen vermuten die Botaniker sogar, dass hier die mittelalterlichen Brauer ihre Hand im Spiel gehabt hätten. Der Gagel hat einen derart kräftigen Geruch, dass ihn der Naturkundige Konrad von Megenberg um 1350 als Deodorant empfehlen konnte:

> *Des Baums dürre Blätter benehmen den Gestank unter den Achseln und anderswo am Leib.*
>
> KONRAD VON MEGENBERG

Ältere Autoren sagen dem Gagel gar nach, er mache die Biertrinker rebellisch, ganz im Gegensatz zum Hopfen, der sie beruhige. Jedenfalls enthält der Gagel Giftstoffe, deshalb konnte der schwere Kopf anderntags nicht ohne Weiteres dem Alkohol angelastet werden.

Und es trifft sich gut, dass der Sumpfporst *(Ledum palustre)* eine schöne Überleitung ermöglicht: Auch er kam ins Bier. Seine Schädlichkeit wenigstens lag einigermaßen offen zutage. Der Sumpfporst enthält ein starkes Nervengift, aber selbst obrigkeitliche Verfügungen boten keine Gewähr für seine Verbannung aus dem Volksgetränk. Der kleine, heute ebenfalls seltene Strauch findet sich fast nur im Nordosten der Republik, dort aber an den etwa gleichen Standorten wie der Gagel, also in Mooren und Bruchwäldern, allerdings in den noch karger ausgestatteten.

Diese Waldgesellschaft wird hauptsächlich im nordostdeutschen Flachland angetroffen, dessen Klima schon deutlich kontinentale Züge aufweist. Sie rechnet zu den Birken-Kiefern-Bruchwäldern nährstoffarmer Standorte, die – durchaus im Gegensatz zu manchem Erlenbruchwald – nur lückig mit Bäumen bestanden sind. Hier fällt so viel Licht auf den Boden, dass die Zwergsträucher Moos- *(Vaccinium oxycoccus)*, Rausch- *(Vaccinium uliginosum)*, Heidel- *(Vaccinium myrtillus)* und Preiselbeere *(Vaccinium vitis-idaea)* üppig gedeihen können. Als floristische Kostbarkeit tritt die allerdings stark giftige Rosmarinheide *(Andromeda polifolia)* hinzu, die in Deutschland den Südrand ihrer Verbreitung erreicht. Ihre Blätter ähneln tatsächlich dem Rosmarin, mit dem die Pflanze keineswegs verwandt ist; vielmehr gehört sie zu den Erica-Gewächsen. Und natürlich kommen auch die Torfmoose mit vielen Arten vor.

Die Drachenwurz (*Calla palustris*, links oben) ist eine Rarität der Bruchwälder, in denen sich gelegentlich die Preiselbeere (*Vaccinium vitis-idaea*, Mitte) und ganz selten auch die Rosmarinheide (*Andromeda polifolia*, links unten) finden kann. Attraktive Früchte hat der Bittersüße Nachtschatten (*Solanum dulcamara*, rechts oben), während der Sumpfporst (*Ledum palustre*, rechts unten) eher durch die Blüten auf sich aufmerksam macht.

Der Oberlausitzer Erlenbruch (links) steht unter Wasser, aber daran sind diese Lebensräume sehr gut angepasst. Tide-Auwälder gehören heute zu den rarsten Biotopen des Landes. Das Bild aus dem Hamburger Naturschutzgebiet Heuckenlock macht deutlich, wie viel mit ihnen verloren geht.

Die Kiefern-Bruchwälder mit Sumpfporst haben, wenn überhaupt, nur einen geringen Birkenanteil. Und häufiger stellt sich an Ort und Stelle die Frage, ob sich dieser Waldtyp nur deshalb hier behaupten kann, weil ein zuvor waldfreies Moor entwässert wurde. Doch ganz allgemein repräsentiert die Wald-Kiefer nicht allein die Baumschicht. Im stärker atlantisch getönten Klima teilt sie sich die Standorte mit der Moor-Birke, und in den höheren Lagen Süddeutschlands wie des Erzgebirges sind oft Fichten und Berg-Kiefern häufiger. Ein charakteristischer Baum der montanen und hochmontanen Bruchwälder ist die Karpaten-Birke, eine Unterart der Moor-Birke *(Betula pubescens ssp. carpatica)*.

Wenn diese Bruchwälder der ärmeren Standorte auch nur kümmerliche Baumexemplare zulassen: Sie machen, obwohl oder gerade weil sie sozusagen auf der Wald-Kippe stehen, doch einen urtümlichen Eindruck. Wer als Waldliebhaber im Bayerischen oder im Schwarzwald, auf der Rhön oder dem Rothaarkamm wandert, sollte den Abstecher zu ihnen unbedingt einplanen. Häufig wird er allerdings suchen müssen, weil nur mehr sehr kleine Flächen von ihrer Existenz zeugen. Diese Bruchwälder haben den besonderen Schutz, unter dem sie stehen, zweifellos nötig.

Der Halsbandschnäpper ist ein rarer Vogel in der Auenlandschaft Isarmündung. Spreewald-Idylle auf der Fotografie rechts. Titelkupfer des Buches *Der Wald. Den Freunden und Pflegern des Waldes geschildert* von Emil Adolf Roßmäßler (1806–1867).

Auwälder gehören zu den schönsten Laubwäldern. Ein wahres Muster eines solchen Auwaldes erstreckt sich von Leipzig mehrere Meilen westlich bis gegen Merseburg.

EMIL ADOLF ROSSMÄSSLER

Auwälder – noch kein Nachruf

*Die Schönheit der Auwälder hat viele begeistert, zu den Begeistertsten gehörte Emil Adolf Roßmäßler, „Vater der deutschen Aquaristik", Professor an der Forstakademie Tharandt, Verfasser eines großen Buchs über den Wald (*Der Wald*, „seinen Freunden und Pflegern gewidmet"), aber auch Abgeordneter auf dem linken Flügel der Frankfurter Nationalversammlung von 1848.*

Dass dieser Wald dank Elster, Luppe und Pleiße zu den schönsten gehörte, darüber gab es vor dem Abbau der Braunkohle keinen Zweifel.

Auch darüber nicht, dass die Auwaldbegeisterten überhaupt hohe Ansprüche stellen durften. Ihrer Begeisterung ist jedoch der Gegenstand abhandengekommen. Auwälder sind, wenn nicht überhaupt verschwunden, heute nur noch ein Schatten ihrer selbst. Umso mehr zählen die Gegenbeispiele, auch wenn sie keine Idylle sind wie das Hamburger Naturschutzgebiet Heuckenlock. Aber es ist nicht nur das größte, noch heute zusammenhängende Tide-Auwald-Gebiet Norddeutschlands, sondern gehört auch zu den letzten Europas.

An Rhein und Donau blieben beim Ausbau zur Wasserstraße viele Auwälder auf der Strecke. Die Gründung zweier Aueninstitute ist eine womöglich spezifisch deutsche Form der Wiedergutmachung. Das Aueninstitut Rastatt, 1985 vom World-Wildlife-Fund (WWF) aus der Taufe gehoben, wurde 2004 in die Universität Karlsruhe eingegliedert, das 2006 an der Donau gegründete Aueninstitut Neuburg ist unabhängig, wird aber vom Landkreis und der Katholischen Universität Eichstätt-Ingolstadt mitgetragen. Während sich die Rastätter weltweit positionieren, konzentrieren sich die Neustädter auf die Donau. Hier soll zwischen Neuburg und Ingolstadt „der weitgehend abgekoppelte Auwald" auf einer Fläche von immerhin 1200 Hektar wieder ein Lebensraum werden, der seinen Namen verdient.

Eine gewisse Chance geben die Hochwasserschutzprogramme den Auwäldern, und es steht dem Leser frei, sich bei solcher Wendung zum Besseren seinen Teil zu denken. Seis drum: Wenn die Rückverlegung der Deiche eine Aue wieder atmen lässt, kommt diese Freiheit auch Auwäldern zugute, die schon auf dem Weg zu ganz anderen Waldformationen waren. Mit dem Unteren Odertal gibt es sogar einen grenzübergreifenden, deutsch-polnischen Nationalpark, der dem Auwald besonderes Augenmerk widmet.

Wohlgemerkt: Es macht gerade den Reiz der Auwald-Gesellschaften aus, dass sie an den großen wie den kleinen Fließgewässern Heimatrecht haben. Und zwei Nebenflüsse sollen hier hervorgehoben werden. Zwar hängt der Donauausbau zwischen Straubing und Vilshofen wie ein Damoklesschwert über der Isarmündung, doch blieb hier auf etwa zehn Kilometern ihre Naturnähe erhalten. Die unterste Isar zählt schon deshalb zu den reizvollsten Auelandschaften, weil hier der Gebirgsfluss Isar mit seiner großen, alpinen Geschiebefracht auf den Tieflandstrom Donau trifft. Die Deiche zu beiden Seiten rahmen einen imposanten Weichholzauwald, und selbst einige Flecken Hartholzaue sind dem Wasserregime des Flusses unmittelbar ausgesetzt. Hier tummeln sich noch Halsbandschnäpper (Ficedula albicollis) *und Weißsterniges Blaukehlchen* (Luscinia svecica). *Der Halsbandschnäpper zählt schon lange nicht mehr zu den häufigen Vögeln, und der Klimawandel scheint für ihn eine besonders schwere Hypothek zu bedeuten. Wenn es dem Weitzieher nicht gelingt, seine Rückkehr in die Brutgebiete noch weiter vorzuverlegen, muss um die Art gefürchtet werden. Zur Familie der Schnäpper gehört auch das seltene und farbenprächtige Blaukehlchen. Dem typischen Auebewohner ist es offenbar gelungen, sich neue Lebensräume in der Kulturlandschaft zu erschließen, beobachten die Ornithologen doch eine deutliche Zunahme seiner Revierzahlen.*

Nicht nur seiner Nähe zur Hauptstadt (und den Gurken) verdankt der Spreewald den großen Ruf. Die Luftbilder und die gern fotografierten Kahnpartien auf dem dicht verzweigten Gewässernetz täuschen oft einen geschlossenen Au- respektive Bruchwald vor, doch auch im Biosphärenreservat überwiegt das Grünland, und der Waldanteil beträgt nur gut 27 Prozent. Aber das Binnendelta am Mittellauf der Spree gehört fraglos zu den faszinierendsten Kulturlandschaften dieser Republik. Und die erhaltenen Partien des Erlenbruchwalds verbreiten wirklich noch einen Hauch Amazonas.

Sowohl für die Isarmündung als auch für das Biosphärenreservat Spreewald gibt es Informationszentren, von denen aus die Erkundung der Gebiete angegangen werden kann. Und nebenbei vermitteln sie Kenntnisse über die Auwälder insgesamt.

Pilze – ein Reich im Wald

Niemandem fiele ein, den Apfel für den Apfelbaum zu halten, also die Frucht für das Gewächs. Aber genau das ist bei den Pilzen gang und gäbe: Was landläufig Pilz heißt, meint den Fruchtkörper. Der Pilz aber ist sein Myzel. Es besteht aus einzelnen fadenförmigen Zellreihen, den Hyphen. Ihr oft sehr weit verzweigtes Geflecht lebt im Untergrund, im Boden, im Holz, in der Laubschicht. Und so leicht vergänglich die Fruchtkörper sind, ein Myzel, also der Pilz selbst, kann sehr alt werden. Am Schweizer Ofenpass wurde ein Dunkler Hallimasch *(Armillaria ostoyae)* gefunden, der es auf tausend Jahre gebracht hatte.

Lange galten Pilze als unheimliche Gesellen, Bezeichnungen wie Hexenring, Hexenei, Hexenbutter waren schnell zur Hand. Volkskundliche Arbeiten verzeichnen die abenteuerlichsten Vorstellungen, noch heute sind haarsträubende Gerüchte im Umlauf. Meist kreisen sie um die Frage: „Essbar oder giftig?“, und tatsächlich geht es bei manchen Arten um Tod oder Leben.

Auf den ersten Blick tut die Wissenschaft wenig zu einem vertrauteren Umgang. Wer Pilze für Pflanzen hält, täuscht sich. Vielmehr bilden Pilze ein eigenes Reich neben, genauer zwischen Pflanzen und Tieren. Ohne Weiteres ließe sich das Befremdliche dieser Eigenständigkeit zuspitzen: Pilze stehen den Tieren näher als den Pflanzen. Wie Tiere leben sie von organischen Nährstoffen, und ihre Zellwände bestehen aus Chitin, einem Mehrfachzucker, der im Tier-, aber nicht im Pflanzenreich vorkommt. Und im Unterschied zu den (allermeisten) Pflanzen bilden Pilze kein Blattgrün.

Wir reden hier nur von den Echten Pilzen (die „unechten“ bilden zwei eigene Reiche), die wiederum in vier Stämme eingeteilt werden. Unter ihnen bilden Ständer- und Schlauchpilze die auffälligsten Fruchtkörper. Zu den Ständerpilzen gehören etwa die prominenten Pfifferling und Steinpilz, zu den weniger geläufigen Schlauchpilzen zählen beispielsweise die begehrten Trüffel.

Lebensgemeinschaft Mykorrhiza

Sicher weiß mancher aus eigener Sammelerfahrung, dass keineswegs alle Pilze im Wald wachsen. Aber Pilze sind im Wald und für den Wald von überragender Bedeutung, ohne dass ihr Wirken ins Auge fällt. Nach Schätzungen fördern Pilze das Wachstum von achtzig bis neunzig Prozent aller Pflanzen. Als Partner bilden sie die sogenannte Mykorrhiza, ein Fachbegriff, der sich aus den griechischen Worten für Pilz *(mykes)* und Wurzel *(rhiza)* zusammensetzt. Das feine Pilzgewebe vergrößert nicht einfach das Aktionsfeld der Pflanzenwurzeln. Vielmehr kann es den Boden sehr viel besser durchwirken, um noch feinste Poren zur Aufnahme von Wasser und Nährsalzen zu nutzen.

Ein einzelner Pilz kann ohne Weiteres 15 Prozent der gesamten Baum-Assimilate für sein eigenes Wachstum beanspruchen. Vereinfacht gesagt: Während der Pilz für die Nährsalze zuständig ist, liefert das Gehölz die Nährzucker, also die organischen Kohlenstoffverbindungen, die herzustellen ihm die Fotosynthese ermöglicht. Und wie bei jeder Lebensgemeinschaft tut sich ein weites Feld partnerschaftlichen Verhaltens auf: Es gibt Pflanzen, die ohne Gegenleistung von den Pilzen zu profitieren versuchen, und es gibt Pilze, die das Gleiche anstreben.

Im Wald weitverbreitet ist die Ektomykorrhiza. Das ekto für „außen“ erklärt sich durch die Eigenart der Pilzfäden, wohl in die Zwischenräume der Wurzelrindenzellen einzudringen, aber nicht in die Zellen selbst. Diese

Eine Handvoll Pilze: zu den populärsten Speisepilzen aus dem Wald zählen die Pfifferlinge (oben). Der – häufige – Gemeine Hallimasch (rechts oben) befällt nicht nur totes Holz. Hier hat er sich über eine Allgäuer Fichte hergemacht. Die einzelne Frucht des Fichtenporlings (rechts unten) kann es zu ansehnlicher Größe bringen. Auf Seite 174 sind Samtfußrüblinge zu sehen, Holzpilze, die hier einen noch aufrechten Stamm befallen haben.

Die Schmetterlingstramete (oben) setzt auf Ensemblewirkung. Der Widerbart (unten) ist eine sehr rare Orchidee ohne Blattgrün und zeitlebens auf seinen Wurzelpilz angewiesen.

Verbindung gehen die meisten holzigen Pflanzen mit Pilzen ein, die überwiegend zu den Klassen der Schlauch- und Ständerpilze gehören. Einige sind ganz eng an eine bestimmte Baumart gebunden, wie die Namen Lärchenröhrling oder Fichtenreizker festhalten.

Der Hyphenmantel des Pilzpartners umhüllt nur sehr kurze Abschnitte der Feinwurzeln, die sich verdicken und ihr Wachstum so ziemlich einstellen. Doch sind die Pilze nicht auf einen Baum fixiert. Vielmehr bilden sie unterirdisch wirkliche Netzwerke, die mehrere Gehölze umfassen können. Und so geben sie nicht nur Nährstoffe aus dem Boden weiter, sondern transportieren auch welche von einer Pflanze zur anderen, können also den Nachwuchs versorgen, der mit seiner kleinen Fläche Laub noch wenig Chlorophyll bilden kann.

Eine andere Form des Zusammenspiels von Pilz und Pflanze ist die Endomykorrhiza. Endo bedeutet „innen", und anders als bei der Ektomykorrhiza dringen hier die Hyphen ins Innere der Baumrindenzellen ein. Die häufigste und wichtigste Form dieser Symbiose heißt arbuskuläre Endomykorrhiza. Das lateinische *arbusculus* bedeutet Bäumchen, verzweigen sich diese Pilze doch aufs Zarteste im Zelleninneren. Im Übrigen deutet vieles darauf hin, dass erst Endomykorrhiza-Pilze den Pflanzen aus dem Meer ans Land geholfen, also den Gang der Erdgeschichte ganz entscheidend beeinflusst haben.

Etwa siebzig Prozent aller Pflanzen leben in einer solchen Symbiose. Gemessen an ihrer großen Zahl stehen nur wenige Pilzpartner zur Verfügung. Diesen Glomeromycota fehlen die augenfälligen Fruchtkörper ebenso wie ein deutscher Name. Früher den Jochpilzen zugeordnet, hat ihre genetische Untersuchung eine ganz andere Identität an den Tag gebracht, sie werden jetzt als eigene Abteilung geführt. Vor allem stellen die Glomeromycota den wichtigen Nährstoff Phosphor bereit.

Bei Heidekrautgewächsen und Orchideen sind andere Varianten dieser Symbiose zu beobachten. Den Ericaceen, die sich auf den ganz nährstoffarmen Böden behaupten müssen, ermöglichen ihre Pilze überhaupt erst die Existenz. Womöglich noch stärker werden die Pilzpartner von den Orchideen beansprucht. Den extrem leichten Orchideensamen fehlt jeder Nährkörper, sie können nur mit dem Pilzpartner keimen. Und solange Orchideen keine Fotosynthese betreiben können, ist das ein parasitäres Verhältnis. Einige Arten aus dieser Gruppe, etwa die Vogel-Nestwurz oder der Widerbart *(Epipogium aphyllum)*, bilden ihr Leben lang kein oder doch fast kein Blattgrün, ihre Pilze geben immer, ohne zu nehmen.

Die unablässige, zwangsläufige Düngung aus der Luft erzwingt eine Anmerkung: Wenn diese Stickstoffe den Boden nähren, verlieren die Mykorrhiza-Pilze besonders im sauren Milieu ihre Lebensaufgabe. Auf Dauer wird nicht nur das grandiose unterirdische Netzwerk der Myzelien geschwächt, sondern der gesamte Lebensraum Wald.

Pilze als Zersetzer und Zerstörer

Wie etliche Pilze am Aufbau des Waldes beteiligt sind, gibt es andere, die den ebenso wichtigen Abbau mitbetreiben. Sie stellen neben den Bakterien sogar die bedeutendste Gruppe der Lebewesen, die organische Materie mineralisieren und so als Nahrung wieder verfügbar machen. Gleich den Mykorrhiza-Pilzen besetzen auch sie eine zentrale Stelle im geschlossenen Stoffkreislauf des Ökosystems.

Bei steigenden Totholzraten sind diese Pilzarten besonders gefragt, weil sie als Verursacher der Braunfäule die schwer abbaubare Zellulose und als Verursacher der Weißfäule die noch widerständigeren Lignine zerlegen. Lignine, eingelagert in die Gehölz-Zellwände, sind der Garant für ihre statische Belastbarkeit, machen eigentlich das Holz zum Holz. Lignine aufzuschließen ist ein entsprechend zeit- und energieaufwendiger Vorgang. Ihr Anteil an der Gesamtmasse beträgt bei den Nadelbäumen bis 32 Prozent, bei Buchen bis 23 Prozent.

Sofern sich die Holzpilze im Wald nur am toten Holz zu schaffen machen, ihre Abbauarbeit also eigentlich eine Aufbauarbeit ist, haben sie an der recht jungen Wertschätzung von Totholz teil. Aber manche besiedeln eben auch das grüne Holz. Dort verhalten sie sich nicht anders als am toten, doch aus menschlicher Perspektive sind sie jetzt Zerstörer oder gleich Schädlinge. Weil sie lebende Bäume zum Absterben bringen, werden etwa Gemeiner und Dunkler Hallimasch im Wald gefürchtet, zumal sie bei der Wahl ihrer Wirtsgehölze wenig wählerisch sind. Ebenfalls lebende Bäume befällt der Wurzelschwamm *(Heterobasidion annosum)*. Er macht sich vor allem an den Koniferen zu schaffen, deutschlandweit verursacht er einen Schaden von geschätzten 35 Millionen Euro pro Jahr. Ein Schlauchpilz hat die Berg-Ulme fast ausgelöscht und auch der Feld-Ulme übel zugesetzt.

Mykologen-Deutsch
Eine kleine Verbeugung vor den Pilzkundlern sei erlaubt, denn ihre sprachschöpferische Fantasie verdient uneingeschränkte Bewunderung. Dabei muss nicht einmal der Hallimasch ins Feld geführt werden, der je nach Lesart Hall (wegen der abführenden Wirkung) oder Heil (wegen seiner möglichen Wirksamkeit gegen Hämorriden) im Arsch bedeuten soll. Aber so glasklare und doch anschauliche Namen wie etwa Behangener Düngerling, Schöngelber Klumpfuß, Spitzbuckeliger Orangenschleierling (Achtung: äußerst giftig!) bleiben viel eher im Gedächtnis als der Pilz selbst.

Eine Art Geheimnisträger – der Fliegenpilz

Pilzgourmets erfasst ein heimliches Bedauern. Wächst doch in unseren Wäldern, und wächst dort von Sommer bis Herbst immer noch reichlich, ein Pilz von ebenso prägnantem wie appetitlichem Aussehen. Ein karmesinroter, weißgeflockter Hut macht ihn unverwechselbar und ist ohne Zweifel eine Augenweide. Viele Abbildungen erwecken den Eindruck, als sei gerade er Träger des Waldgeheimnisses, und es muss gar kein pfeifeschmauchender Garten- oder sonstiger Zwerg an seinem Stiel lehnen.

Wohl ist der Fliegenpilz *(Amanita muscaria)* giftig, ältere Pilzbücher schildern farbig die Folgen des Verzehrs. Ganz so zielstrebig wie die erprobt tödlichen Knollenblätterpilze, die zu ihrer nächsten Verwandtschaft gehören, wirkt der Fliegenpilz jedoch nicht, wenngleich er heftige Beschwerden verursachen kann.

Nun gibt es unter den Pilzgenießern solche und solche. Für den Rotbehüteten schwärmen solche, die auch bei den Rauschmitteln Wert auf natürliche Lebensweise legen. Und vielleicht können sie sich sogar mit dem eigenwilligen Konsumvollzug anfreunden, über den der Schwede Philip Johan von Strahlenberg schon um 1730 aus Sibirien zu berichten weiß. Freilich hätten nur Bessergestellte die teuren Fruchtkörper selbst erwerben, also über die halluzinogene Kraft der Fliegenpilze unmittelbar verfügen können. Doch habe man sich bei den weniger gut Bestellten zu helfen gewusst:

Die Armen lagern sich um der Reichen Hütten, und warten, bis einer herunterkömmt, sein Wasser abzuschlagen. Dem halten sie eine hölzerne Schale unter, und saufen den Urin, worin noch einige Kraft von den Schwämmen stecket, davon auch sie voll werden.

PHILIP JOHAN STRAHLENBERG

Andere Autoren versichern, der Fliegenpilzkonsum bei vielen sibirischen oder auch nordafrikanischen Völkern sei keineswegs gängige Praxis gewesen, sondern streng gehütetes Vorrecht der Schamanen. So hat der Pilz manchen Theorien Nahrung gegeben, und nicht einmal zu den verwegensten Deutern seiner geheimen Kräfte gehörte der namhafte Qumran-Forscher John Marco Allegro. Er sah in der phallischen Gestalt des jungen Pilzes eine Quelle sexueller Sinnbildlichkeit, überdies ein sehr altes Symbol diverser Fruchtbarkeitsgötter – ja Allegro hielt den Fliegenpilz für ein geheiligtes Wesen. Insofern die Art als bewusstseinserweiternde Droge Göttlichkeit verkörpert, zugleich aber irdische Gestalt annimmt, ist ein Himmlischer – Originalton Allegro – „Fleisch geworden“. Dass sie es hier mit einer Art Religionsstifter zu tun haben, wird den heimischen Fliegenpilzkonsumenten gefallen. Sie können sich auf alte Traditionen berufen – oder doch auf Autoren, die von uralten Gebräuchen raunen.

Anderen genügt die lauschige Waldwiese und eine bequeme Rückenlage, wenn nur der Pilz berauscht. Solche Wertschätzung berührt immerhin sympathischer als das Wüten jener Zeitgenossen, die Fliegenpilze aus angeblich humanitären Gründen zerstören. Wer andere so vom Genuss eines Giftschwamms abhalten will, zerstört nur ein schönes Stück Waldnatur.

Was immer sich gegen den giftigen Fliegenpilz sagen lässt, so schön wie er ist kaum ein anderer.

Totes Holz – lebendiger Wald

Einst war „Altholz“ ein sauber definierter Begriff. Er galt allein für das bereits verwendete Material; seit 2002 gibt es eine bundesweit gültige „Verordnung über Anforderungen an die Verwertung und Beseitigung von Altholz“. Heute taucht der Begriff nicht nur in den Protokollen der Abfallwirtschaft, sondern auch in den Arbeiten zur Waldentwicklung auf. Dort allerdings ist der Begriff sehr unklar definiert. Der Zusammenhang lässt erkennen, dass es Bäume oder Baumbestände jenseits „der gewöhnlichen Hiebreife“ bezeichnet. Dieser untergründige Bedeutungswandel wirft ein Schlaglicht auf die Verlegenheit im Umgang mit Wäldern, die nicht mehr nur aus dem Blickwinkel ihrer Nutzung betrachtet werden. Wirtschaftswälder sind Wälder mit verkürzten Lebenszeiten. Bäume können dort nicht einmal ihr biologisches Alter erreichen, geschweige denn zerfallen. Ihnen fehlen, wiederum amtlich gesprochen, die „späten Waldentwicklungsphasen“.

Zum Lebensraum Wald gehört über das Altholz hinaus auch das Totholz. In den Urwäldern kann es dreißig Prozent der Holzmasse ausmachen, gegenüber durchschnittlich drei Prozent im Wirtschaftswald. Immerhin haben diverse Waldinventuren gezeigt, dass hiesige Wälder über mehr Totholz verfügen als bisher angenommen. Nicht alles, was die Statistiken als Wirtschaftswald führen, wird auch konsequent bewirtschaftet. Es muss gar nicht mal Einsicht im Spiel sein. Zu einem weniger strikten Umgang reicht manchmal ein Erbe, der mit einem hinterlassenen Waldstück nichts anzufangen weiß.

Totholz ist nicht nur für den Wald wichtig, sondern sorgt auch für den Strukturreichtum von Wasserläufen. Für Seite 182 muss die Steigerung erlaubt sein: Hochtotes Holz.

Vor etwa dreißig Jahren begann sich herumzusprechen, dass der „gepflegte Wald“ kein Leitbild fürs Ökosystem ist. Gepflegt hieß aufgeräumt, der Wald als gute Stube ganz im Sinne des Eingangszitats von Robert Musil. Wieder lässt sich darüber streiten, ob das Wort ganz glücklich gewählt ist. Tot ist tot, tot gehört zu den Eigenschaftswörtern, die eine Steigerung verbieten. Aber „Totholz“ ist im heutigen Sprachgebrauch eine feste Größe und gilt als „wichtiger Bestandteil des Ökosystems Wald“.

Beim Totholz gibt es Abstufungen. Ob ein Baum noch steht (Trockenholz) oder schon liegt (Moderholz), ob seine Krone niedergebrochen ist oder nur ein mächtiger Ast, das macht für die Totholzbewohner einen Unterschied. Wie schnell oder langsam der Abbau vonstattengeht, hängt von vielen Faktoren ab, generell dauert es bei den einzelnen Baumarten unterschiedlich lange. Den meisten Widerstand setzt die Eiche ihrem Vergehen entgegen, erst nach fünfzig Jahren ist sie zu Erdreich geworden.

Der Nutzen von Totholz für den Lebensraum zeigt sich am offensichtlichsten im Bergwald: Hier oben kann das Wurzelwerk mitsamt den geknickten Stämmen wenigstens einige Zeit vor Hangrutschungen bewahren.

Außerdem bietet es den jungen Bäumen Schutz und Nährstoffe. Auf großen, niedergestürzten Stämmen können Fichtensamen bereits nach kurzer Zeit keimen. Gezielt ausgelegtes Totholz setzt eine dynamische Naturverjüngung in Gang. Auch andernorts schafft es im Wald wichtige Kleinbiotope, sorgt dort für einen besseren Temperaturausgleich und liefert einen Beitrag zur Bodenfeuchte wie zur Bodenfruchtbarkeit. Seine Düngergaben sind genau auf die Bedürfnisse der Waldeinheit abgestimmt.

Schon der eben erst abgestorbene Baum zieht viele Nutznießer an. Sein „frisch totes" Holz besiedeln etwa die berüchtigten Borkenkäfer oder Holzwespen. Natürlich trägt auch ihre Bohr- und Fraßaktivität zum weiteren Zerfall bei. Nach ein bis vier Jahren steht der Baum zwar noch aufrecht, verliert aber schon Äste und Zweige, die Rinde löst sich. Pilze und Bakterien greifen jetzt an, recht schnell sind Bast und Splintholz abgebaut, dann wird der innere Holzkörper von Pilzen durchdrungen. Insekten sind zur Stelle, die ein stärker zersetztes Substrat brauchen. Sie können sich von den Pilzen ernähren – oder auch von den Vorgängertieren, die ihnen den Boden erst bereitet haben. Nach etwa vier bis zehn Jahren bricht der Baum nieder, immer weiter vermorscht das Holz und geht in Mulm über, Fliegenlarven, Springschwänze und Milben werden heimisch. Aber auch typische Boden- oder bodennahe Bewohner wie Schnecken, Würmer und Asseln richten sich nun im Moderholz ein.

Hier wartet ein breites Nahrungsangebot auf Spechte und Fledermäuse. Diese Wirbeltiere sind auf Baumhöhlen angewiesen, wobei die Spechte für andere Arten häufig den Quartiermeister machen. Der größte unter ihnen, der Schwarzspecht *(Dryocopus martius)*, braucht allerdings Bäume von vierzig Zentimeter Stammdurchmesser. Dafür zimmert er derart komfortable Höhlen, dass sogar der Baummarder sie nutzen kann. Mit kleineren Holz-

Auf der Fotografie links legt die Riesen-Holzwespe *(Urocerus gigas)* ihre Eier ab. Gleich daneben hängt die rare Bechsteinfledermaus (*Myotis bechsteinii*). Sie nutzt die Baumhöhlen naturnaher Mischwälder als Sommerquartier.

hohlräumen gibt sich die europaweit geschützte Bechsteinfledermaus *(Myotis bechsteinii)* zufrieden. Aber sie wechselt im Sommer ihren Unterschlupf häufig, sodass sie an geeignetem Wohnraum reichlich Bedarf hat.

Die wenigen Beispiele können nur andeuten, wie sich die Lebenszyklen der Arten ergänzen. Im Einzelnen sind hier noch viele Fragen offen, keinen Zweifel aber gibt es an der großen Vielfalt der Tiere und Pilze, die auf das Totholz direkt oder indirekt angewiesen sind. Grobe Schätzungen gehen von etwa einem Fünftel aller Waldarten aus, dazu gehören neben den schon erwähnten Pilzen vor allem Hautflügler und Käfer, dazu gehören aber auch einige Vogelarten und Säuger.

Fazit: Im Wald ist totholzreich gleich artenreich. Im Umkehrschluss bedeutet das: Zu wenig Totholz im Wald erhöht die Zahl der bedrohten Totholzarten.

Käfer im Totholz

Neben den bereits gewürdigten Pilzen stellen die Käfer unter den Totholznutzern die wichtigste Gruppe. 1992 rückte die Flora-Fauna-Habitat-Richtlinie der EU einen ihrer bis dato kaum bekannten Vertreter ins Rampenlicht. Dabei kann der braunschwarze Eremit *(Osmoderma eremita)* bis zu vier Zentimeter lang und knapp zwei Zentimeter breit werden, erreicht also eine für Käfer durchaus stattliche Größe. Doch viele Eremiten verlassen ihre Höhle im Mulm der Laubbäume zeitlebens nie. Öfter im Freien begegnen noch die Weibchen, die von ihrem männlichen Pendant zur Paarungszeit durch einen heftigen Duftstoff angelockt werden. Dieser Geruch imponiert auch der menschlichen Nase, nach ihm heißt die Art ebenfalls Juchtenkäfer. Ob er nun wirklich an Birkenteeröl erinnert, sei dahingestellt, hilfsweise wird er auch mit dem Aprikosenaroma verglichen.

Hierzulande ist der Schwarzspecht (*Dryocopus martius,* linke Seite) der größte seiner Gattung. Um seinen Nachwuchs zu beherbergen, braucht er schon mächtigere Stämme. Der Eremit (*Osmoderma eremita,* oben) bleibt selbst für erfahrene Waldläufer oft unsichtbar, der streng geschützte Alpenbock (*Rosalia alpina,* unten) ist einer unserer schönsten Käfer.

Bei der heimlichen Lebensweise des Eremiten kann es immer einmal zu einem überraschenden Fund kommen, insgesamt jedoch ist dieser Baumhöhlenbewohner äußerst selten geworden. Früher zählten die Auwälder zu seinen bevorzugten Lebensräumen, der Eremit hatte wohl unter dem großflächigen Verschwinden dieses Waldtyps besonders zu leiden. Heute begnügt sich der Käfer mit dem Gehölzangebot von Friedhöfen, Obstgärten und Alleen. Er genießt EU-weit den höchstmöglichen Schutz.

Ein ebenfalls äußerst seltener Käfer und „prioritäre Art von öffentlichem Interesse" (EU) ist der Alpenbock *(Rosalia alpina).* Sein Name täuscht, er kommt auch in tieferen Lagen bis etwa fünfhundert Meter vor, doch zieht sich seine nördliche Verbreitungsgrenze (noch) durch das südliche Deutschland. Seine schwarz-blaue, sehr variable Zeichnung gehört zum Exquisitesten, was die europäische Insektenwelt zu bieten hat. Und auch dieses bis vier Zentimeter lange Tier ist ein Totholzbewohner der Laubwälder, Buche bevorzugt. Mangels anderer Möglichkeiten weicht er auch schon einmal auf einen Stapel geklaftertes Holz am besonnten Wegrand aus; öfter mit dem traurigen Ergebnis, dass ein EU-weit strengst geschützter Käfer in den Flammen eines traulichen Kaminfeuers endet.

Der Eichenheldbock (*Cerambyx cerdo,* rechts) hinterlässt im Holz eindrucksvolle und jedenfalls tiefe Spuren, wie das Bild links zeigt. Der bis zu einem Zentimeter große Ameisenbuntkäfer (*Thanasimus formicarius,* rechte Seite oben) stellt bevorzugt den Borkenkäfern nach. Gegen deren Massenvermehrung richtet allerdings auch er nichts aus. Den Kampf zweier Hirschkäfer (*Lucanus cervus*) zeigt die Fotografie rechts unten.

Zur gleichen Familie gehört der Große Eichenbock oder auch Heldbock *(Cerambyx cerdo).* Das dunkelst braune Tier bevorzugt (absterbende) Stiel-Eichen, und kaum jemals verlässt ein ausgewachsenes Exemplar den Baum seiner Geburt. Aus etlichen Bundesländern sind nur mehr Einzelvorkommen bekannt, und das heißt in seinem Fall Vorkommen von einem einzigen Baum. Beim Großen Eichenbock wirkt die Ironie der Geschichte auf besondere Weise: Die ältere Forstliteratur brandmarkt ihn noch als „größten Holzzerstörer", heute gilt er als hoch gefährdet und steht unter Naturschutz.

Die meiste Aufmerksamkeit aber findet seit jeher der Hirschkäfer *(Lucanus cervus),* den Deutschlands Rote Listen „stark gefährdet" nennen. In Europa ist er der größte unter seinesgleichen, die geweihähnlich ausgeprägten Mundwerkzeuge hat allerdings nur das Männchen.

Vielleicht förderte sein imposantes Erscheinungsbild die Lesart, dass seine Larven im mürben Holz der (deutschen) Eichen leben und andere Laubbäume so gut wie gar nicht bemüht werden. Neuere Forschungen haben diese Annahme jedoch widerlegt. Zwar meidet die Art die Koniferen, aber bei den Laubbäumen zeigt sie keine ausgesprochenen Vorlieben. Entscheidend sind das (große) Volumen und die (fortgeschrittene) Mürbheit des Holzes; wenn ihm dessen Konsistenz zusagt, legt das Weibchen seine Eier sogar in Masten oder einem Verbund von Eisenbahnschwellen.

Und auch sonst hat die Forschung das bisher gängige Hirschkäferbild zurechtgerückt: Wer einen Hirschkäfer im Garten antrifft, hat keinen Irrläufer vor sich. Bei der Brutstätten-Wahl bevorzugt die Art eher Offenlandstrukturen und nicht die geschlossenen Wälder. Wie viele andere achtet der größte einheimische Käfer auf einen gut durchwärmten Platz. Vor allem aber: Gründliche Beobachtung muss den Aussagen über seine Gefährdung vorangehen. Zwar zeigt sich der Hirschkäfer schweren Flugs nur in den Abendstunden weniger Frühlingstage, aber von seinem seltenen Auftreten darf nicht ohne Weiteres auf die Seltenheit der Art geschlossen werden.

Insgesamt spricht für die Darstellung der großen oder doch größeren Käfer, dass ihre Beziehungen zur Umwelt weitgehend geklärt sind. Das lässt sich bei Weitem nicht von allen Totholzkäfern sagen. Etliche davon kennen selbst Förster nur aus dem Lehrbuch, Kapitel Schädlinge. Und dass etwa der Große Eichenbock nicht nur auf einer Roten Liste auftaucht, sondern auch geschützt werden soll, mag manchen irritieren.

Immerhin gibt es auch Totholzbewohner wie den Gemeinen Ameisenbuntkäfer *(Thanasimus formicarius)*, aus menschlicher Sicht ein ausgesprochener Forstnützling: Ein Gutteil seiner Nahrung besteht aus Borkenkäfern. Allerdings kann auch er nichts mehr ausrichten, wenn sich Buchdrucker und Kupferstecher im Fichtenbestand massenhaft vermehren.

6500 Käferarten wurden in Deutschland nachgewiesen, knapp 1400 sind dem Totholz mehr oder weniger eng verbunden. Und wie die Buche den Holzpilzen, bieten Eichen den meisten Käfern eine Heimstatt. Ursprünglich lebte dort auch die Larve des Nashornkäfers *(Oryctes nasicornis)*, die sich heute durch Kompost- und Sägemehlhaufen als Sekundärbiotope frisst. Auch der Nashornkäfer gehört zu den seltenen und gefährdeten Totholzkäfern, von denen manche als „Urwaldrelikte" bezeichnet werden. Wenn dieser Begriff zutrifft, dann bringt das Wärmebedürfnis einiger Arten darüber ins Grübeln, wie dieser Urwald ausgesehen haben mag.

Schlichte, aber vorbildliche Architektur mit einer epochalen Klimatechnik: Der Ameisenhügel.

Im Einsatz für den Wald – Waldameisen

Ameisen haben seit der Antike einen großen Ruf. Nach einem gängigen Sprichwort sind sie schon deshalb nützlich, weil sie den Untätigen als gutes Beispiel vorgehalten werden können. Zuletzt wurden die Waldameisen sogar als Anzeiger für sonst nicht wahrgenommene Untergrundaktivitäten entdeckt. Über Erdrissen, an denen Gas austritt, sollen sie ihre Bauten anlegen. Hektische Aktivität der Völker könne deshalb früh auf vulkanisches Rumoren hinweisen.

Natürlich sind die Waldameisen ein Waldthema, obwohl die Bezeichnung Waldameise an Genauigkeit zu wünschen übrig lässt. 13 heimische Waldameisenarten gibt es, und sie bauen mehr oder weniger auffällige Hügelnester. Wir beschränken uns auf die Rote *(Formica rufa)* und die Kahlrückige Waldameise *(Formica polyctena)*. Letztere führt die Rote Liste von Deutschland als „stark gefährdet“, für ihre kaum größere, sehr nahe Verwandte gilt die Vorwarnstufe. Allerdings gibt es nach jüngeren Untersuchungen begründete Zweifel, dass zumindest die Kahlrückige Waldameise tatsächlich derart selten ist.

Waldameisen verdanken die Aufmerksamkeit der Menschen zunächst einmal ihren Nestern, vor allem ihretwegen kann der Ameisenschutz auf eine über zweihundertjährige Geschichte zurückblicken. Die lieblose Bezeichnung „Haufen“ verfehlt die geniale Anlage der Nesthügel völlig. Und ihre Kuppel ist ja nur der sichtbare Teil des Ganzen. Zu ihm muss noch ein etwa gleich großes unterirdisches Segment gerechnet werden, oft ist die Behausung um einen Baumstumpf angelegt. Übrigens unterscheiden sich die beiden Arten in der Wahl des Standorts. Zwar baut die eine wie die andere ihr Nest gern am Waldrand, doch nur die Kahlrückige Waldameise siedelt auch im Waldinneren. Die Ameisenbauten bestehen aus Nadeln, Knospenschuppen, Blättern und kleinen Zweigstücken. Eine Deckschicht sichert die Nestwärme und hält das Wasser ab. Die Hügel können, je nach Wärmegunst des Standorts, steil und hoch oder flach und ausgebreitet sein. Von der Nestgröße lässt sich auf die Größe des Volks schließen, je mächtiger das Nest, desto höher die Einwohnerzahl.

Schon die ausgefuchste Klimatechnik der Nester verdient höchsten Respekt. Mit dem Frühjahr liegt die Temperatur im Kernbereich bei konstanten 29 Grad. Geregelt wird das Klima über den Stoffwechsel, die Sonneneinstrahlung und den kontrollierten Luftaustausch, dazu werden die Nesteingänge bei Bedarf erweitert, verengt oder geschlossen. Während die Eier kühl und feucht untergebracht sein wollen, brauchen es die Tiere später warm und trocken.

Eigentlich verbietet sich im Fall beider Arten der Gebrauch des Singulars. Als Einzeltier könnten die Waldameisen nicht überleben. Bei ihren Kolonien fällt der Volkreichtum auch ins Laienauge. Die Art Polytecna kann es auf mehrere Millionen Exemplare bringen, Rufa ohne Weiteres auf mehrere Hunderttausend. Die schiere Größe bedingt einen hohen Organisationsgrad und eine ausgeklügelte Verständigung, Waldameisen kommunizieren meist über Berührungen und Duftstoffe. Zwar läuft ihr Zusammenleben längst nicht so konfliktfrei ab, wie das lange Zeit geglaubt wurde, aber die Konflikte werden eben doch gelöst.

Nur sind Ameisenkolonien ein „Weiberstaat“. Wie bei den Bienen sorgt allein die Königin für Nachwuchs. Aus ihren befruchteten Eiern werden die (geschlechtlich inaktiven) Arbeiterinnen, aus den unbefruchteten die stets geflügelten Männchen, die nach erfolgter Zeugungstätigkeit das Zeitliche zu segnen haben. Die Arbeiterinnen werden fünf oder sechs Jahre alt, die Königin erreicht das hohe Alter von 20, 25 Jahren.

Die Aufgaben im Staat werden von spezialisierten Kräften erledigt, einige halten das Nest instand, andere pflegen die Brut, wieder andere suchen nach Nahrung und das bis hinauf in die Baumwipfel. Ihr Jagdgebiet ums Nest, das im Zentrum der Wege liegt, beträgt etwa ein Hektar. Gemeinsam bewältigen sie erstaunlich große Beutetiere, eine einzelne Arbeiterin kann Insekten bis zum Vierzigfachen ihres eigenen Gewichts fortschleppen.

Waldameisen sind Allesfresser, doch ihre wichtigste Nahrungsquelle ist der „Honigtau“. Hinter diesem angenehmen Wort verstecken sich die zucker- und eiweißhaltigen Kottropfen von Blatt-, Rinden- oder Schildläusen, die regelrecht gemolken werden, der Fachmann nennt den Vorgang „betrillern“.

Vor allem ihretwegen empfiehlt das Sprichwort den bequemeren Menschen, sich an der Ameise überhaupt ein Vorbild zu nehmen: Rote Waldameisen *(Formica rufa)*.

Die Läusekolonien werden sorgfältig gepflegt und bei Bedarf auch auf andere Bäume umgesiedelt. Übrigens sammeln Bienen ebenfalls diese ganz besondere Art Tau, der sogenannte Waldhonig besteht zum großen Teil aus ihm.

Viele Bienen können wiederum viele Waldpflanzen bestäuben. Und auf diesem kleinen Umweg gelangen wir zur Bedeutung der Waldameise fürs ganze Ökosystem. Waldameisen beugen der starken Vermehrung von Insekten, auch von Schadinsekten vor, obwohl sie das massenhafte Anschwellen einer Art nicht verhindern können. Umgekehrt stehen sie selbst auf der Speisekarte mancher Waldtiere, der Grünspecht hat eine besondere Vorliebe für sie. Darüber hinaus nutzen Vögel ein Ameisennest zur Körperpflege, sie rücken mit Ameisensäure ihren Parasiten zu Leibe.

Waldameisen verbreiten die Samen verschiedener Waldpflanzen, Buschwindröschen, Hohler Lerchensporn, Leberblümchen, Bärlauch oder das Nickende Perlgras müssten ohne sie ein Schattendasein führen. Weiterhin spielen sie im Nest die Gastgeber für verschiedene andere Tierarten. Es gibt faszinierende Hortbeziehungen zwischen Ameisen und bestimmten Schmetterlingsarten, Rosenkäferlarven schlüpfen gern bei den Waldameisen unter. Schließlich sollte auch ihr Beitrag zur Bodenbildung nicht unterschätzt werden.

Fazit: Die Waldameisen haben im Ökosystem Wald eine Schlüsselstellung inne. Ihr Schutz ist Waldschutz.

Anfang, Ende, Übergang – der Waldrand

Der Waldrand war lange ein poetischer Ort. Seine Poesie wird jedoch heute durch die Verhältnisse nicht mehr gedeckt. Zu abrupt stellt er sich ein, und diese Unvermitteltheit stört keineswegs nur das poetische Gemüt. So widmen ihm einige Landesforstgesetze ein besonderes Augenmerk und stellen gut strukturierte Waldränder unter besonderen Schutz. Das mag auf den ersten Blick überraschen. Denn vorausgesetzt, dass die hiesige natürliche Vegetation Wald ist, dürfte es ja nur ganz wenige natürliche Waldränder geben: Ein Waldland kennt keinen Waldrand.

Weitaus die meisten Waldränder verdanken sich also nicht dem Wald, sondern seinem Verschwinden. Und weil sie ohne Offenland gar nicht existierten, werden Waldränder als Kontaktzonen vom Offenland her gegliedert, meist in (Kraut-)Saum, (Strauch-)Gürtel und (Wald-)Mantel. Bei ihrer Breite gilt ein Richtwert von dreißig Metern. Das scheint nicht viel, aber auch dieser Streifen muss in unseren Kulturlandschaften oft durchgesetzt werden: Ganz hart grenzt hier die Waldtraufe mit ihren tief beasteten Bäumen an die äußerste Furche eines Ackers oder gar an eine viel befahrene Straße. Die Straßen führen in diesem Fall zu der begrifflichen Unterscheidung von Waldinnen- und Waldaußenrändern. Waldinnenränder verursachen auch die Wege, jedenfalls die breiteren. Im Fall ihrer Asphaltierung sind die Grenzen zur Straße ohnehin fließend, und wo viel Holz abgefahren wird, hängt den Fahrschneisen der Neckzettel Waldautobahn oft zu Recht an.

Die Folge Saum, Gürtel, Mantel ist keine schematische, vielmehr setzen sich die Lebensräume mosaikartig zusammen, ihr eng verzahntes Miteinan-

Leider ein gängiges Bild: Wald und Feld sind ganz hart gegeneinander geschnitten, von einem Waldrand keine Spur.

Hirschkühe vor Waldkulisse (oben). Ein farbenprächtiger Waldsaumbewohner ist der kalkholde Blutrote Storchschnabel (*Geranium sanguineum*, unten). Der Zaun läuft auf einen Laubwald im Berliner Naturschutzgebiet Karower Teiche zu.

der macht den Wert des Waldrands aus. Auf kleinstem Raum wechseln die Licht- und Wärmeverhältnisse, die vielen, fein differenzierten Nischen bieten vielen Tieren Unterschlupf und Nahrung, tragen also entschieden zur Artenvielfalt bei. Vor allem auf kalkreichen Böden sind die Saumgesellschaften oft von leuchtender Buntheit, eine ganz besondere Attraktion ist etwa der Blutrote Storchschnabel *(Geranium sanguineum)*.

Am Waldrand können sich auch die Sträucher breitmachen, die im Waldinneren häufig den Kürzeren ziehen. Schwarzer Holunder, Hecken-Rose, Schlehe, Weißdorn, Hasel, Him- und Brombeere haben hier ihre unbedrohten Wuchsplätze, aber auch seltenere Gehölze wie der Wollige Schneeball oder der Kreuzdorn kommen zu ihrem Recht. Entsprechend bietet der Waldmantel den Lichtholzbäumen Entfaltungsmöglichkeiten. Die Wild-Kirsche etwa hat im dunklen Wald deutlich weniger Überlebenschancen. Außerdem schützen Waldränder den Wald vor Stürmen. Idealerweise haben sie den Querschnitt eines Pultdachs. Der kontinuierliche, sanfte Anstieg beugt den Windverwirbelungen vor. So haben die Böen weniger Angriffsflächen und der Wald selbst ist vor Stürmen besser geschützt.

Schon diese Pultdachform führt die Notwendigkeit waldbaulicher Eingriffe vor Augen. Auch sonst müssen die Forstleute auf Waldränder ein besonderes Auge haben, eben weil sie keine natürlichen Einheiten sind. Manchmal müssen die Eingriffe sogar ziemlich kräftig ausfallen, denn Waldränder haben eine „hohe Wuchsdynamik“. Anders gesagt: Ein Waldrand kann schnell zum Wald werden. Und einen Waldrand zu erhalten das Budget stark belasten.

Der letzte Blick dieses Kapitels soll doch noch den natürlichen Waldrändern gelten. Wenngleich nicht auf die an Seen, Flussufern, Mooren oder Meeresgestaden, sondern auf die Ränder, mit denen der Wald (neuerdings) Terrain gewinnt, sei es nun auf Kosten von Heiden, Magerrasen, Wiesen, Ackerland oder gar Industriebrachen. Wenn Kulturland aufgegeben wird, dann kann sich vom Wald her ein Vorfeld einstellen, das einen natürlichen Waldrand bildet.

Waldnutzung

Hölzernes Zeitalter

Wie nützlich ist der Wald? Viele erwarten auf diese Frage eine Antwort in Form einer Geldsumme. Nur strecken selbst die mathematisch versiertesten Ökonomen ihre Waffen, wenn sie den Wert von Wäldern auf Euro und Cent ausrechnen sollen. Kaum lässt sich heute noch ermessen, wie umfassend der Wald in Anspruch genommen wurde. Dabei geht es um weit mehr als nur ums Holz. Der Vielfalt des Ökosystems entspricht die Vielfalt seiner Nutzungen. Ein kleiner Seitenblick auf die Jagd im Wald beschließt das Kapitel Waldnutzung.

Die mittelalterlichen Quellen kennen eine heute weniger geläufige Art Augenzeuge. Es waren Menschen, die aus der Hölle zurückgekehrt waren, und nun ihre Erlebnisse zum Besten gaben. Einmal wollte der Mainzer Erzbischof von einem solchen Rückkehrer wissen, wie denn nun die Örtlichkeit selbst beschaffen sei. Der geriet bei dieser sachlichen Nachfrage offenbar in Verlegenheit und griff zum nächstbesten Schreckbild, dem Wald. Der geistliche Herr nahm die Antwort von der praktischen Seite: dann wäre ja wenigstens für die Schweinemast gesorgt.

Die Anekdote ist ein schönes Beispiel für die Koexistenz von Waldbildern und Waldnutzung. Was immer die Menschen in den Wald hineingelegt oder

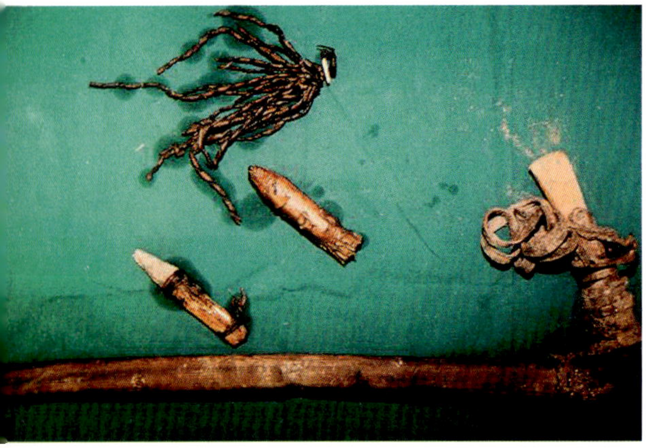

gar -geheimnist haben mögen, zuallererst haben sie ihn genutzt. Deshalb soll noch vor der ideellen von der materiellen Kultur des Waldes die Rede sein, also vom handfesten Umgang mit den Baumbeständen.

In aller Munde ist der Wollige Schneeball *(Viburnum lantana)* gewiss nicht. Wenigstens etwas mehr Aufmerksamkeit verdankt er einem Jahrhundertfund. Auf 5300 Jahre wurde das Alter der Mumie geschätzt, die der Hauslabjoch-Gletscher 1991 freigab und die alle Welt bald plump-vertraulich „Ötzi" nannte. Der Mann aus dem Eis trug auch einen Bogen aus Eibenholz bei sich – und zwölf Pfeilschaft-Rohlinge aus dem Holz des Wolligen Schneeballs. Die gründliche Untersuchung des Gletschermannes gab einmal mehr Anlass, über die gediegenen Materialkenntnisse unserer Vorfahren zu staunen. Bestens eignet sich das langfaserige, elastische Holz dieses unauffälligen, höchstens vier Meter hohen Strauchs für die vorgesehene Verwendung.

Insofern der kalkholde Wollige Schneeball meist an Waldsäumen oder in Gebüschen wächst, nähern wir uns dem Thema des Kapitels auch räumlich vom Rand her. Dieser Rand bezeichnet selbst als unmerklicher Übergang eine scharfe Grenze: die zwischen Wald und Offenland. Leicht gerät heute aus dem Blick, wie zwingend die mitteleuropäischen Menschen auch dann noch auf den Wald angewiesen waren, wenn sie auf seinen ehemaligen Standorten siedelten oder ackerten.

Sein Holz diente zum Bau der Behausungen, es diente zum Kochen, Backen und Heizen, es diente eben auch als Werkzeug. Ohne Wald wäre kein Überleben möglich gewesen, Wald gehörte zu den Grundlagen der gesellschaftlichen Organisation. Nur wenig überspitzt lässt sich sagen, dass bis ins 18. Jahrhundert auf eine Epochengliederung getrost verzichtet und allgemein vom hölzernen Zeitalter gesprochen werden kann.

Zur Ausrüstung des Menschen vom Hauslabjoch („Ötzi") gehörten das langschäftige Beil mit der Kupferklinge, der Dolch mit der Klinge aus Silex (Feuerstein) und der sogenannte Retuscheur, mit dessen feuergehärtetem Hirschgeweihspan an der Spitze des Lindenholzstifts der Feuerstein bearbeitet werden konnte (links oben). Hohen Respekt bekundeten die Forscher auch den Schuhen der Mumie, hier eine Rekonstruktion aus dem Freilichtmuseum in Umhausen (Ötztal). Ein geflochtener Innenschuh hielt das wärmende Heu fest. Der Oberschuh aus Hirschleder hatte die Haarseite außen, bei der ovalen Sohle aus Bärenleder lag sie innen (links unten). Rechts ein jungsteinzeitliches Haus der Pfahlbausiedlung Hornstaad am Bodensee, ca. 3900 v. Chr. Das Modell befindet sich im Archäologischen Landesmuseum Baden-Württemberg in Konstanz.

Wie früh verschwand der Wald?

Wer Holz sagt, spricht von der Nutzung des Waldes und damit von den menschlichen Eingriffen in diesen Lebensraum. Zwar wird das frühe Landschaftsbild immer noch gern mit „Wald, so weit das Auge reicht" umrissen. Aber diese Vorstellung bedarf der Korrektur.

Als die Menschen in Mitteleuropa zur sesshaften Lebensweise übergingen, also am Beginn der Jungsteinzeit, verschwanden Bäume in erheblicherem Umfang. Nur war das gerodete Land nicht dauerhaft freigekämpft, die Menschen damals, selbst noch die der folgenden Metallzeiten, haben nicht allzu lange auf einem Fleck gesiedelt. Immer wieder zwangen die wenig ertragreichen Getreidesorten, die beschränkten Möglichkeiten der Bodenbearbeitung oder andere Ursachen sie, ihr Offenland nach einigen Jahrzehnten aufzugeben und weiterzuziehen. Dann konnten die Bäume zurückkehren – und das bei laufendem Wandel des natürlichen Waldbilds.

Zu Beginn der Sesshaftigkeit sahen die Wälder noch anders aus als heute: Um 5500 v. Chr. rodeten die Menschen lindenreiche Eichenbestände. Ob ihre Weise, sich die Erde untertan zu machen, das Vordringen der Buche begünstigte, darüber darf nachgedacht werden.

Die ersten Landnahmen setzen nicht überall zur gleichen Zeit ein. Größte Anziehungskraft hatten die Lössgebiete, mindestens eben so sehr wegen der leichten Bearbeitbarkeit wie der Fruchtbarkeit des Bodens. Und der wenig widerständige Untergrund führte auch zur relativ frühen Besiedlung der norddeutschen Geest, obwohl die Produktivität ihrer Sande gering war. Dort finden sich jedenfalls Hinweise zu einer sehr frühen Überbeanspruchung des Bodens. Wenn die Äcker hier aufgegeben wurden, konnte der Wald nicht mehr zurückkehren, vielmehr entstanden die ersten Heideflächen.

Unten ein Lebensbild vom Niederrhein (Bedburg-Königshoven) vor 10 000 Jahren (Mittlere Steinzeit). Ein Buchenwald mit Hasenglöckchen, allerdings auf belgischem Staatsgebiet, auf Seite 198.

In Gegenden, die den Bedürfnissen der frühen Ackerbauern am ehesten entsprachen, kam es früh zu stärkeren Eingriffen. So begann die Umwandlung der Natur- in eine Kulturlandschaft am südlichen Oberrhein etwa am Übergang von der Jungsteinzeit zur Bronzezeit. Nur kann eben, was sich für den Kaiserstuhl oder Tuniberg sagen lässt, nicht auf den benachbarten Schwarzwald übertragen werden. Und offenbar herrschte selbst am Kaiserstuhl später für längere Zeit Siedlungsruhe, bis dann um 450 v. Chr. wieder intensivere Rodungen einsetzten.

Da es während der Frühzeit bäuerlichen Wirtschaftens noch keine Wiesen gab, wird der Wald viel stärker in Anspruch genommen worden sein. Im Winter musste das Laub der Bäume verfüttert werden. Dazu wurden nicht die Blätter abgestreift, sondern die ganzen Zweige abgeschnitten. Dieses „Scheiteln" blieb lange Zeit üblich, noch bis ins 20. Jahrhundert diente Laubheu mancherorts als Nahrung für das aufgestallte Vieh. Offenbar gab es Bäume, deren Laub sich eigens anbot, Linden und Eschen gehörten dazu, aber wohl auch die Ulmen. Schon um 3000 v. Chr. grassierte in Nordwesteuropa ein Ulmensterben. Der Vermutung liegt nahe, dass Ulmen ein Schneiteln besonders schlecht vertrugen und dass bei derart geschwächten Bäumen der Verursacher-Pilz *Ceratocystis ulmi* leichtes Spiel hatte.

Lebensbild mit einem parkartig aufgelichteten Wald, Elsbachtal, Rheinisches Braunkohlerevier, um 2200 v. Chr. Das historische Tal wurde vom Tagebau größtenteils zerstört. Das heutige Elsbachtal ist Bestandteil einer neu geschaffenen Landschaft.

Aber das ist nur eine der vielen offenen Fragen dazu, wie die Menschen vorzeiten das Waldgefüge beeinflussten. Immerhin haben Einzeluntersuchungen während der letzten Jahrzehnte manche Hinweise gegeben. Vielleicht bilden diese Untersuchungen einmal ein Netz, dessen Dichte allgemeingültige Schlüsse ermöglicht. Vorläufig zeichnen sich für das Verhältnis zwischen Mensch und Wald bis in die Eisenzeit nur die Rahmenbedingungen ab.

Schon eine genauere Antwort lässt die Frage zu, wie sich die Waldverteilung im freien Germanien von der im römisch besetzten unterschied. Die großen Städte Mainz, Trier und Köln hatten allein schon einen erheblichen Holzbedarf. Er wurde teilweise aus den Wäldern dicht hinter dem Limes gedeckt (zu dessen Bau ebenfalls viel Holz gebraucht wurde). Weil die zahlreichen Bürger ebenfalls mit Getreide versorgt werden mussten, waren die stadtnahen fruchtbaren Lössgegenden landwirtschaftlich intensiv genutzt. Bezeichnenderweise lag die hessische Wetterau innerhalb des Limes: Um die Kornkammer zu sichern, bog die Befestigung hier nach Osten aus. Die Wetterau war zur Römerzeit völlig waldfrei, in der Zülpicher Börde vor den Toren Kölns gab es nur mehr Gehölzinseln.

Steinerner römischer Wachturm bei Grab im Rems-Murr-Kreis. Diese Türme gehörten zum Limes, der mit Palisaden, Graben und Wall die Grenze gegen den Feind im Osten sicherte.

Was heißt Forst?

Forst: Ganz ähnlich findet sich das Wort in den großen europäischen Sprachen: forest im Englischen, forêt im Französischen. Wobei hier die französische Vokabel vornan stehen müsste, denn Wort und Begriff kamen mit den Normannen nach England. Doch ob Forst, forest, forêt oder italienisch foresta, am Beginn steht ein forestis. Es erscheint in den Schriftquellen allerdings erst seit dem frühen Mittelalter. Heute tendiert die Forschung dazu, forestis vom altlateinischen foris abzuleiten, das die Bedeutung „draußen, außerhalb" hat. Auch hier gibt es Deutungsmöglichkeiten, aber dieses „Draußen" meinte wohl unbesiedeltes Land. Es lag nicht in erster Linie räumlich, sondern gesellschaftlich außerhalb, nämlich außerhalb festgefügter Besitzrechte. Auf dieses Land hatte der König als höchster Herrscher kraft eines ius eremi Zugriff. So lässt sich folgern, forestis sei vorrangig ein Rechtsbegriff und ein Forst meist, aber eben keineswegs zwingend notwendig ein Wald gewesen.

Doch gestatten die erhaltenen Dokumente, einen engeren, einen inhaltlichen Zusammenhang von Wald und Forst anzunehmen. Das lateinische silva für Wald zieht sich durch die ganze frühe Überlieferung und kann mit dem Eigenschaftswort regalis für „königlich" dieselbe Bedeutung wie forestis haben. Überhaupt darf, wer die frühmittelalterlichen Quellen durchmustert, keine scharf umrissenen Begriffe erwarten, der Wald erscheint in mancherlei sprachlicher Gestalt. Aber wie das mittellateinische inforestare für „einforsten" verdeutlicht, gehörte zum Forst auch der Rechtsakt. Wenn der König einforsten ließ, also seine Hand auf einen Wald legte, wurde der zu einem „Drinnen im Draußen", zu einem umgrenzten Raum. Deshalb könnte Forst wie First die scharf gezogene Linie meinen, eine Grenzlinie, die den Wald aussonderte.

Und früh schon gibt es die forestarii, die über das Waldeigentum des Königs wachten – schon damals nicht ohne Folgen für die ärmere Bevölkerung. Diejenigen, die das Holz, die Laubstreu, das Wild und die Früchte des Waldes zum Lebensunterhalt brauchten, hatten ihn bisher frei nutzen können. Die (spärlichen) Schriftzeugnisse dieser Zeit lassen nicht erkennen, ob die Einforstungen konfliktfrei vonstattengingen – im Gegensatz zu spätmittelalterlichen und frühneuzeitlichen Quellen, die von heftigem Widerstand gegen die immer höheren Besitzansprüche der Territorialherren berichten. So bleibt nur festzuhalten, dass es noch unter den Karolingern Pippin dem Jüngeren und seinem Sohn Karl dem Großen zu umfangreichen „Einforstungen" kommt.

Die späteren der frühen Urkunden lassen eine enge Verbindung von forestis und Wildbann erkennen. Weder im germanischen noch im römischen Recht war die Jagd auf privilegierte Berechtigte eingeschränkt. Jetzt aber erscheint sie in den Königsurkunden als wichtigste Nutzung des Waldes, die sich einstweilen der Aussteller selbst vorbehält: Die Jagd gewinnt derart an Bedeutung, dass der „Forstbann" eigentlich zum Wildbann wird, eine Entwicklung, die im 15. Jahrhundert zum Ersatz des Wortes Wildbann durch Forst führt.

Schon seit dem 8. Jahrhundert gelangen forestes auch in den Besitz von Adel und Kirche. Und als die Karolinger ihre Macht schwinden sahen, vergaben sie zur Herrschaftssicherung gebannte Wälder an die Großen des Reiches. Später überließen die Ottonen den Waldbesitz vor allem der Kirche, um diese Säule des Reiches zu stärken. Kirchenfürsten konnten ihre Territorien wenigstens nicht direkten Nachkommen hinterlassen, während die Praxis des Lehnswesens die weltlichen Potentaten auf Kosten der Zentralgewalt stärkte. So blieben von dem ursprünglich gewaltigen und jedenfalls waldreichen Königsbesitz nur noch Inseln, die aber immer noch eine beachtliche Ausdehnung haben konnten. Manchen Wäldern blieb die Bezeichnung Reichsforst und Reichswald namentlich erhalten, doch Königsforst heißt heute nur noch ein Areal im und um das rechtsrheinische Köln.

Doppelbildnis (um 1250) von Kaiser Otto I. und seiner (ersten) Gemahlin Editha im Kapelleneinbau des Magdeburger Doms. Es waren die Ottonen, die den Waldbesitz des Königs zu großen Teilen der Kirche überließen, um diese als Säule des Staates zu stärken.

Die Rodungen des Mittelalters

Es heißt fleißig sein und roden, um Boden für den Anbau zu gewinnen; der unnütze Wald muss gefällt werden.

GUSTAV WASA, KÖNIG VON SCHWEDEN

So ermunterte König Gustav Wasa von Schweden noch um 1550 seine Landsleute. Die Landesherren im Reich fanden damals kaum mehr zu solchem Brustton der Überzeugung. Obwohl sich auch hierzulande lange das Sprichwort hielt: „Holz und Unglück wachsen alle Tage.“

Während der Völkerwanderung hatte der Wald wieder an Boden gewonnen. Und einiges deutet darauf hin, dass die Siedlungssituation bis ins frühe Mittelalter instabil blieb. Zwar kam es häufiger zu Neugründungen, doch verschwanden auch viele Weiler und Dörfer wieder. Wie in urgeschichtlicher Zeit mussten einige wohl aufgegeben werden, weil die Fruchtbarkeit ihrer Ackerböden erschöpft war.

Kloster Benediktbeuern mit seiner Umgebung. Wie bei vielen Darstellungen aus dieser Zeit fällt die sehr spärliche Bewaldung ins Auge. Kupferstich um 1619.

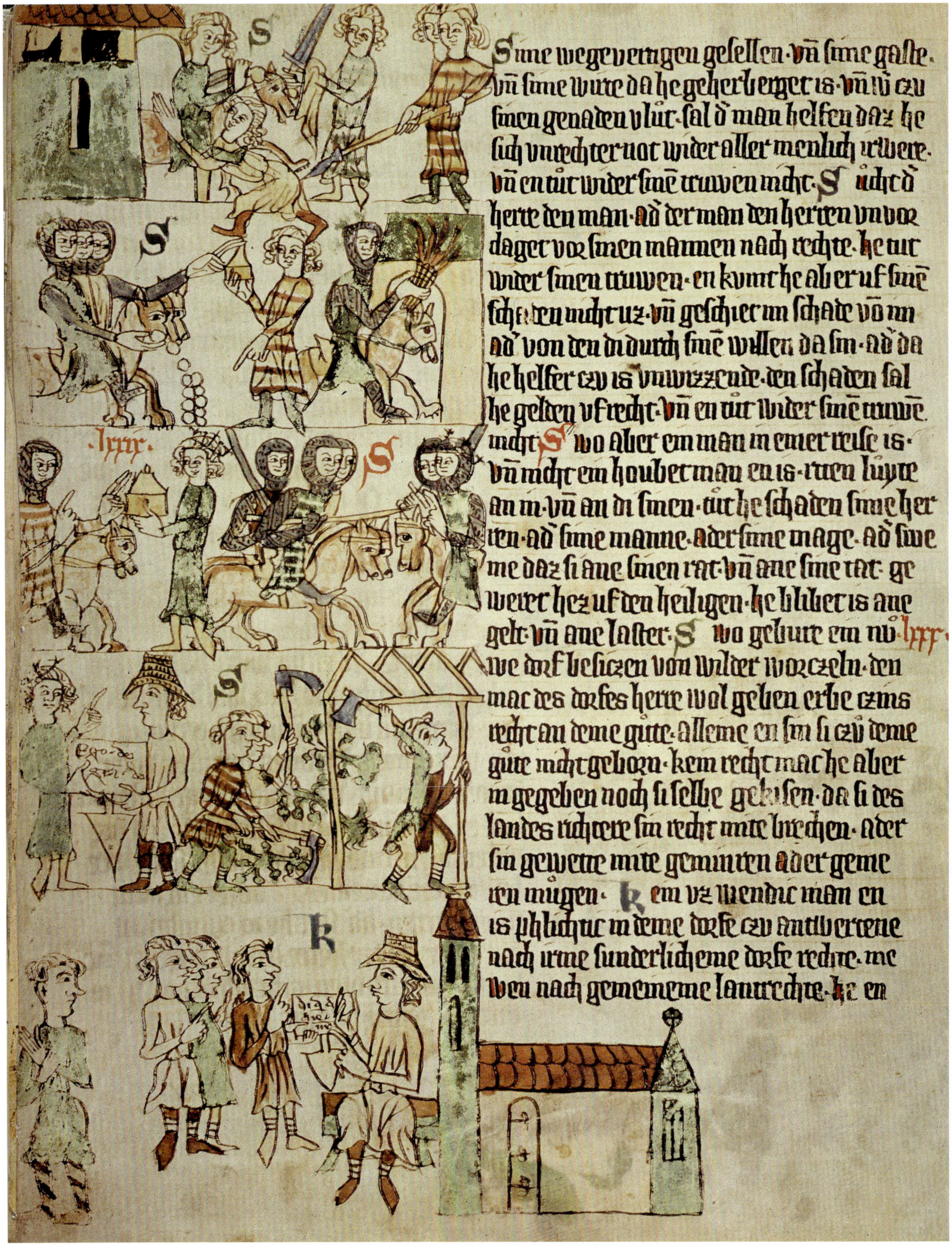

Sine wegeverttigen gesellen. vñ sine gaste.
vñ sine wirte da he geherberget is. vñ is czu
sinen genaden vlut. sal d' man helfen daz he
sich vnrechter not wider aller menlich irwere.
vñ en tut wider sinē truwen nicht. S ucht d'
herre den man. ad' der man den herren vn vor
daget vor sinen mannen nach rechte. he tut
wider sinen truwen. en kumt he aber uf sinē
sche.. den nicht uz. vñ geschiet im schade vō im
ad' von den di durch sinē willen da sin. ad' da
he helfer czu is vnwizzende. den schaden sal
he gelden v'recht. vñ en tut wider sinē truwē.
nicht. S wo aber ein man in einer reise is.
vñ nicht ein houbetman en is. tuen luyte
an im. vñ an di sinen. tut he schaden sime her
ren. ad' sime manne. ader sime mage. ad' sime
me daz si ane sinen rat. vñ ane sine rat. ge
weret hez uf den heiligen. he blibet is ane
gelt. vñ ane laster. S wo geburē ein nu lxxx.
we dorf besiczen von wilder worczeln. den
mac des dorfes herre wol geben erbe czins
recht an deme gute. alleine en sin si czu deme
gute nicht geborn. kein recht mac he aber
in gegeben noch si selbe gekisen. da si des
landes richtere sin recht mite brechen. ader
sin gewette mite geminnern ader geme
ren mugen. K ein vz wendic man en
is plihtic in deme dorfe czu antwertene
nach irme sunderlicheme dorfe rechte. me
wen nach gemeineme lantrechte. he en

Stärker auf Kosten des Waldes ging erst wieder der Landesausbau des 8. und 9. Jahrhunderts. Die schriftlichen Quellen sind spärlich, doch bieten die Ortsnamen einen Anhaltspunkt. Sie geben über die Waldbewältigung Auskunft, wenn sich ihr Grundwort auf die Rodung zurückführen lässt. Schon zur Karolingerzeit sind im süddeutschen Raum Ortsnamen mit der Endung -ried bezeugt. Wo sie nicht die Bedeutung Ried haben, weisen sie auf einen gerodeten Baumbestand hin. Allerdings ist Vorsicht geboten. Ob ein Ort mit der Endung -rode nun um 800 oder erst um 1320 entstand, muss ohne weitere Bestimmungsmöglichkeiten häufig offenbleiben. Auf ein höheres Alter der Siedlungen deutet die Verbindung mit einem Personennamen hin.

Seit der Wende vom 11. zum 12. Jahrhundert wird die Landschaft planmäßig erschlossen. Den Waldabbau treiben weltliche und geistliche Grundherren voran, sie können sich von der Umwandlung in Ackerland gesteigerte Einkünfte versprechen. Jetzt häufen sich die Ortsnamen auf -rode, -reit beziehungsweise -reut (oder beginnen damit wie Reutlingen) und zeigen die Dynamik der Rodungstätigkeit an. Und auch Grundworte wie -hagen oder -hain lassen oft (nicht immer) den Schluss zu, dass dieser Weiler und dieses Dorf den Wald verdrängt haben.

Wenn sich bei Ortsnamen ein -brand oder -sengen erschließen lässt, geht ihre Existenz wahrscheinlich auf eine Brandrodung zurück, einem aus heutiger Sicht besonders verschwenderischen Umgang mit der Ressource Holz. Weniger offensichtlich beziehen sich die Grundworte -schwend oder -schwand auf die Offenlandgewinne. Während unter Rodung verstanden wird, dass die Bäume mit der Wurzel beseitigt, also ausgerottet wurden, wird beim Schwenden die Rinde geringelt und der Baum so zum Absterben gebracht. Vor allem an steilen Hängen kann sich sein Wurzelwerk dann noch eine Weile nützlich machen, indem es die Bodenkrume festhält. Ihren Höhepunkt erreichten die Rodungen im 12. und 13. Jahrhundert. Nun wandelte sich das Reich tatsächlich in eine intensiv genutzte Kulturlandschaft, neben die Binnen- trat auch die Ostkolonisation. Um 1300 gab es so viele Siedlungen wie nie zuvor und nie mehr danach, wenngleich sie oft sehr klein waren.

Um 1000 entstanden im nördlichen Schwarzwald die ersten Waldhufendörfer. Ihre Gehöfte lagen aufgereiht entlang einer Talstraße, hinter jedem zog sich ein Streifen (Hufen) bergan. Oben umfasste er auch ein Stück Wald, der zur Erweiterung der Ackerfläche vorgesehen war. Dieser Siedlungstypus verbreitete sich rasch, für das 12. und 13. Jahrhundert lässt er sich im Spessart und Odenwald, im Thüringer und Bayerischen Wald nachweisen, desgleichen im Fichtelgebirge und im Harz.

Die Erschließung ging dem Wald an die Substanz. Es waren ja nicht nur die verstreuten Siedlungen, denen immer mehr „wilde Bäume“ zum Opfer fielen, auch ein entwickeltes Städtewesen hungerte nach Holz. Insgesamt verdreifachte sich die Einwohnerschaft Kerneuropas vom 11. zum 14. Jahrhundert. Wäre sie ungebrochen weiter gewachsen, lebten hier jetzt weit über eine Milliarde Menschen. Sich auszumalen, wie es dem Wald ergangen wäre, kann der Fantasie überlassen bleiben.

Aber die Krisen um 1350 (allen voran die Pest) sorgten für einen drastischen Einbruch der Bevölkerungszahlen – und sie sorgten für die Aufgabe vie-

In der Heidelberger Handschrift des *Sachsenspiegels* (links, um 1315) zeigt das vierte Bild von oben Rodung und Hausbau. Der „Totentanz“ Hans Holbeins des Jüngeren (oben, 1538) vermittelt eine Vorstellung davon, welch knüppelharte Arbeit das Roden war.

Vor allem während der Pestepidemie um die Mitte des 14. Jahrhunderts gingen viele Siedlungen zugrunde. Auch das Dorf Leisenberg bei Northeim (Niedersachsen) wurde aufgegeben, immerhin haben Reste seiner Kirche der Wiederbewaldung getrotzt. Karl Spitzwegs Gemälde „Mädchen mit Ziege“ (1861, rechts) ehrt an dieser Stelle das „Haustier der armen Leute“. Die kletter- und verbissfreudigen Ziegen konnten dem Wald am schärfsten zusetzen.

ler Siedlungen. Orte „fallen wüst“, und noch heute zeigen eindrucksvolle Bilder, wie diese Wüste vom Wald zurückerobert wird. Im Extremfall konnte dieses Schicksal auch eine Stadt treffen, über den Mauerzügen des ostwestfälischen Blankenrode wiegen sich heute wieder die Wipfel eines Buchenwalds.

Der Wald als Weide

Der Wald hatte an der Viehhaltung nicht nur insofern Anteil, als er das Laubfutter für den Winter und die Einstreu für die Unterstände lieferte. Vielmehr waren die Viehhalter auch unmittelbar auf ihn angewiesen: Der Wald diente als Weide.

Gerade diese Inanspruchnahme ist uns fremd geworden, aber sie war jahrhundertelang selbstverständlich. Der Wald gehörte zur landwirtschaftlichen Nutzfläche, nicht selten wurde sein Wert weniger daran gemessen, welche Holzreserven er bereitstellte, als daran, wie gut sich das Vieh mit seiner Hilfe durchfüttern ließ. Dabei spielten Gras und Kräuter die Hauptrolle, folglich war das Interesse an möglichst lichten Baumbeständen hoch. Außerdem lieferten Falllaub, Zwergsträucher und Moos Einstreu für den Stall. So hatte es der Gehölz-Nachwuchs noch schwerer, weil dem Wald Nährstoffe entzogen wurden.

Schon in der germanischen Mythologie knabbert die Ziege Fleidrun am Weltenbaum, und tatsächlich setzten Ziegen dem Wald besonders heftig zu. Sie verschmähen auch die holzigeren Teile eines Gehölzes nicht, im Übrigen sind sie die gewandtesten Kletterer unter den Nutztieren. So behauptet die „Kuh des armen Mannes“ unangefochten den Spitzenplatz der Schädlichkeitsrangliste, es folgen das Schaf und – in gemessenem Abstand – Rind und Pferd. Im Alpenraum zeigen manche Baumkronen heute noch eine scharfe Fraßkante; sie lässt erkennen, bis wohin die hungrigen Mäuler des Viehs gereicht haben.

Mit anderen Worten: Der Wald wurde auch als Weide stark beansprucht. Das Vieh vernichtete den Jungwuchs, sein Tritt verdichtete den Boden, und auch für die Erosion konnte es mitverantwortlich gemacht werden. Den Forstleuten waren Haustiere im Wald ohnehin ein Dorn im Auge. Doch zunächst gab es dagegen kaum Handhaben, weil die dörflichen Gemeinschaften mehr oder weniger verbriefte Rechte auf den Eintrieb besaßen.

Oft erwecken die Quellen den Eindruck, das Beharren auf den Waldweiderechten sei nur als stures Festhalten am Hergebrachten zu verstehen. Sehr oft aber hatte die Landbevölkerung keine Alternative, die pure Not diktierte das Eintreiben des Viehs. Später versuchte die Obrigkeit immer machtvoller, die Trennung von Wald und Weide durchzusetzen. Ihrem Interesse kam entgegen, dass vonseiten der Forstleute die Hochwaldwirtschaft immer stärker favorisiert wurde. Und erst als die Fortschritte in der Agrarwissenschaft die Produktivität der landwirtschaftlichen Betriebe kräftig steigerten, sollte sich das Verhältnis zwischen den Förstern als Vertretern der Obrigkeit und den Bauern allmählich entspannen.

Welche Schäden die Waldweide wirklich nach sich zog, hing vom Standort, aber auch davon ab, wie viel und wie lange das Vieh den Wald bevölkerte.

Weidevieh vor der Kulisse eines herbstlichen Bergmischwalds (links). Jahrhundertelang war die Nutzung des Waldes als Weide selbstverständlich. Die Abbildung rechts zeigt eine Idylle mit Schweinehirt im Wald (Druck von 1879); auch seine Schutzbefohlenen sind sichtbar glückliche Tiere.

Ganz sicher löst die Waldweide heute keinen Glaubenskrieg mehr aus. Inzwischen gibt es sogar Überlegungen, sie in begrenztem Umfang dort wieder zuzulassen, wo eine Auflichtung der Baumbestände größeren Artenreichtum verspricht. Natürlich müssen Biologen das Für und Wider der Waldweide prüfen. Sicher ist nicht zu befürchten, dass es zu einer Ziegeninvasion kommt. Doch sollte die massivere Statur heutiger Rinderrassen in Rechnung gestellt werden, wenn es um die Festlegung der Stück-Vieh-Zahlen pro Waldweidefläche geht.

Schweine im Wald oder „Auf den Eichen wachsen die besten Schinken“

Der Blick zurück lohnt immer, aber manchmal lohnt er besonders. Eben erst wiedergewonnene Erkenntnisse gestatten die angemessene Behandlung eines Themas, das lange Zeit sträflich vernachlässigt wurde. Die Rede ist vom „Eckerich“. So hieß früher die Mast im Wald, unter Eckern verstanden unsere Altvorderen sowohl die Früchte der Eichen wie der Buchen.

Wir können hier nicht auf die überragende Bedeutung des Schweins in der Haustierhaltung eingehen. Doch so viel muss gesagt sein: Hinsichtlich der Fleischversorgung konnte ihm kein anderes Tier das Wasser reichen. Wie viel Fleisch ein Schwein lieferte, hing wesentlich von der Mast ab. Mitte bis Ende September wurde das Borstenvieh für acht bis 14 Wochen in den Wald

FRONTISPIECE.

Hier wühlt die Wildschweinrotte zwar vor einem Nadelbaum-Hintergrund, aber auch für die wilden Schweine sind Eicheln ein Leckerbissen. Sie standen bei der Schweinemast hoch im Kurs, machten sie doch das Fleisch fest und aromatisch, wohingegen die Bucheckernmast den Schinken weich und tranig machen sollte.

getrieben. Bei ergiebigem Fruchtfall konnte mit einer Gewichtszunahme von einem Pfund pro Tag gerechnet werden. Wichtig war, dass die Tiere jetzt reichlich tranken, um die Bitterstoffe der Früchte auszuschwemmen. Für genügend Wasser sorgten meist die Hirten.

Mancher Grundherr verdankte der Schweinemast höhere Einnahmen als dem Holzeinschlag. Und für die Schweinehalter konnte es sich durchaus lohnen, die Tiere hundert Kilometer weit zu treiben, wenn der Eckerich anstand. Schon aus der damit verbundenen Laufleistung geht hervor, dass die alten Schweinerassen nicht so viel Gewicht auf die Waage brachten wie die heutigen. Ohnehin wurden die Tiere häufig im Freien gehalten. Übrigens konnte bei solch aushäusiger Lebensweise ein männliches Wildschwein öfter für eine Blutauffrischung sorgen.

Höher im Kurs als die Bucheckern standen die Eicheln. Bucheckern sollten das Fleisch weich und tranig machen, Eicheln aber fest und aromatisch. Gleich nach der Mast wurden die meisten Schweine geschlachtet, einerseits, weil sie dann das höchste Gewicht hatten, andererseits, weil man sie sonst den Winter über hätte durchfüttern müssen. Gepökeltes Schweinefleisch, Würste, Schinken und Schmalz bildeten das Rückgrat für die Ernährung während der kalten Jahreszeit.

Welche Bedeutung dem Eckerich zukam, zeigen die handfesten Auseinandersetzungen um Mastrechte. Zu den bekanntesten zählen die beiden Hamburger „Schweinekriege“ von 1660 und 1671. Seit jeher hatten die Bürger Mastrechte im Sachsenwald, die nun der Herzog von Sachsen-Lauenburg als dessen Besitzer in Abrede stellte. Er ließ die Hamburger Schweine gefangen nehmen, die Stadt schickte daraufhin ihre Soldaten aus. Sie zwangen den Herzog, klein beizugeben.

Auch mittelalterliche Bildzeugnisse, vor allem die Darstellungen zu Monaten und Jahreszeiten, belegen den hohen Stellenwert der Schweinemast. Überhaupt: Wenn auf mittelalterlichen Malereien der Wald vorkommt, dann in Zusammenhang mit der Jagd oder der Mast – und fast noch häufiger mit der Mast. Wenn also mancher Biologe meint, von Rechts wegen müsse die Buche bei uns einen höheren Symbolwert haben als die Eiche, dann schätzt er die Bedeutung des weniger häufigen Baums zu gering. Dass die Eiche so viel Ansehen genoss, hatte eben auch mit ihrer Rolle als Nährbaum zu tun.

Und während das übrige Vieh regelmäßig lange Waldschadenslisten auf sich zieht, hört man über Beeinträchtigungen durch Schweine wenig. Schweine werden sogar gelobt, weil sie als Allesfresser auch die Insektenlarven oder den Mäusenachwuchs kurz hielten. Ja, ihre Wühltätigkeit bereite sogar den Boden für neues Grün: Noch 1739 riet der landesherrliche Oberförster der Stadt Hannover, ihrem arg strapazierten Wald durch den Eintrieb von Borstenvieh aufzuhelfen. Die Tiere würden kostenlose Pflanzhilfe betreiben. Dieser Vorschlag ist auch insofern bemerkenswert, als die Fürsten-Förster damals schon der Holzgewinnung absoluten Vorrang einräumten und andere Nutzungen aus dem Wald herauszudrängen versuchten. Und zumindest der Verdacht liegt nahe, dass die Einkünfte aus der Mast zu einer positiven Bewertung des Borstenviehs geführt haben.

Aktuelle Naturschützer sprechen allerdings von empfindlichen Einbußen unter raren Orchideenarten. Sie gingen auf das Konto lüsterner Wildschweinrotten, für die Knabenkraut-Knollen offenbar ein besonderer Leckerbissen seien. Dennoch sollte gefragt werden, unter welchen Voraussetzungen sich das Schwein als Landschaftspfleger bewähren könnte. Im Wald scheinen die Wühlstellen der Tiere den Jungwuchs zu fördern, außerdem ließe sich das ökologisch Nützliche mit dem lukullisch Angenehmen verbinden. Aus einem Freilandexperiment mit Schweinen wurde ein Wirtschaftsbetrieb, der seine Tiere artgerecht unter Eichen hält. Die Produkte werden von Feinschmeckern lebhaft nachgefragt. Gern erinnern wir an das alte Sprichwort: Auf den Eichen wachsen die besten Schinken.

Das Monatsbild November aus dem berühmten Stundenbuch des Herzogs von Berry (um 1400): Die Miniatur der Brüder von Limburg steht nicht nur für einen Höhepunkt der Buchmalerei, sondern auch für die Bedeutung der Schweinemast im Mittelalter.

Vom Holzhunger der Salinen

Salz und Wald werden heute gleicher Weise selbstverständlich in Anspruch genommen, und auch beim Salz ist die Vielfalt seiner einstigen Nutzung aus dem Blick geraten: Salz war ja nicht nur ein Gewürz, sondern auch lange Zeit die einzige Möglichkeit, Lebensmittel haltbar zu machen. Meist wurde das Salz aus der Sole gewonnen. „Sole", um Johann Gottfried Borlach (1687–1768) zu zitieren, den Begründer des sächsischen Salinenwesens, „Sole ist Wasser, welches durch ein Salzgebirge gegangen ist, sich in selbem gesalzen hat und mit dem Salze hervorkommt."

Das Salz wurde aus der Sole zurückgewonnen. Dazu war Holz gefragt, viel Holz, das den Sudpfannen einheizte. Auch als nach 1600 die – überdies kostenintensiven – Gradierwerke einen Beitrag leisteten, den Holzverbrauch herabzusetzen, blieben auch Sudpfannen weiterhin in Gebrauch.

Mancherorts erreichte die Salzgewinnung schon früh einen beachtlichen Umfang, wie die Ausgrabungen in Schwäbisch Hall und jüngst noch in Bad Nauheim gezeigt haben. Bei der heutigen Kurstadt im Taunus vermuten die Archäologen, dass bereits für die keltische Saline der Wald um Nauheim großflächig herhalten musste. Salinen benötigten einen nahen Wald. Erinnert sei an die zugespitzte Bemerkung Claude-Nicolas Ledoux', der 1771 die Saline Arc-et-Semans für den König von Frankreich erbaute:

Es ist einfacher, das Wasser auf Reisen zu schicken, als einen Wald Stück um Stück durch die Gegend zu fahren.

CLAUDE-NICOLAS LEDOUX

Die Salzgewinnung war ein bedeutender Wirtschaftsfaktor, wie schon die Wendung „Weißes Gold" andeutet. Ende des 17. Jahrhunderts kamen die bayerischen Staatseinnahmen zu dreißig Prozent aus Salinen. Die Salinenkonvention von 1829 ist der älteste, heute noch wirksame Staatsvertrag Europas; sie wurde zwischen Österreich und dem Königreich Bayern geschlossen, um die Holzversorgung der Reichenhaller Salinen sicherzustellen.

Schon lange vorher kam ihr Brennmaterial aus den „Saalforsten", die auf dem Gebiet des Fürstbistums Salzburg lagen. Um 1500 wurden diese Wälder (bayerischer) Staatsbesitz, 1529 kamen beide Seiten überein, ein „Waldbuch" zu erstellen. Es regelte die Verhältnisse detailliert und diente so einer nachhaltigen Nutzung der Bestände. Auch wurde, um beim Beispiel Reichenhall zu bleiben, etwa 1610 eine 31 Kilometer lange Leitung nach

Saline mit Hallorenmuseum, Halle an der Saale (links), und die Grotte der Alten Saline von Bad Reichenhall (rechts). Vor allem Ende des 17. Jahrhunderts war die Salzgewinnung ein bedeutender Wirtschaftsfaktor, und dafür war viel Holz vonnöten.

Traunstein gebaut, nicht zuletzt, weil es dort ergiebige Holzvorräte gab. (Die Quellen würden ohne Weiteres erlauben, bereits hier in die Holznotdebatte einzusteigen. Sie soll jedoch erst anschließen, wenn der ganze Fächer möglicher Waldverringerungen aufgeschlagen ist.)

Welche Bedeutung das Salz hatte, zeigt die Anlage des sächsischen Elsterfloßgrabens im 16. Jahrhundert. Er zweigte von der Weißen Elster ab und wurde hauptsächlich zu dem Zweck angelegt, Brennholz aus den vogtländischen Wäldern zur Salzquelle Poserna zu flößen. Die allerdings erwies sich als unergiebig, woraufhin der Kanal einen nördlichen Arm zu einer vermeintlich salzhaltigeren Quelle erhielt. Der bereits zitierte Johann Gottfried Borlach verwendete im 18. Jahrhundert erstmals Steinkohle zur Sicherung der sächsischen Salzproduktion.

Im Übrigen galt die Regel: Je geringer der Salzgehalt einer Sole, desto höher der Holzverbrauch. Konnte das Verhältnis nicht mehr gewahrt werden, wurde die Saline aufgegeben, wie zum Beispiel in (Bad) Salzungen und (Bad) Soden. Überhaupt geben die Quellen zu erkennen, dass der Holzverbrauch durch eine Saline als vergleichsweise hoch eingeschätzt wurde.

Nur sollen die aufgezählten Beispiele nicht suggerieren, dass die Salzgewinnung unmittelbar zu einer Holznot geführt habe. Ohnehin muss mit einem ebenso weitverbreiteten wie zählebigen Irrtum aufgeräumt werden: Die Lüneburger Heide entstand nicht wegen des hohen Holzbedarfs der hiesigen Saline, obwohl sie zu den bedeutendsten des Mittelalters gehörte. Pollenanalysen lassen auf die Anfänge dieser Offenlandschaft schon um 1500 v. Chr. schließen. Übernutzung des Bodens, wahrscheinlich Brandwirtschaft und Viehweide, gaben hier den Ausschlag.

Landschaftsbild aus der Lüneburger Heide, der Totengrund bei Wilsede. Oft wird irrtümlich angeommen, dass die Lüneburger Heide wegen des hohen Holzbedarfs der dortigen Salinen entstand. Tatsächlich sorgten Brandwirtschaft und Waldweide für die Offenlandschaft.

Noch heute lassen sich im Wald alte Meilerplätze erkennen (links). Rechts Köhler bei der Arbeit auf einem historischen Foto um 1926. Auf der gegenüberliegenden Seite der Kupferstich „Der Köhler“ aus dem Ständebuch von Christoph Weigel (1698), samt Sinnspruch des feurigen Predigers Abraham a Sancta Clara.

Energieträger Holzkohle

Wer die Wälder unserer Mittelgebirge durchstreift, muss oft nur das welke Laub ein wenig zur Seite schieben. Er wird erstaunt sein, an wie vielen Stellen die schwarze Erde an den Tag kommt. Mit dem geschärften Blick wird er auch die kreisrunden Verebnungen in den meist schwach geneigten Hängen bemerken. Und wird sie selbst dann als alte Meilerplätze ansprechen können, wenn hier schon längst wieder imposante Buchen Wurzeln geschlagen haben.

Seit dem Altertum ist die Technik des Verkohlens bekannt. Die Größe eines Meilers hing stark von den Gegebenheiten ab, je gewaltiger der Meiler, desto schwieriger die Kontrolle des Schwelbrands. Ein mittelgroßer Kegel bestand aus etwa achtzig Raummeter geschichtetem Holz, und es dauerte zwischen sechs und acht Tagen, bis dieses Rohmaterial verschwelt war. Mit seinem Feuerschacht in der Mitte und einer luftdichten Decke aus Gras, Moos und Erde musste der Meiler Tag und Nacht kontrolliert werden, denn an der genauen Regelung des Windzugs hing die Güte des Brands. Das war eine mühevolle, schlecht bezahlte Arbeit, die durchaus gediegener Kenntnisse bedurfte.

Gegenüber dem Holz hatte Holzkohle erhebliche Vorteile. In Zeiten hoher Transportkosten zählte vor allem, dass sie wesentlich leichter war, im Fall der Buche verringerte sich das Gewicht ihrer Kohle auf ein Fünftel (und die Hälfte des Volumens). Köhlerei versprach besonders dann ein lohnendes Geschäft, wenn nicht geflößt werden konnte. Holzkohle hat eine größere Energiedichte als Holz. Sie heizt länger, sie wird heißer, sie war in historischer Zeit das einzige Brennmaterial, mit dem Temperaturen über tausend Grad erzielt werden konnten. Nur geringe Mengen Asche blieben zurück, außerdem enthielt Holzkohle wenig oder gar keinen Schwefel, der beim Verhütten das Eisen spröde werden ließ.

Selbstverständlich ging die Köhlerei manchem Wald an die Substanz. Als der Energieträger Steinkohle im 19. Jahrhundert an Boden gewann, verboten immer mehr Forstordnungen die Köhlerei. Heute wird wieder öfter Holzkohle nach alter Art gemeilert, und so gerät die traditionelle Technik wenigstens nicht in Vergessenheit. Oft gibt es zum Ablöschen des Meilers ein zünftiges Fest, bei dem die Holzkohle verkauft wird. Meist befeuern die Gäste zu Hause ihren Grill damit.

Köhler und Köhlerglaube

Angeblich geht das Wort Köhlerglaube auf einen Zirkelschluss zurück. Ein Köhler habe auf die Frage, woran er glaube, geantwortet: „Woran die Kirche glaubt.“ Als der Frager nachhakte, woran denn die Kirche glaube, habe er den bündigen Bescheid gegeben: „Woran ich glaube.“ Was in unseren Ohren so klingt, als solle hier ein lästiger Interviewer abgefertigt werden, galt damals offenbar als Exempel für die hohe Einfalt einer ganzen Berufsgruppe.

Natürlich spielt in das Bild vom Köhler das Bild des Waldes hinein. Er lief schon deshalb Gefahr, für besonders tumb zu gelten, weil er räumlich außerhalb der dörflichen, das heißt menschlichen Gemeinschaft stand.

Andererseits war er derjenige, dem die aufgeregte Kinderfrage „Wer hat Angst vorm schwarzen Mann?“ galt. Gerne wurde der Köhler mit geheimen Praktiken in Verbindung gebracht und hatte so an der unheimlichen Sphäre des Waldes teil. Vom Köhler erzählten sich die Leute, er beherrsche die Schwarze Kunst. Und sei es nur die, aus einem Axtstiel Milch für den Kaffee zu melken. Aber sein Arbeitsfeld blieb im Sprachgebrauch lebendig. Andere mochten sich gründlich irren, also auf dem Holzweg sein, der Köhler fand über ihn zu seinem Meilerplatz. Außerdem übte er ein Gewerbe aus, das Geduld forderte, er durfte demnach nicht „wie ein Hahn über die Kohlen laufen“.

Ein – nachvollziehbarer – Grund für den schlechten Ruf der Köhler könnte ihre manchmal undurchsichtige Beschaffungspraxis gewesen sein. Oft wurden sie des Holzdiebstahls verdächtigt, sie hätten sich nicht gescheut, auch Lattenzäune zu verkohlen. Jedenfalls konnte der Volksmund nur warnen:

Wer mit Köhlern umgeht,
der wird rußig. VOLKSMUND

Die Köhler, die glauben bekanntlich sehr viel,
Der Teufel trieb mit ihnen ein Spiel,
Drum waren sie dumm und vermessen,
Vom Köhlerglauben besessen. CARL IMMERMANN

Wegen der Bildtafeln auf seiner Rückseite heißt er „Bergaltar". Er steht in der St.-Annen-Kirche (Annaberg-Buchholz). 1521 geweiht, vermittelt er ein Bild des erzgebirgischen Bergbaus, unter anderem zeigt er realistische Details der Silbergewinnung.

Von Waldschmieden und Schmelzöfen

Erstaunlich viele Gaststätten heißen heute noch „Waldschmiede“. Zugegeben, der Begriff führt nicht geradewegs ins Zentrum dieses Kapitels, aber er hält doch den engen Zusammenhang von Wald und Metallgewerbe gegenwärtig. Die Waldschmiede des Mittelalters und der frühen Neuzeit waren meist einzelne Handwerker, die ihrem Gewerbe abseits der Zentren nachgingen. Sie konzentrieren sich im und um das Gebiet des heutigen Hessen und waren ursprünglich wohl Hörige. Für die Wertschätzung ihrer Arbeit zeugt, dass diese Schmiede mit der Zeit viele Freiheiten erlangten und kaum mehr Frondienste leisten mussten. Sie unterlagen keinem Zunftzwang und lieferten oft Halbfertigwaren, versorgten aber auch die ländliche Bevölkerung wie ihre Grundherrschaft mit Werkzeugen.

Waldschmiede standen kaum an der Spitze des technischen Fortschritts, aber ihre Produktionsweise hielt sich doch zäh. Meist verhütteten sie den Raseneisenstein, der kein Stein, sondern ein zusammengebackenes Sediment war, aber einen hohen Eisenanteil hatte. Zudem stand er dicht unter der Erdoberfläche an, konnte also gut abgebaut werden. Über besonders ergiebige Vorkommen von Raseneisenstein verfügte das Norddeutsche Tiefland, wo er sich nach der letzten Eiszeit kompakt abgelagert hatte. Und so künden selbst auf dem Gebiet des heutigen Schleswig-Holstein, das nicht unbedingt als Bergbaurevier von sich reden macht, Schlackenreste von zahlreichen Schmelzöfen.

Auch weil sie so weit verbreitet war, kann nur sehr pauschal eingeschätzt werden, wie stark die Verhüttung den Baumbeständen zusetzte. Zwar wurde das Metall keineswegs nur in den Eisenlandschaften früh gewonnen, doch zeichneten sich bald bestimmte Montanregionen ab, die den Wald umso heftiger beanspruchten. Schon als das Eisen seinen Siegeszug antrat, also in Mitteleuropa seit Beginn des ersten vorchristlichen Jahrtausends, wird es zu großflächigen Nutzungen der Waldbestände gekommen sein. Für die Intensität keltischer Eisenproduktion im Siegerland (etwa ab 500 v. Chr.) sprechen die Pollenanalysen. Sie zeigen, dass die Buche an Boden verliert. Stattdessen prägen Eiche und Birke immer stärker die Nachfolgewälder. Doch eine halbwegs exakte Antwort auf die Frage, wie viel Wald die Eisenproduktion aufbraucht, lässt sich erst für die Spätphase geben. Um 1800 sind zur Herstellung einer Tonne Eisen zehn Tonnen Holzkohle erforderlich, die gesamte Jahresproduktion verbraucht ein Drittel des Holzzuwachses im gleichen Zeitraum.

Nach anderen Metallen, Kupfer, Blei, auch Silber, wurde ebenfalls früh geschürft, etwa im Harz und Schwarzwald. Der älteste Abbau ist schwer nachzuweisen, weil der spätere seine Spuren meist vernichtet hat. Immerhin lässt sich im Harz die Kupfergewinnung bis in die Zeit um Christi Geburt zurückverfolgen, und es mehren sich die Hinweise, dass Rammelsberger Kupfer wohl seit 1000 v. Chr. gewonnen wurde.

Abbau und Schmelze der Kupfererze veränderte mit der Zeit ihr Umfeld derart stark, dass schon im 8. Jahrhundert die natürlichen Waldbildner Buche und Eiche gegendweise verschwunden sind. Diesen Schluss erlauben neben den Pollenanalysen auch die erhaltenen Kohlenstücke. Häufig wurden

Baumarten von geringer Heizkraft gemeilert (Birke und Pappel), selbst Sträucher – offenbar musste alles, was Holz war, zur Deckung des Energiebedarfs herhalten. Immerhin sind aus schon hochmittelalterlichen Bergbaurevieren Ansätze zu Waldordnungen bekannt. Über ihre Wirksamkeit lässt sich nur mutmaßen, doch spricht wenig dafür, dass Pergament ungeduldiger als Papier ist.

Seit Beginn des 13. Jahrhunderts wurde auch die Wasserkraft genutzt, jetzt gingen Hüttenwerke an die Bach- oder Flussläufe. Zuvor wurde, wenn Abbau- und Verhüttungsplätze weiter auseinander lagen, das Erz zur Holz-

Der kolorierte Holzschnitt (gegenüberliegende Seite) stammt aus den zwölf Büchern *De re metallica* (1556) von Georgius Agricola (Georg Bauer), genauer aus der deutschsprachigen Ausgabe *Vom Bergwerk*, Frankfurt 1580. Die Abbildung im berühmten Standardwerk des sächsischen Renaissance-Gelehrten zeigt unter anderem, dass die Arbeit mit der Wünschelrute gängige Praxis bei den Erzsuchern war. Unten ein weiterer Holzschnitt aus dem Agricola-Buch mit der Darstellung von Schächten und Stollen. Links der Blick ins Erzbergwerk Rammelsberg, Goslar im Harz, das heute zum UNESCO-Weltkulturerbe zählt.

kohle gebracht. Damit stellt sich die Frage nach den Mengenverhältnissen: Im Fall des Harzkupfers wird vorsichtig geschätzt, dass zur Verarbeitung von einem Karren Roherz sechs bis acht Karren Holzkohle nötig waren, die wiederum gut sechzig Festmetern Holz entsprachen. Wenn die Harzer Hütten während des 11. und 12. Jahrhunderts jährlich – erneut nur sehr grob geschätzt – mehrere Hundert Zentner Kupfer lieferten, kann der Holzverbrauch auf etwa 30 000 Festmeter hochgerechnet werden. Dazu passt die lakonische Bemerkung einer (späten) Quelle aus dem 17. Jahrhundert, im ganzen Waldgebirge finde sich kein genügend starker Baum mehr, um einen Förster daran aufzuknüpfen.

Nur sei daran erinnert, dass Erzabbau und -verhüttung ihre Konjunkturen hatten. Falls der Wald in einer Hochzeit über Gebühr beansprucht wurde, konnte er sich in einer Phase des Niedergangs oder gar des Stillstands wieder erholen. Gerade in den Montanrevieren kommt es später zur engen Verbindung von Berg- und Waldbau, genauer zur Ausrichtung des Waldbaus auf die Bedürfnisse der Montangewerbe. Dass der viel beschworene Terminus „Nachhaltigkeit“ zuerst im Werk eines barocken Oberberghauptmanns erscheint, ist kein Zufall, und dass dieser Oberberghauptmann auch noch am Fuß des Erzgebirges seinen Amtssitz hat, fügt sich besonders schön.

Auch im Oberharz, also dem eigentlichen Zentrum des Silberbergbaus, steht der Wald im Dienst des Metallgewerbes. Die Bergleute hier werden im Mittelalter „silvani“ genannt, also Wald- oder Wildleute. Das hat außer dem praktischen Grund der Abgrenzung gegen die Goslarer und Rammelsberger „Montani“ sicher weitreichendere Motive, die hier nicht weiter erörtert werden sollen. Doch einen Wilden Mann führt Wildemann, die kleinste der sieben Harzer „Bergstädte“, bis heute im Wappen, und diesem Wilden Mann wird der Leser im nächsten Kapitel wieder begegnen.

Saurer Regen im 19. Jahrhundert

Auch die ersten wissenschaftlich untersuchten Waldschäden gehen auf das Konto der Montanindustrie. Beim Rösten und Schmelzen des Erzes wurde Schwefel frei, der als Schwefeldioxid (SO_2) die Atmosphäre belastet. Demnach dürften die Schwefeldioxid-Emissionen, niedergegangen als Saurer Regen, nicht erst im 19. Jahrhundert über die Harzer oder Erzgebirgischen Wälder gekommen sein.

Noch heute ist die 1888/89 erbaute Halsbrücker Esse bei Freiberg ein ragendes Industriedenkmal. Ursprünglich 140 Meter hoch und mit dieser Höhe damals der welthöchste seiner Art, sollte der Schornstein dazu dienen, die Abgase weiter wegzuführen und zu verdünnen. Julius Adolph Stöckhardt (1809–1886), der hierzulande erstmals das Schwefeldioxid als Verursacher namhaft machte, hatte schon vorher bezweifelt, dass eine derart simple Maßnahme der Pflanzenwelt wirklich helfen könne.

„Rauchschäden" heißt diese Variante der Umweltverschmutzung im 19. Jahrhundert. Damals lassen sich Beeinträchtigungen noch eingrenzen, sind aber auch andernorts von einem Ausmaß, dass sie 1883 ein Buch zur Folge haben. Sein Titel: Die Beschädigung der Vegetation durch Rauch und die Oberharzer Hüttenrauchschäden, *Autoren waren der Dresdener Chemieprofessor Julius von Schröder und der Goslarer Forstmann Carl Reuss.*

Kleiner Vorgriff: Später setzt ein großflächiger Tagebau dem Wald stärker und auf weitere Entfernung zu. Offenbar erstreckt sich die Ironie der Geschichte auch auf die Umweltgeschichte: Ein Nachfolger des Holzes als Energieträger, so gesehen ein Retter des Waldes, nämlich die Braunkohle, sucht in Gestalt ihrer Abgase den Erzgebirgswald fürchterlich heim. Die Emissionen der tschechischen Braunkohlekraftwerke, ihr Saurer Regen, führen in den 1970er-Jahren zum Absterben der Fichte in den Kammlagen des östlichen Erzgebirges.

Unversehens bekam sein Name eine aktuelle Bedeutung: Der Kahleberg (905 Meter) im Erzgebirge mit abgestorbenen Fichten (links, 1996). Rechts ein Thermometerbläser im Thüringer Wald (historisches Foto). Ein historisches Instrument ist die zur Jagd gebrauchte Glasfanfare aus dem 18. Jahrhundert (unten).

„Waldglas"

Besonders effizient trug die Glasherstellung zum Raubbau an den betroffenen Wäldern bei. Dabei schlug noch am geringsten zu Buche, dass die Öfen befeuert werden mussten. Auf das Brennmaterial entfielen nur rund drei Prozent, im äußersten Fall 15 Prozent des Holzverbrauchs. Die restliche Menge war nötig, um Pottasche zu gewinnen. Pottasche, korrekt Kaliumcarbonat (K_2CO_3), ist ein leicht wasserlösliches, helles Pulver, das bei 891 Grad schmilzt und seinerseits den Schmelzpunkt der Glasmasse von 1800 auf 1200 Grad herabsetzt. Diese Zahlen sind Richtwerte, bei einem höheren Anteil von Quarzsand stieg die Schmelztemperatur (allerdings stieg auch die Qualität des Glases).

In historischer Zeit ließen sich hierzulande die benötigten Mengen Pottasche nur aus Holz gewinnen. Der Name Pottasche hält den Herstellungsprozess gegenwärtig. Nachdem die Pflanzenasche zur Lauge aufbereitet worden war, wurde sie eingedampft; das geschah in Töpfen. Der Waldverbrauch war dabei außerordentlich hoch: tausend Kilogramm Holz ergaben ein Kilogramm Pottasche.

So lag in der Natur der Sache, dass die Glasbläser waldreiche Gebiete aufsuchten. Zu ihnen gehörten etwa Böhmer-, Bayerischer, Thüringer und Pfälzer Wald, aber auch Spessart und Solling. Das Gewerbe nutzte vorwiegend Eichen- und Buchenholz, der jährliche Waldbedarf einer einzigen, mittelgroßen Glashütte wurde auf zwanzig bis dreißig Hektar geschätzt. Wenn nach zehn bis dreißig Jahren die kostengünstig erreichbaren Vorräte aufgebraucht waren, zogen die Hüttenleute weiter.

An dieser Stelle drängt sich die Anmerkung auf, dass solcher Waldverbrauch durchaus positiv gesehen werden konnte. Es gab im Hochmittelalter Grundherren, denen er gleich doppelt gelegen kam. Erstens hatten sie Gewinn aus der Glasherstellung gezogen, zweitens Erschließungskosten gespart: Das Land war nun gerodet und konnte unter den Pflug genommen werden. Schon zur Römerzeit wurde im Rheinland Glas hergestellt. Im Mittelalter lagen die Kenntnisse zur Glasschmelze zunächst in den Händen der großen Klöster, im 14. Jahrhundert kommt es zu den ersten (urkundlich fassbaren) Klagen über Waldverwüstung. Doch ließen die Territorialherren die Glasbläser meist gewähren, eben weil aus ihrer Arbeit hohe Einnahmen für die

„In der Glashütte am Schliersee" (links, 1890), Druck nach einem Gemälde von A. Eckhardt. Die Glasherstellung trug besonders markant zum Raubbau an den Wäldern bei. Rechts mundgeblasene Medizinfläschchen aus dem 17./18. Jahrhundert, immer noch mit dem leicht grünlichen Schimmer, dem das Material den Namen Waldglas verdankt.

Staatskasse folgten. Allerdings stand auch die Ausübung dieses Handwerks unter Konkurrenzvorbehalt: 1560 musste eine Erzgebirgische Glashütte den Betrieb einstellen, weil sie zu viel Holz verbrauchte – dessen Einsatz im Erzbergbau stellte (noch) größeren Gewinn in Aussicht.

Die Bezeichnung Waldglas trifft auf den Produktionsstandort wie die Farbe des Glases zu. Sein mehr oder weniger kräftiges Grün wird durch die Eisenoxide der verwendeten Sande verursacht. Der Begriff Waldglas kann sich deshalb auch auf eine ganze Epoche der Glasherstellung beziehen, die vom 13. bis ins 17. Jahrhundert reicht. Große und begehrte Ausnahme war das „kristallklare" venezianische Glas, das meist aus der Lagunenstadt kam.

Überhaupt war es eine große Kunst, qualitativ hochwertiges Glas herzustellen. Venedig zog seine Glasbläser auf der Insel Murano zusammen, ein offenbar lange Zeit wirksames Mittel, um das Monopol der Stadt für ihr Glas zu sichern. Auch sonst wurde das Wissen über die Herstellung des Werkstoffs kaum jemals aufgezeichnet, sondern über Generationen nur mündlich weitergegeben. Ein Arbeitsplatz fernab der Siedlungen, also im Wald, eignete sich gewiss eher zur Wahrung von Produktionsgeheimnissen.

Als die Wälder schwimmen lernten – Flößerei und Holzhandel

Dreihundert Floßführer bewegen die riesige Maschine, große Ruder schlagen nach dem Takte ins Wasser vorn und rückwärts, ... aus drei oder vier Hütten, wo die Matrosen ein- und ausgehen, steigt Rauch auf, und ein ganzes Dorf lebt und schwimmt auf diesem ungeheuren Boden von Tannenholz.

VICTOR HUGO, DER RHEIN

Ein besonderes Kapitel der Waldnutzung ist die Flößerei, die etwa den Rhein früh in Mitleidenschaft zog: Als im 17. Jahrhundert am Binger Loch die ersten Sprengungen durchgeführt wurden, geschah das nicht zugunsten des Schiffs-, sondern des Floßverkehrs. Oberhalb lagen die großen Floßbauplätze, weil das Wasser unterhalb der berüchtigten Enge zu reißend war, um die Hunderte Quadratmeter große Flachware zusammenzusetzen.

Im 18. Jahrhundert war der „Holländerholzhandel“ eine wirtschaftliche Größe. Wenn die „ungeheuren Böden“ den Strom hinunterfuhren, zog es die Schaulustigen an seine Ufer. Ein Spektakel durften sie sich allemal versprechen. 300 Meter, sogar 400 Meter Länge konnten diese Ungetüme erreichen, ihre Besatzung 500 Mann stark sein.

Die Trift

Vorform der Flößerei ist die Trift. Sie konnte nur einzelne Stämme von geringer Länge (bis 1,70 Meter) oder Scheitholz bewältigen, dafür aber sogar auf kleineren Fließgewässern stattfinden. Nur mussten auch sie für den Transport eingerichtet, vor allem musste ihre Wasserführung verstetigt werden. Teiche speicherten das Nass, im Bedarfsfall wurden sie abgelassen, um den Schwung des Schwalls zu nutzen. Die Trift erzwang ebenfalls Eingriffe in die Bäche selbst: Die Befestigung von Ufern und Sohlen diente einem möglichst reibungslosen Ablauf. Größere Gefälle überwand das Holz mithilfe von Rutschen, wie sie sich etwa im Speyerbach aus dem Pfälzerwald erhalten haben. Dennoch reichte die Wassermenge nicht immer für eine Triftung aus. Und wenn Mühlen am Bach lagen, waren die Konflikte mit deren Betreibern oft vorprogrammiert.

Häufig aber gab es keine andere Möglichkeit, das Holz zu verschicken. So lohnte trotz mancher Nachteile, die präparierten Bäche immer wieder aufwendig instand zu halten.

Die Aufnahme „Floß auf der Enz“ entstand um 1900 (unten). Sie belegt trotz des späten Datums eindrucksvoll, wie selbst schmale Wasserläufe flößbar gemacht wurden. Die ihrer Zeit sichtlich verhaftete Bronzefigur „Der Isarflößer“ (Seite 226) von Fritz Koelle aus dem Jahr 1939 steht in München-Thalkirchen. Rechts Schwarzwaldflößer auf dem Heimweg, Zeichnung um 1895.

Das Holz und der Wasserweg

Vieles spricht dafür, dass die Trift historisch der Flößerei vorausging. Aber schon sehr früh müssen erhebliche Mengen Holz den Rhein hinunter geflößt worden sein. Das Betonfundament der römischen Kölner Stadtmauer war mit Tannenholz verschalt, das nur aus dem Schwarzwald oder aus den (damals noch tannenreicheren) Vogesen gekommen sein kann.

Erstmals ausdrücklich erwähnt wird die Flößerei 1258. Die lateinisch abgefasste Urkunde bezieht sich auf die Saale und aus ihrem Text geht hervor, dass dieser frühe Schubverkehr schon längere Zeit gängige Praxis war. Wasserstraßen waren der kostengünstigste Transportweg, besonders im Fall der schweren Massengüter. Beim Floß kam hinzu, dass es Ware und Transportmittel zugleich war, so gesehen schwammen die Floßherren nicht unbedingt im, aber doch auf dem Geld.

Räumlich gesehen nahm die Flößerei in den Gebirgen ihren Ausgang. Schwarzwald, Bayerischer oder Frankenwald lieferten die Stämme, von den Alpen und aus dem Voralpenraum trugen Inn, Isar und Loisach das Holz zu Tal. Nicht selten wurde dort verkauft, wo Nachfrage herrschte, also keineswegs immer auf Bestellung geliefert. Stete Nachfrage herrschte in den großen oder größeren Städten, die ihre nähere Umgebung längst entwaldet hatten, aber weiterhin große Mengen Holz verbrauchten.

Mancherorts gab es Flößerzünfte, andernorts nicht. Dabei gehörte zur Flößerei Erfahrung und Geschick, es bot sich demnach an, dieses Handwerk von der Pike auf zu lernen. Außerdem war die Arbeit nicht ungefährlich. Das Universalwerkzeug Flößerhaken wurde vor allem dann eingesetzt, wenn sich die Stämme ineinander verkeilt hatten. Geschick erforderte auch das Herstellen der Wieden. Wie starke Seile, aus jungen Fichten oder Haseln gewunden, wurden sie durch Löcher an den Stammenden geführt und verbanden die einzelnen Stämme zum „Gestör". Sogenannte Gurtwieden koppelten die einzelnen Gestöre hintereinander, sie ergaben dann das Floß.

Auf den wilderen Flüssen mussten sich die Flöße sehr flexibel dem Wasserlauf anpassen können, mussten besonders „kurvengängig" sein. Und selbst bei größeren Fließgewässern gab es im Sommer oft Probleme mit der Wasserführung. Man zog alle Register, um auch bachähnliche Verhältnisse auf die von Wasserstraßen zu trimmen. Wasserstuben sorgten für einen schwungvollen Anfang: Wenn ihre Stellfallen geöffnet wurden, war die ganze Manövrierkunst der Flößer gefordert, damit ihr Gefährt möglichst viel von der Flutwelle profitierte. Schon die Vielzahl der Wasserstuben lässt ihre Bedeutung für den Floßverkehr erkennen: zwischen 1750 und 1800 hatte allein die Nagold 43 davon.

Je ruhiger das Fahrwasser, desto größer, desto steifer konnten die Flöße sein. Auf ihrem Weg dem Meer zu wurden sie deshalb des Öfteren neu zusammengesetzt, schließlich stiegen mit ihrer Größe die Verdienstmöglichkeiten. Aber es musste ein Ausgleich zwischen dem teuren Hart-, also meist Eichenholz und dem weniger gut bezahlten, aber schwimmfähigen Nadelholz gefunden werden. Besonders gefragt waren die großen Tannen: Sie hielten ebenso das Floß über Wasser wie sie einen hohen Gewinn versprachen.

Der Holländerholzhandel

Noch heute heißen die hohen Tannen in einigen Gegenden des Schwarzwalds „Holländer". Der Name blieb an ihnen hängen, obwohl längst niemand mehr fürchten muss, dass sie dem Holländerholzhandel zum Opfer fallen.

Die „Holländer" bezogen auch aus anderen Reichsregionen Holz. Anfangs wurden nicht unbeträchtliche Mengen über die – grenznahe – Lippe eingeführt, und selbstverständlich gingen später Eichen aus Hunsrück oder Westerwald in die Niederlande, wo großer Bedarf herrschte. Zum Rhein als Transportweg gab es nie eine Alternative. Nicht nur, dass der Strom direkt zu den niederländischen Absatzmärkten führte: Nur er ließ Floßgrößen zu, die den höchstmöglichen Gewinn versprachen.

Der (Nord-)Schwarzwald fällt dem Historiker nicht zuletzt deshalb ins Auge, weil er hier auf die ergiebigsten Quellen stößt. Erst Ende des 17. Jahrhunderts beginnt der Holländerholzhandel wirklich, um dann jedoch rasch an Umfang und Stetigkeit zu gewinnen. Und wie generell der kostengünstige Transport den Ausschlag gab, wurden zunächst die Wälder nahe den ohnehin flößbaren Wasserläufen eingeschlagen. (Umgekehrt blieben manche Wälder im Schwarzwald bis ins Eisenbahnzeitalter ungenutzt, jedenfalls was das Stammholz anging.)

Modell eines Holländerfloßes im Siebengebirgsmuseum, Königswinter. Auch die Verkleinerung lässt die gewaltigen Ausmaße dieser Schwimmkörper ahnen. Die beiden historischen Fotos geben Einblick in die Arbeits- und Lebenswelt der Floßknechte.

Als sich der Handel mit den Niederlanden stabilisierte, lohnte die Floßbarmachung selbst kleinerer Zuflüsse. Sie lief, wie bereits erwähnt, auf eine Kanalisierung hinaus, die erheblich ins Geld ging und erst einmal vorfinanziert werden musste. Als Kanäle wurden übrigens auch die sogenannten Riesen begriffen. Auf ihnen rutschten die gefällten Stämme den Hang hinunter bis ans Wasser. Diese Riesen bestanden gleichfalls aus Holz. Oft vereisten sie im Winter, dann konnte ihr Transportgut gefährlich an Fahrt aufnehmen. Wenn das Langholz unten angekommen barst, wirkten seine Splitter wie Geschosse.

Bei florierenden Geschäftsbeziehungen mit den Niederlanden bildeten sich im Nordschwarzwald bald einheimische Kompanien, die auf eigene Rechnung für die Erschließung auch entlegenerer Wälder sorgten. Später überließen die Niederländer den Handel ganz den rheinischen Holzhändlern, von denen die kapitalkräftigsten in Frankfurt am Main saßen. Dieser Rückzug barg weiter keine Risiken: Die „Holländer" hatten das Abnahmemonopol, die hierzulande Beteiligten kaum andere Absatzmöglichkeiten.

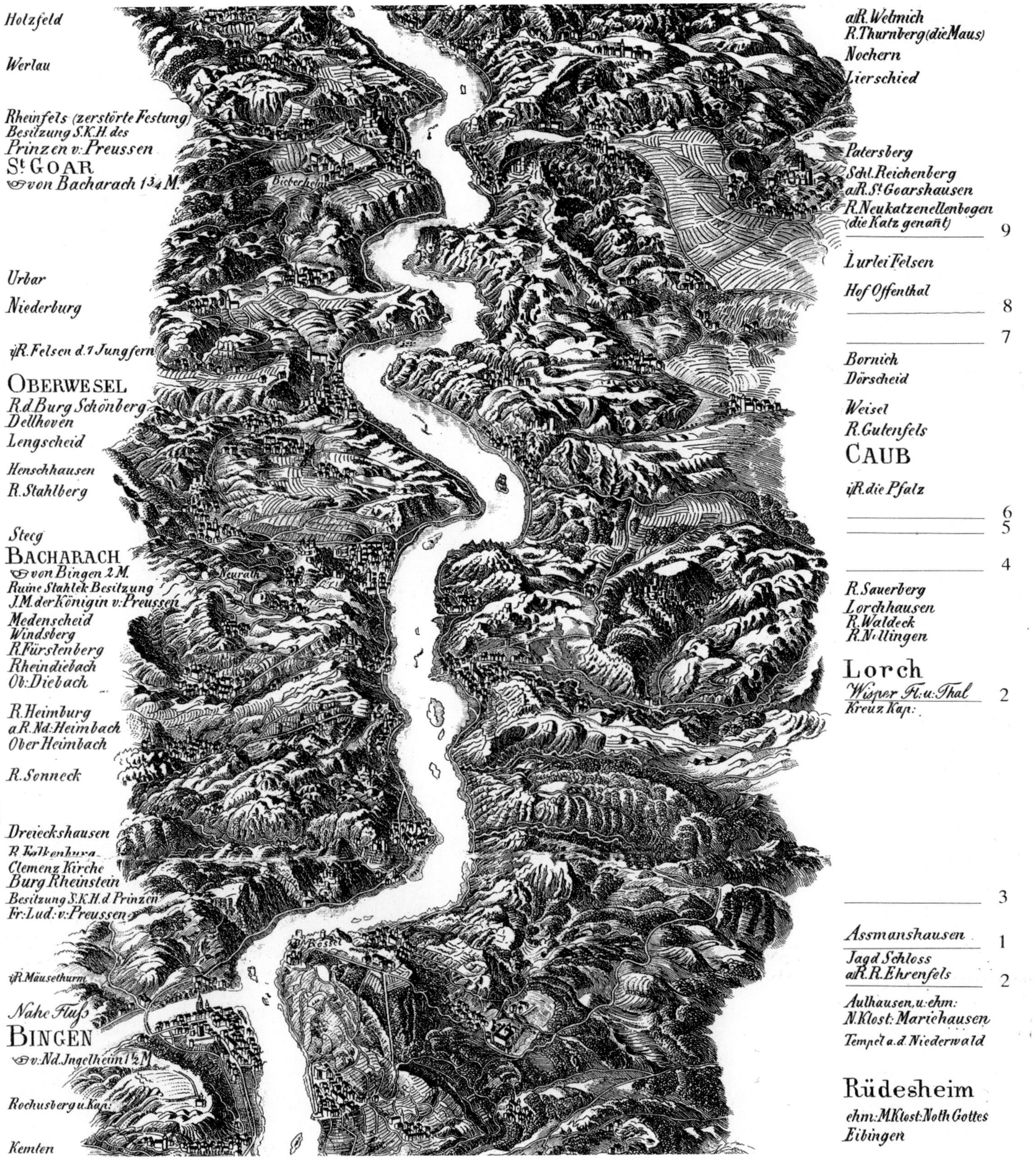

Rheinpanorama als Stahlstich von 1853, hier der Abschnitt zwischen Rüdesheim und (St. Goarshausen-)Wellmich. Um die Länge der Rheinstrecke zwischen Mainz und Bonn angemessen wiederzugeben und doch eine praktische Lösung zu bieten, wurden diese Panoramen häufig zu Leporellos gefaltet.

Auffällig ist die Zurückhaltung des Staates, also im Fall des Nordschwarzwalds der Badener und Württembergischen Landesherren. Sie hätten es in der Hand gehabt, den Holzeinschlag zu kontrollieren, aber sie blieben untätig. Denn an den Wäldern, und das unterschlägt die Flößerromantik geflissentlich, herrschte der ungezügelte Raubbau. Erst im 19. Jahrhundert sollte das oft beschworene Prinzip der Nachhaltigkeit greifen.

Noch einmal: Nur ein enger Zusammenhang von Holz und Wasserweg eröffnete die Aussicht auf guten Ertrag. Es lag demnach im Interesse des Handels, dass dieser Wasserweg so weit wie möglich zurückverlegt, das heißt so nah wie möglich an noch nicht erschlossene Wälder herangeführt wurde. Doch letztendlich setzte der Holländerholzhandel eben auf den Rhein, auf die große Wasserstraße.

Letzte Blüte und Niedergang im 19. Jahrhundert

Einen großen letzten Aufschwung nahm die Flößerei im 19. Jahrhundert. Die Holzversorgung der städtischen Zentren stieg mit deren Wachstum noch an, und für genügend Holz konnte vorerst nur die Flößerei sorgen. Kein Wunder also, dass die Erlasse etwa in Bayern der Flößerei den Vorrang vor anderen Nutzungen einräumten – oft mussten die Interessen der Müller oder Fischer zurückstehen. Staat und Städten war zuallererst an einer gesicherten Holzversorgung gelegen. Der lebhafteste Floßverkehr auf der Isar spielte sich in den Jahren zwischen 1830 und 1870 ab, etwa zur gleichen Zeit erreichte die Flößerei ihren Höhepunkt im Frankenwald, der nun größtenteils auf bayerischem Territorium lag. Wenn, wie im Schwarzwald, der einzelne Waldbauer seinen Wald verkaufen konnte, dann kam er jetzt wirklich zu Geld.

Die Flößerei wirkte ins Waldbild hinein. Zwar versprachen die Eichen das einträglichste Geschäft, aber nur ein genügend hoher Anteil an Nadelholz ließ ein Floß schwimmen. Einst hatten im Frankenwald die Buchen-Tannengesellschaften vorgeherrscht, jetzt wandelte er sich fast flächendeckend zum Nadelholzforst, in dem überdies die nichteinheimische Fichte rasch an Boden gewann. Noch deutlicher prägt die Beziehung von Wald und Flößerei die Mittelgebirge an der Weser. Vorher reichte sie mit ihren Nebenflüssen nur gerade so an die bodenständigen Nadelhölzer im Thüringer Wald heran, jetzt sprach nicht zuletzt die Flößerei dafür, in Reinhardswald oder Wesergebirge verstärkt Fichten anzubauen.

Die rückläufige Entwicklung zeichnete sich zuerst auf dem Rhein ab. Wohlgemerkt: Bis etwa 1850 war Holz immer noch das mengenmäßig wichtigste Handelsgut, das rheinabwärts fuhr. Und als die ersten Schiffsbrücken entstanden, wurde ihnen die schlechte Manövrierbarkeit der Flöße zum Verhängnis. Zwischen 1836 und 1856 kam es allein an der Koblenzer Schiffsbrücke zu sechs schweren Unglücken.

Der Niedergang vollzog sich nicht überall gleichzeitig und jedenfalls nicht überall mit gleicher Dynamik. Aber auf Dauer war das Floß dem Konkurrenten Eisenbahn nicht gewachsen, womöglich noch stärker setzten ihm die motorisierten Schleppschiffe zu. Heute wird die Flößerei, vor allem in Bayern, als touristische Attraktion wiederbelebt.

Eine Art Jungfernfahrt unternehmen diese Flößer des Jahres 2008. Erstmals nach gut fünfzig Jahren steuern sie wieder einen Floßverband auf dem Main. Der Verband erreichte die stattliche Länge von 75 Metern.

Links zwei handgemalte Laterna-Magica-Bilder (um 1860) aus England, die *Das kalte Herz* illustrieren (unten der Holländermichel und das Glasmännlein). Oben Wilhelm Hauff (1802–1827), Holzstich nach einem zeitgenössischen Porträt.

Wilhelm Hauff, Das kalte Herz

Das kalte Herz *gehört zu den bekanntesten Märchen des früh verstorbenen schwäbischen Dichters Wilhelm Hauff (1802–1827). Die Hauptfigur Peter Munk, der „Kohlen-Munk-Peter“, muss von allen Höllenhunden gejagt werden, ehe er zu der Einsicht kommt:*

Es ist doch besser, zufrieden sein mit wenigem, als Gold und Güter haben und ein kaltes Herz.

WILHELM HAUFF

Die Geschichte spielt im (Nord-) Schwarzwald, dessen Bewohner der Erzähler nach ihren Berufen unterscheidet, den Glasmachern auf der einen, und denen, die „handeln mit ihrem Wald“ auf der anderen Seite. (Und noch bevor sich der Leser dieses Buches innerlich auf die Seite der biederen Handwerker schlagen kann, weiß er, dass zum Glasmachen Pottasche benötigt und dass bei ihrer Herstellung eine erkleckliche Menge Holz verbraucht wird.)

Ganz unmittelbar vom Waldverbrauch lebt Peter Munk. Bei seiner einsamen Arbeit fasst ihn ein unklares, scheinbar durch und durch romantisches Sehnen, dessen einmal erkannter Antrieb allerdings jeder Poesie enträt: Als Köhler steht er am Fuß der sozialen Pyramide. Und nachdem er diesen Grund seiner Unzufriedenheit einmal erkannt hat, will er nur noch eins: Sein „elend Leben“ hinter sich lassen. Schnell kommt er an den Scheideweg von Gut und Böse, beides wird von Waldgeistern verkörpert. Der Gute ist das Glasmännlein, als sein Gegenspieler agiert der Holländer-Michel, ein Böser vom Schlag des Faust'schen Mephisto. „Der Holländer-Michel ist schuld an all dieser Verderbnis“, klagt der Holzfäller-Großvater, dabei war vor Michels Auftreten „weit und breit kein ehrlicher Volk auf Erden, als die Schwarzwälder“. Der Holländer-Michel ist die Leitfigur derer, die über den heimischen Schwarzwald hinaus mit Holz handeln und folgerichtig dem schnöden Gewinnstreben zum Opfer fallen.

Was die Flößerei und den Holzhandel betrifft, hat Hauff genau recherchiert. Kraft seiner geisterhaften Stärke und Geschicklichkeit kann der Holländer-Michel der hohen Unfallgefahr des Flößer-Berufs leicht die Stirn bieten, und kaufmännischen Wagemut hat er auch. So überredet er seine Landsleute, das Geschäft mit den Niederlanden nicht den Kölner Zwischenhändlern zu überlassen, sondern das Holz selbst an die Endverbraucher zu verkaufen. Tatsächlich suchten die Schwarzwälder später den direkten Kontakt zu den niederländischen Abnehmern, nachdem sie ihre Ware zunächst in Mainz oder Köln losgeschlagen hatten. Auch die Praxis der Hauff'schen Flößer, das Holz dort zu verkaufen, wo es zuerst nachgefragt wurde, entspricht der Realität. Wie zu Beginn der Fahrt zusammengesetzt, erreichte wohl kein einziges Floß seinen letzten Bestimmungsort. Ebenfalls wird Hauff die großen Flößer-Stiefel nicht nur vom Hörensagen gekannt haben, „die größten wahrscheinlich, welche auf irgendeinem Teil der Erde Mode sind“.

Natürlich siegt bei Hauff zuletzt das Gute in Gestalt des Glasmännleins. Der „Kohlen-Munk-Peter“ wird wieder ein zufriedener Köhler. Aber ganz so märchenhaft geht es dann doch nicht aus. Der gute Geist stärkt Peter Munk für den weiteren, ehrbaren Lebensweg auch materiell den Rücken. Glasmännleins Tannenzapfen verwandeln sich in „vier stattliche Geldrollen, … lauter gute, neue badische Taler, und kein einziger falscher darunter“.

Wald oder nicht Wald?

Manchmal stutzt der Blick doch, wenn er auf einen dieser ebenso mächtigen wie unförmigen Exemplare trifft. Besonders auffällige tragen schon einmal Namen wie „Zwölf Apostel“, und der unbefangene Betrachter staunt vielleicht über ihre Urwüchsigkeit. Dabei sind gerade diese Bäume Zeugen des Gegenteils, nämlich des Niederwalds, einer früher sehr weitverbreiteten Form der Waldbewirtschaftung.

Beim Niederwald, der Name sagt es, wuchsen die Bäume nicht in den Himmel. Aber ihn zeichnete aus, dass er mehrere Nutzungen ermöglichte. Und überall ging es vorrangig darum, möglichst viel Brenn- oder Kohlholz zu gewinnen, ohne die Vorräte zu erschöpfen. So gesehen wurde auch im Niederwald nachhaltig gewirtschaftet.

Um einen Niederwald zu betreiben, mussten sich oft mehrere Eigentümer zusammenschließen. Denn nur eine genügend große Fläche konnte Stück für Stück, Schlag für Schlag im Jahreswechsel genutzt werden. Dabei variierten die sogenannten Umtriebszeiten stark, meist lagen sie zwischen 15 und vierzig Jahren. Als Sonderform gilt der Schwarzerlen-Niederwald im Spreewald, wo der Umtrieb alle vierzig bis sechzig Jahre stattfand.

Beim Niederwald blieb der einzelne Baum erhalten, er wurde auf Stock gesetzt. Diese Kappung vertrugen die einzelnen Arten mehr oder weniger gut. Obwohl häufig auch Buchen die bizarren Formen durchgewachsener Bäume zeigen, bekam ihnen dieser Zwang zur Selbsterneuerung weniger.

Sehr viel besser schlugen sich die beiden Eichenarten, Birke, Hasel oder Hainbuche. Mancherorts wurden die Hainbuchen im Niederwald derart stark gefördert, dass Fachleute noch heute vom Hainbucheneffekt sprechen.

Den Forstleuten des 19. Jahrhunderts müssen Niederwälder ein Dorn im Auge gewesen sein. Bis auf einzelne „Überhälter", die als Bauholz vorgesehen waren und/oder als Mastbäume dienten, stand hier immer nur Buschwerk. Den Niederwäldern wurde zugeschrieben, dass sie den Boden auslaugten und verschlechterten. Neuere Untersuchungen zweifeln daran. Jedenfalls waren Niederwälder lichte Formationen, die folglich auch lichtbedürftige Bäume förderten. Dazu konnten heute seltene Arten gehören, wie etwa die beiden Sorbus-Arten Elsbeere und Speierling oder die Wildobstarten. Auch die Tierwelt, vor allem die Insektenfauna, profitierte vom weit gefächerten Angebot an Lebensräumen, die anfangs Offenland- und später eher Waldcharakter hatten.

„Kornritter" im spätsommerlichen Hauberg der Waldgenossenschaft Fellinghausen in Kreuztal. Die schon abgeschälte Eichenrinde hängt lose am Stamm, um zu trocknen. Sie liefert die Lohe, früher das wertvollste Produkt des Haubergs. Auf Seite 236 ist ein Eichen-Birken-Niederwald im Herbst zu sehen.

Der Siegerländer Hauberg

Der Hauberg stellt eine besondere Form der Niederwaldnutzung dar. 1467 erscheint das Wort erstmals in den Urkunden, aber Hauberge hat es sicher schon länger gegeben. Die Haubergswirtschaft war im Siegerland und im benachbarten Lahn-Dill-Gebiet weitverbreitet; kaum zufällig sind diese Gegenden alte Montanregionen. Hier herrschte ein hoher Bedarf am Energieträger Holz, genauer an Holzkohle, die zum Schmelzen des Eisens dringend gebraucht wurde.

Alle 16 bis zwanzig Jahre wurde im Hauberg der Birken-Eichen-Niederwald genutzt. Für die genügend große Fläche sorgte hier ein genossenschaftlicher Zusammenschluss. Der Hauberg war sein unveräußerliches Gesamteigentum, Anteile konnten vererbt oder verkauft, aber nur als Hauberg bewirtschaftet und nie außerhalb der Körperschaft genutzt werden. Die

Haubergwirtschaft wurde im Siegerland und im anschließenden Lahn-Dill-Gebiet betrieben, sie setzt die gemeinschaftliche Nutzung des Niederwalds voraus. Hier sommerlicher Aspekt mit rotem Fingerhut am Hauberg von Kreuztal-Fellinghausen.

möglichst gerechte Zuweisung der einzelnen Anteile fand jedes Jahr neu statt und erforderte eine sehr aufwendige Organisation. Das Verfahren zog sich über (die Winter-)Monate hin, bis die Genossen dann ihr Stück Hauberg auf den Stock setzen konnten.

Das geschah auf der jeweils ältesten Teilfläche, dem Schlag. Zunächst wurden die sogenannten Weichhölzer und die meisten Birken möglichst dicht über dem Erdboden abgeschnitten. Eine kurze Schonfrist hatten die Eichen, bei ihnen wurde der Laubaustrieb abgewartet. Dann nämlich enthielt die junge Rinde den höchsten Anteil an Gerbsäure, die eine Tierhaut in der Lohe zu hochwertigem Leder umwandelte. Diese Rinde, vom aufrechten Holz geschält, war das einträglichste Haubergprodukt.

Darüber hinaus wurde der historische Hauberg landwirtschaftlich genutzt. Nach der Lohe-Ernte ging im Kahlschlag die Hainhacke nieder, um die Krautschicht samt durchwurzeltem Erdreich vom Boden abzulösen. Nach dem Trocknen ließ sich vom Soden die Erde abklopfen und die pflanzlichen Reste verbrennen, die Asche kam als Dünger zum Einsatz. Im Juni wurde Buchweizen (kein Getreide, sondern eine Knöterichart) oder im September Winterroggen eingesät. Nach deren Ernte weidete einige Jahre das Vieh im Hauberg, allerdings unter Ausschluss der Ziegen, deren Gefräßigkeit den Gehölzaufwuchs beeinträchtigt hätte.

Zweifellos hat der große Naturforscher Johann Christian Senckenberg (1707–1772) einen Siegerländer Niederwald kurz vor der Ernte gesehen, als er 1736 erstaunt notierte: „Von jungen Eichen gehen oft wohl zwölf aus einer Wurzel und werden alle ziemlich dick.“ Tatsächlich geht die Eiche während der ersten zwanzig Jahre am stärksten in die Breite, und der Hauberg konnte sich bis dahin zu einem wirklichen Dickicht entwickelt haben. Das bestätigt auch Johann Christian Senckenberg: „Da denn die Birken, Ginster und Eichen sehr dicht wachsen, dass die Wölfe drinnen nisten, item Fuchs und wilde Katzen.“

Leittierart des Niederwalds: Das rare Haselhuhn, rechts in der etwas freieren Gestaltung von John „the bird man“ Gould (1804–1881), dem berühmtesten Vogelmaler seines Jahrhunderts.

Scheue Rarität im Niederwald – das Haselhuhn

Für Senckenberg gab es keine Veranlassung, dem Haselhuhn (Bonasa bonasia) *besondere Aufmerksamkeit zu schenken. Damals war dieser Vogel noch häufig und kam den Jägern entsprechend oft vor die Flinte. Kaum 500 Gramm wog er, und war insofern ein Federgewicht, als der größte Teil des knappen Pfunds auf seine Oberbekleidung entfiel. Dennoch galt das delikate Haselhuhn als geschätzte Beute: Die Masse der erlegten Tiere machte das geringe Gewicht des einzelnen wett.*

Heute zählt es zu den größten Kostbarkeiten der heimischen Tierwelt, teilt also das Schicksal seiner Raufußhuhn-Verwandten, des Birk- und des Auerwilds. Wer die krasse Abnahme an Brutpaaren bagatellisieren will, führt gewöhnlich seine heimliche Lebensweise ins Feld. Doch die Hoffnung ist gering, dass seine unauffällige Existenz den Rückgang an Brutpaaren dramatischer ausfallen lässt, als er tatsächlich ist. Vielerorts wurde ihm die waldbauliche Praxis zum Verhängnis: Im dicht geschlossenen Hochwald kann ein Haselhuhn nicht überleben. Und so sicher die Niederwälder nicht sein ursprünglicher Lebensraum sind, sagen ihm deren Strukturen so zu, dass es zur Leitart dieser Wirtschaftsform erkoren werden kann. Der Niederwald bietet ihm einerseits genug zuverlässige Deckung, andererseits genügend Nahrung. Als Jungvogel bevorzugt es Insekten, später eine pflanzliche, aber abwechslungsreiche Kost. Es müssen keineswegs immer die Knospen des Haselstrauchs sein.

Überall in Mitteleuropa sind seine Bestände eingebrochen. Für Deutschland wird die Zahl der Brutpaare mit etwa 2000 angegeben. Häufiger ist dieser Bodenbrüter nur noch in den Bayerischen Alpen und im Bayerischen Wald. Im benachbarten Rheinland-Pfalz führen die Naturschützer ein Vorkommen ins Feld, um den Weiterbau einer Autobahn durch die Eifel zu verhindern. In ganz Nordrhein-Westfalen gibt es etwa zwanzig Haselhuhn-Reviere. Ob die Auswilderung im Harz Erfolg hat, ist ungewiss. Meist ist der Vogel so rar, dass schon diese Vereinzelung seine Existenz bedroht. Selbst aus dem Schwarzwald ist er inzwischen wohl verschwunden. Das lag nicht zuletzt am hinhaltenden Widerstand der Forstverwaltung, die keine Flächen mit optimalen Verhältnissen für das Haselhuhn anbieten wollte.

Die Bemühungen und Auseinandersetzungen um den scheuen Vogel können als Nagelprobe dienen: Wie viel Platz räumt der angewandte naturnahe Waldbau den Lebewesen ein, deren Existenz sich mit dem bestmöglichen Holzertrag nicht von vornherein vereinbaren lässt? Wird ein Tier wie das Haselhuhn wenigstens geduldet, obwohl es auf lichtere Bestände angewiesen ist?

Die Stadt, der Wald und das Holz

Unter den vielen Leerstellen zur Waldforschung gibt es oder gab es doch lange Zeit eine besonders auffällige: Wie haben sich eigentlich diejenigen versorgt, die den schwierigsten Zugang zum Holz, aber den höchsten Verbrauch hatten, also die großen oder doch größeren Städte.

Es ist heute nicht einfach, sich wenigstens die Dimensionen des städtischen Holzbedarfs zu vergegenwärtigen. Aber der Blick in den historischen Dachstuhl einer Kirche lässt ahnen, welche Mengen bester Qualität für diese Holzkonstruktion benötigt wurden, selbst bei kleineren Gotteshäuser 300 bis 400 Eichenstämme, bei den Domen leicht das Zwanzigfache. Noch stärker wird das Vorstellungsvermögen beansprucht, wenn es um den mittelalterlichen Alltag geht. Lange prägten Fachwerkhäuser das Bild auch wohlhabender Gemeinwesen, Fachwerkhäuser, deren Holzbauweise mit unschöner Regelmäßigkeit die Einäscherung ganzer Stadtviertel nach sich zog. Und alle, ob Haushalte oder Werkstätten, brauchten Holzkohle oder jedenfalls Brennholz, die Schmiede für ihre Essen, die Brauer für ihre Sudpfannen. Allerdings stiegen im Winter die Brennholzkosten nicht so stark, wie das unsereiner erwarten würde: Nur ein, bestenfalls zwei Räume wurden überhaupt beheizt. Eher zum Aufwärmen als zur Körperpflege ging es in die Badehäuser – doch auch die verbrauchten natürlich Holz.

Das Handwerk des Küfers oder Böttchers ist heute so gut wie ausgestorben, doch sie stellten die Universalverpackung des Mittelalters her. An Fassdauben herrschte stets gewaltige Nachfrage. Überhaupt Werkholz: Die Wagner etwa bevorzugten für Speichen und Wagengestelle Eiche, Esche oder Ulme; selbst wenn sie nur Reparaturarbeiten ausführten, das Holz musste doch starken Belastungen gewachsen sein. Die Drechsler fertigten die besseren Schüsseln aus Ahorn-, ganz gute aus Walnussholz, wer Armbrüste herstellte, nahm Eibe für den Bogen.

„Hölzernes Zeitalter“: Pittoreskes Fachwerkhaus im Schwarzwaldstädtchen Gengenbach (Kinzigtal), das Wappen der Böttcherzunft und einer der raren erzgebirgischen Reifendreher, die ihr faszinierendes Kunsthandwerk auch heute noch ausüben.

Alle sieben Jahre findet in München noch der Schäfflertanz statt. Er soll bis ins frühe 16. Jahrhundert zurückgehen. Zwar gibt es heute kaum mehr Bedarf an Fassmachern, aber der Tanz, hier in einem Druck um 1880, ist fester Bestandteil der Münchener Folklore, und Schäffler drehen sich auch als Glockenspielfiguren auf dem Rathausturm.

Außerdem brauchten auch Städter einen Wald, um sich mit Honig zu versorgen oder um ihre Schweine zu mästen. Und so statteten die Landesherren ihre Stadtgründungen auch mit eigenem Waldbesitz aus. Wenn die Städte wuchsen, reichte der zur Versorgung oft nicht hin, und die Gemeinwesen mussten sich selbst helfen. Sie taten es auf verschiedene Weise. Wenn, wie im Fall des sauerländischen Brilon, die Bewohner der umliegenden Dörfer hinter Wällen und Graben Schutz suchten, verleibte sich die Stadt deren Allmende ein – und so kann sich Brilon heute noch „waldreichste Stadt Deutschlands“ nennen, genauer „größter kommunaler Waldbesitzer“. 1372 erwarb Frankfurt am Main von Kaiser Karl IV. den Reichsforst Dreieich, nicht ohne diesen Wald auch noch aus dem Pfandbesitz eines ihrer Bürger lösen zu müssen. Wer über einen guten Triftanschluss verfügte, konnte eigenen Wald auch weiter weg ankaufen. So gehörte der Stadt Augsburg ein Wald bei Reutte/Tirol. Über keinen eigenen Waldbesitz verfügte die Stadt Köln. Aber sie lag am Rhein und bezog ihr Holz seit der Antike aus den großen Waldgebieten rheinaufwärts. Keinen eigenen Wald hatte auch die Freie Reichsstadt Regensburg. Nach ihrem wirtschaftlichen Niedergang haben Bayerns Landesherren immer wieder einmal versucht, die Abhängigkeit der Stadt von auswärtigen Holzlieferungen als Druckmittel zu nutzen.

Insgesamt stand außer Frage, wie wichtig der Wald für die Bürger war. Was nicht heißt, dass die Städte ihre Baumbestände stets wie einen Augapfel gehütet hätten. So robust zum Beispiel die Göttinger Ratsherren beim Erwerb neuer Wälder vorgingen, so sehr ließen sie phasenweise deren Nutzung schleifen. Aber es gibt viele mittelalterliche Waldordnungen, die, wenn sie in der Praxis oft auch nicht konsequent befolgt wurden, doch von einem Problembewusstsein zeugen. Und wahrscheinlich haben sogar die ersten landesherrlichen Waldordnungen die städtischen zum Vorbild gehabt.

Geschichte mit Höhen und Tiefen – der Nürnberger Reichswald

An dieser Stelle ist Gelegenheit, eine kaum mehr bekannte Waldnutzung wenigstens zu erwähnen: die Zeidlerei. Zeidler hießen früher die Imker. Sie lieferten mit dem Bienenwachs den Grundstoff für die besseren Kerzen, sie sorgten für den Honig, das lange Zeit einzige Süßmittel. Daran hatten die Nürnberger starken Bedarf, denn er wurde reichlich ihren bis heute geschätzten Lebkuchen zugesetzt. Bevor es ausgangs des Mittelalters gelang, die Bienenzucht enger an den Menschen zu binden, mussten die Nester, die „Beuten", im Wald geplündert werden. Das hieß hier: im Reichswald, auch genannt „des Heiligen Römischen Reiches Bienengarten".

Eine bedeutende Rolle für das Gemeinwesen spielte der Reichswald nicht nur wegen der Bienenhaltung. Um 1620 konnte der Nürnberger Ratschreiber Johannes Müllner als Allgemeinwissen voraussetzen, „dass ohne diese Wäld die Stadt Nürnberg nit hätte können aufkommen, daher in alten Briefen gemeldt wird, dass die Stadt Nürnberg auf diese Wäld gestiftet sei".

Der Nürnberger Reichswald gehörte anfangs wirklich dem König. Wie Nürnberg selbst wurde er von der Pegnitz geteilt, in den größeren Lorenzer und den Sebalder Reichswald. (Viel später kam ein Waldgebiet hinzu, das heute Südlicher Reichswald genannt wird.) Zug um Zug erwarb Nürnberg, 1219 zur reichsfreien Stadt erhoben, die Rechte am Wald. 1396 war dieser Prozess für den Lorenzer, 1427 für den Sebalder Reichswald abgeschlossen. Das Jagdrecht allerdings blieb beim Burggrafen. Er und später die Markgrafen von Ansbach-Bayreuth versuchten immer wieder, daraus weitergehende Rechte auf den und im Reichswald abzuleiten.

In die Geschichte ging der Nürnberger Reichswald ein, weil hier 1368 erstmals auf dem Kontinent planmäßig Nadelbäume gesät wurden. Der Patrizier und Ratsherr Peter Stromer hatte diese Pioniertat veranlasst. Stromers Familie war an Unternehmen des Montangewerbes beteiligt, und Peter Stromer dachte voraus: Er wollte sicherstellen, dass seine oder die Werke seiner Nachkommen auch zukünftig nicht an Holzmangel litten. Schon damals zeichnete sich also die Geburt der Nachhaltigkeit aus der Sorge um den Energieträger ab.

Bald galten die Nürnberger als Fachleute für Nadelholzsaaten. Ihre Kenntnisse waren im ganzen Reich gefragt, 1426 forsteten sie gar den Frankfurter Stadtwald auf. Der Luther-Hasser Johannes Cochläus veröffentlicht 1512

Eine kaum mehr bekannte Waldnutzung ist die Zeidlerei (die Imker hießen früher Zeidler). Oben ein Kupferstich aus Nicolaus Jacob, *Die rechte Bienen-Kunst* (Leipzig 1614). Noch bis Ende des Mittelalters wurden vor allem die „Bienennester" im Wald geplündert, auch im Nürnberger Reichswald, fast besser bekannt als „des Heiligen Römischen Reiches Bienengarten". Rechts Erhard Etzlaubs Waldplan aus dem Jahr 1516, der Nürnberg inmitten seines Reichswalds zeigt.

(auf Latein) seine *Kurze Beschreibung Deutschlands,* die Nürnberg als Wiege der Baumaussaatkunst würdigt.

Obwohl die Nadelholzsaat, hauptsächlich Kiefernsaat, Erfolg hatte, bewahrte sie den Reichswald keineswegs vor Übernutzung. Auch dass er schon im 14. und 15. Jahrhundert stadtseitig mit einer Bannmeile geschützt wurde, half ihm auf Dauer nichts, zu vielfältig, zu heftig beanspruchte ihn die Stadtbevölkerung. So brannten zum Beispiel die eingangs erwähnten Zeidler Löcher in massive Bäume, um den Bienen ein Heim zu bieten und dann selbst Wachs und Honig zu ernten. Und um 1700 steigt offenbar der Bedarf an Einstreu noch einmal drastisch. Der Waldboden muss ihn decken, die Baumbestände verarmen weiter.

Ein aufschlussreiches Zwischenspiel bietet die Zeit um 1800. 1791/92 waren die benachbarten Fürstentümer Ansbach-Bayreuth preußisch geworden und wurden vom späteren Staatskanzler Karl-August von Hardenberg verwaltet. Der hatte seine Augen auf den Lorenzer Reichswald geworfen und überlegte, ihn seinem Territorium einzuverleiben. Er unterließ die Besetzung, weil „ein despotisches Ansehen" vermieden werden sollte. Und als der Nürnberger Magistrat eine scharfe Verringerung der Holzentnahme beschloss, um den Reichswald zu schonen, drohte Hardenberg, jeden Nürnberger Förster verhaften zu lassen, der seinen ansbachischen Untertanen ihre Deputate verweigerte. Dabei hatte er auf preußischem Territorium energische Maßnahmen zum Schutz der eigenen, nicht weniger mitgenommenen Wälder getroffen.

Denn auch in Ansbach-Bayreuth war die Holznot ein Thema. Mit ihr musste sich ein junger Beamter besonders auseinandersetzen, weil er als Oberbergmeister das hiesige Berg- und Hüttenwesen dirigierte: Alexander von Humboldt. Humboldts frühe Erfahrungen hingen ihm noch auf seiner großen Forschungsreise nach, die ihn Jahre später nach Südamerika führen sollte:

Unbegreiflich, dass man im heißen, im Winter wasserarmen Amerika so wütig als in Franken abholzt.

ALEXANDER VON HUMBOLDT

Über den schlechten Zustand des Reichswaldes konnte es keinen Zweifel geben. In der Stadt bemühten sich reformerische Kräfte zwar gegenzusteuern, aber sie wurden nicht nur von den auswärtigen Mächten daran gehindert, sondern auch vom reichsstädtischen Establishment ausgebremst. So blieb alles mehr oder weniger beim Alten. 1806 wurde der Nürnberger Reichswald ein Bayerischer Staatsforst, ohne dass sich die Verhältnisse besserten. Auch jetzt setzten die Verantwortlichen nur auf Kiefern und Fichten. Es kam zu dem, was die Forstleute Insektenkalamität nennen. Unter dem Schädlingsbefall hatten Reviere über den weiten Sandflächen am stärksten zu leiden, ihre schmächtigen, schlecht ernährten Kiefern konnten keinen Widerstand leisten. 1894 fraß der Kiefernspanner ein Drittel Reichswald kahl.

Seit dreißig Jahren werden die Laubhölzer wieder gefördert. Dazu gehörte auch eine so unauffällige Maßnahme wie das Abschussverbot für Eichelhäher, die jetzt auf die ihnen eigene Weise für die Verbreitung des Baums sorgen. 1980 wurde der Reichswald als Erster in Bayern zum Bannwald erklärt, der unter besonderem Schutz steht. Früher gab es hier etwa so viele Kiefern wie Eichen, nun sollen die Nadelholzforsten zu Mischwaldbeständen umgewandelt werden.

Noch hat die Kiefer unter den Baumarten eindeutig die Oberhand (65 Prozent), die Fichte folgt mit 16 Prozent. Daneben fällt nur noch der Anteil beider Eichenarten ins Gewicht (acht Prozent), insgesamt können lediglich 15 Prozent der Waldbestände als naturnah gelten. Umso spannender ist die Entwicklung: Wohin werden sich diese Wirtschaftswälder entwickeln? Wie wird sich die Buche im Vergleich zur Eiche behaupten? Verglichen mit den Sorgen früherer Zeiten ist das eine schöne Ungewissheit.

Alexander von Humboldt (1769–1859). Das Porträt von Joseph Stieler (links) entstand 1843, es zeigt einen sichtlich reiferen Herrn als den Humboldt der Ansbach-Bayreuthschen Oberbergmeister-Jahre. Von Johann Friedrich Hennigs (1838–1899) stammt der „Blick auf die Nürnberger Burg" (rechts), selbstverständlich auch ein Waldbild.

Ein heißes Eisen – Holznot

Würde man jetzt nicht einschreiten, so würde in kurzer Zeit allen unseren Unterthanen ein … beschwerlicher Mangel an Holz begegnen.
BAYERISCHE FORSTORDNUNG, 1568

Die Klagen über Holzmangel sind uralt, dass einem die Augen und Ohren wehe tun, die Acten davon zu lesen.
VORSTEHER DER SALINE SCHWÄBISCH HALL, 1738

Zwei Disziplinen, zwei Sichtweisen: Während die Vertreter der Forstgeschichte Beleg auf Beleg für eine fortscheitende Waldverwüstung beibrachten, zweifelten die Umwelthistoriker: Es sei jedenfalls nicht auszuschließen, dass die Landesherren im Zeitalter des Absolutismus und Merkantilismus einen rücksichtslosen Umgang mit dem Wald nur angeprangert hätten, um die Rechte der Untertanen am Wald zu schmälern. (Die Kontroverse ist als Holznotdebatte in die Geschichtswissenschaft eingegangen.)

Die durchaus heftigen Auseinandersetzungen beziehen sich vor allem auf die Zeit zwischen 1750 und 1850. Der unbefangene Beobachter ist geneigt, den Forsthistorikern recht zu geben. Wer einen Kupfer- oder Stahlstich des 17., des 18. und frühen 19. Jahrhunderts nur ein wenig genauer anschaut, bemerkt kahle Flächen dort, wo zumindest in der heutigen Landschaft kräftige Baumbestände die Kulisse stellen. Und auch die Vielzahl der Warnungen vor zu knappem Holz ist unüberlesbar, sie finden sich in den Quellen seit dem 16. Jahrhundert. Es fällt ebenfalls ins Auge, dass diese Warnungen unter dem Horizont der Aufklärung noch einmal zunehmen: Während die Holzmenge vorher nur nach Angebot und Nachfrage beurteilt wurde, tritt nun der Aspekt der Vorsorge hinzu. Die Warner blicken in eine Zukunft, die nicht mehr gottgegeben, sondern innerhalb bestimmter Grenzen gestaltbar ist.

Nun lassen Prognosen immer Spielraum, mit anderen Worten, sie lassen sich leichter instrumentalisieren. Umso genauer, umso kritischer müssen die Urkunden gelesen werden, in denen von drohender Holznot die Rede ist. Ganz sicher lohnt sich, die Aussagen vorzusortieren: Wer spricht von Holznot, wann und wo wird von Holznot, von welcher Holzsorte wird gesprochen? Holz ist eben nicht gleich Holz. Während an dem einen Mangel herrscht, kann das andere sehr wohl vorhanden sein. Wenn sich etwa bayerische Städte nach 1830 für preisgünstigeres Brennholz starkmachen, geschieht das im Rahmen der Armenfürsorge. Und gewiss hat mancher Stadtobere in diesen ohnehin unruhigen Zeiten gefürchtet, dass Missstände bei der Grundversorgung zu offenem Aufruhr führen könnten.

Um Bauholz ging es, als sich 1766 die Bewohner des süd-pfälzischen Eußerthals mit bewegten Worten an ihre Obrigkeit wendeten: „Eußerthal ist ein bettel armes ohnvermögliches Örthlein, wird demselben das zum Unterhalt der dasigen geringen bauern hütten nötige Bauholz vors künftige gegen die wohlhergebrachte alte gewohnheit denegiret, so wird nichts anderes übrig sein, als solche dem armen mann zum unterschlupf dienende schlechte Wohnung nach und nach übern Haufen fallen zu lassen.“

„Wohlhergebrachte alte gewohnheit": Das ist der Punkt, an dem die Historiker ansetzen. Diese Gewohnheitsrechte der Untertanen stehen quer zum Selbstverständnis des absoluten Herrschers, der unbedingte Gewalt über sein ganzes Territorium beansprucht. Zu seinem Land gehören nicht das abstrakte Holz, sondern die konkreten Wälder. Demnach muss nicht nach den Holzvorräten, sondern den Waldvorräten gefragt werden. Denn der Wald diente der Holzproduktion ebenso wie der dörflichen Landwirtschaft – und er diente als Jagdwald.

Diese ganz verschiedenen Nutzungen konnten leicht in heftigen Widerstreit geraten. Je nach Staat schlugen die Erlöse aus dem Holzverkauf kräftig zu Buche. Im Erzstift Trier etwa machten sie zwischen 1759 und 1792 ein Zehntel der gesamten Einnahmen aus. Bei kleineren Grundherren konnten sie noch höher liegen: Das Kloster Ebrach im Bistum Würzburg bezog daraus um 1800 ein Viertel seiner Gelderträge. Es konnte demnach vorkommen, dass ein Landesherr seine Wälder plünderte, obwohl er eben noch Verordnungen zu deren Schonung erlassen hatte. Hier liegt die geringe Glaubwürdigkeit der Schutzabsichten auf der Hand. Im Extremfall hatte das Geld derart viel Macht über den absoluten Herrscher, dass er sogar sein Allerheiligstes zur Abholzung freigab, nämlich einen Wald, in dem das Rotwild einstand.

„Förster stellt arme Familie beim (verbotenen) Brennholzsammeln", anonymer Stich um 1830. Manche Dorfbewohner trieb die nackte Not in den Wald, sie mussten das Holz stehlen, um zu überleben.

Am bequemsten war es natürlich, die Untertanen für Missstände im Wald verantwortlich zu machen. Doch oft geht die Not der Holznot voraus. Auch die ländliche Bevölkerung wusste, dass Überbeanspruchung dem Wald schadet. Aber manchen Dörflern blieb gar nichts anderes übrig, als den Wald übers Zuträgliche hinaus zu nutzen. Sie hätten andernfalls buchstäblich ins Gras beißen müssen, und beim Kampf ums eigene Überleben musste die Einsicht in die Schutzwürdigkeit hintanstehen. Wenn eine Gemeinde ihren Wald verkaufen konnte, war das nicht selten ihre einzige Verdienstquelle.

Meist ging es ums Brennholz, dessen Fehlen nach 1830 auch in den Städten zum Problem wurde. Die Liberalisierung des Holzmarkts hatte mancherorts die Preise derart in die Höhe getrieben, dass es selbst der städtischen Mittelschicht wehtun konnte. Es kann ganz verschiedene Ursachen haben, wenn Städte überlegen, Holzmagazine für die „unbemittelte Klasse" einzurichten, oder wenn die Betreiber einer Eisenhütte über zu wenig Holz klagen. Vielleicht fährt ein Landesherr nur eine Retourkutsche, wenn er einer widersetzlichen Stadt Brennholz aus seinen Wäldern verweigert, vielleicht hat der Hütteneigner nur die Wälder seiner Umgebung abgeholzt und muss nun den Energieträger mit so hohen Transportkosten von weiter her beziehen, sodass er die Rentabilität seines Unternehmens gefährdet sieht. Daraus ergeben sich zweifellos Notlagen, und sie deuten an, wie viele verschiedene Facetten das große Thema Holzmangel haben kann; nur lassen sie eben nicht den Schluss zu, dass grundsätzlich zu wenig Holz vorhanden ist.

Die bisherigen Untersuchungen zur Holznot liefern denn auch ein differenziertes Bild. Die Frage, ob die vielen Holznotdrohungen im 18. Jahrhundert tatsächlich begründet oder ob sie vorgeschoben waren, ist bis heute nicht endgültig entschieden. So lange nicht unbestechliche Quellen vorliegen und ausgewertet sind (wozu etwa Holzrechnungen gehören, die über einen langen Zeitraum fortlaufend ausgestellt wurden), kann stets nach den Interessen eines Verlautbarers gefragt werden. Sicher kommen die farbigeren Zitate von engagierten Gewährsleuten, doch sprechen die stärkeren Worte nicht von vornherein mehr für einen objektiveren Blick. Die Zweifler an einer tatsächlichen Holznot haben viel böses Blut gemacht, und welcher Wissenschaftler lässt sich schon gerne sagen, er habe seine Quellen unkritisch beim Wort genommen. Unterm Strich hat die Holznotdebatte zu einem geschärften Methodenbewusstsein beigetragen.

Übrigens neigt der Autor dieses Buchs eher zu der Auffassung, dass es im 18. Jahrhundert krasse Fälle von Waldverwüstung gegeben haben muss. Er denkt an die schon angeführte Vielzahl von Zeichnungen und Stichen, die ein Schloss, eine Burgruine oder eine kleine Stadt zeigen, alle von schütter bewaldeten oder völlig entwaldeten Höhenzügen umgeben. So sehr kann den Künstlern nicht daran gelegen haben, ihr Objekt im wahrsten Sinne des Wortes freizustellen. Der Soziologe Werner Sombart war sogar überzeugt, dass der Holzmangel unvermeidlich in die wirtschaftliche Katastrophe geführt hätte, wären nicht Steinkohle und Eisen an die Stelle des Holzes getreten.

Um Ulm herum keine Ulmen, geschweige denn ein Wald. Kolorierter Kupferstich von Friedrich Bernhard Werner, um 1740, der an die Holznot im 18. Jahrhundert denken lässt. Rechts ein Porträt von Karl Marx (1818–1883), der gegen ein Gesetzesvorhaben des Rheinischen Landtags eintrat, wonach die unberechtigte Entnahme von Holz unter strengere Strafe gestellt werden sollte.

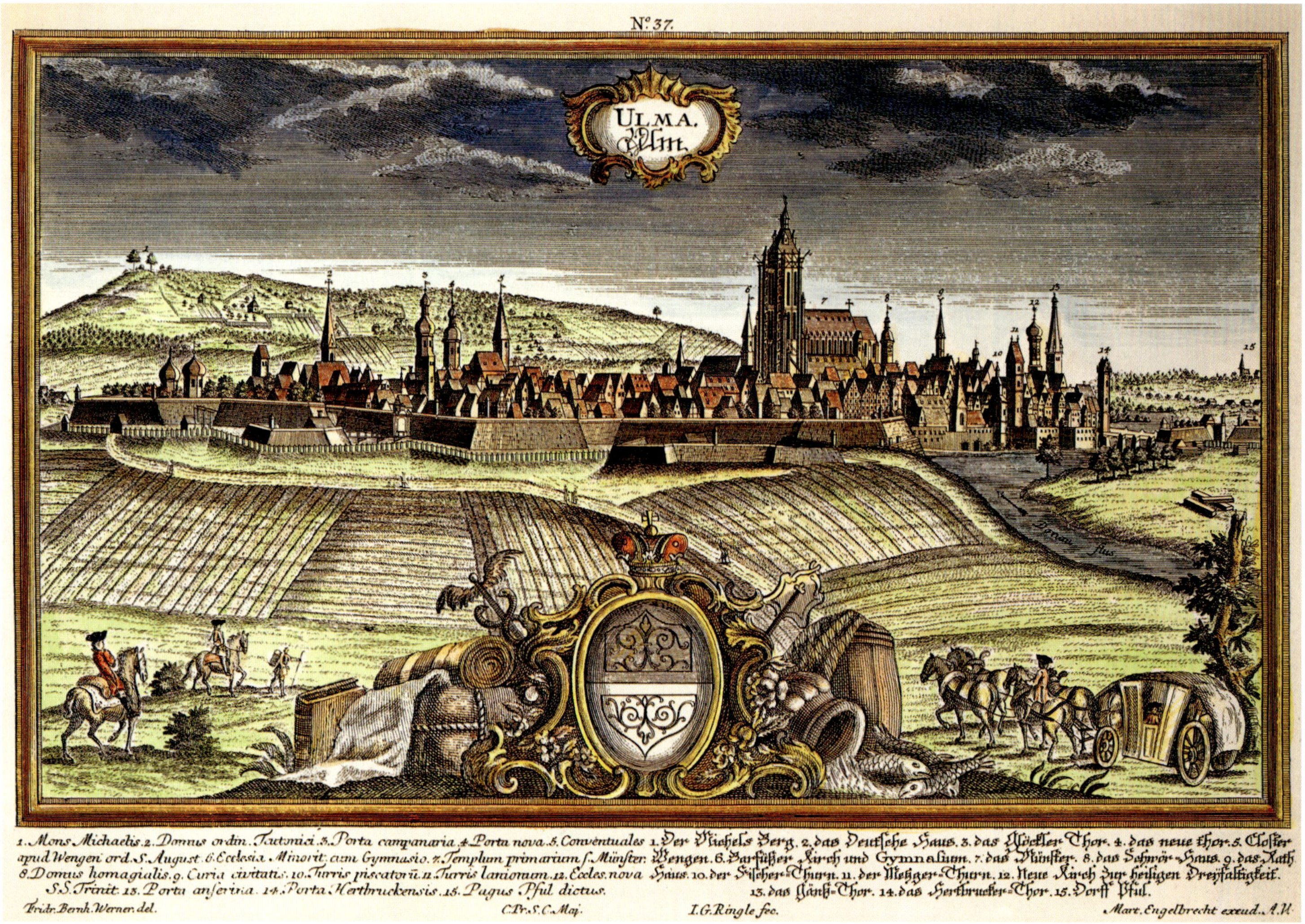

Holzdiebstahl oder Holzfrevel

Ende Oktober, Anfang November 1842 veröffentlicht die *Rheinische Zeitung* eine Artikelserie „von einem Rheinländer". Der Anonymus unterrichtet die Öffentlichkeit über ein Gesetzesvorhaben des sechsten Rheinischen Landtags, das die unberechtigte Entnahme von Holz unter strengere Strafe stellen will.

Ein unbefangener Leser mag grübeln, worin der Unterschied zwischen Frevel und Diebstahl besteht, doch im Umfeld des Rechts wiegt diese semantische Unterscheidung schwer. Während der Frevel mehr oder weniger als Bagatelldelikt geahndet wird, zieht der Diebstahl wesentlich härtere Sanktionen nach sich. Die Gesetzesinitiative richtet sich, wie der anonyme Autor betont, nicht nur gegen die Verharmlosung des Diebstahls als Holzfrevel, sondern auch gegen das Gewohnheitsrecht, „das seiner Natur nach nur das Recht dieser untersten besitzlosen und elementarischen Masse sein kann". Sein Fazit:

> *Wenn das Gesetz aber eine Handlung, die kaum ein Holzfrevel ist, einen Holzdiebstahl nennt, so lügt das Gesetz, und der Arme wird einer gesetzlichen Lüge geopfert.*
>
> KARL MARX

Bleibt nur noch hinzuzufügen, dass der „Rheinländer" später unter seinem tatsächlichen Namen Karl Marx noch grundsätzlichere Gesellschaftskritik üben sollte.

Wie verschieden sich das Thema Holznot darstellen kann, lässt mancher Vergleich von behördlichen Stellungnahmen und der Kriminalstatistik erkennen. Während die (preußischen) Bezirksregierungen Trier und Koblenz jede Notwendigkeit bestreiten, eine geregelte Versorgung der Bevölkerung mit Holz ins Auge zu fassen, wird der Holzdiebstahl in der Rheinprovinz ein „regelrechtes Massendelikt". Und in der bayerischen Pfalz beruhen 1830 drei Viertel (!) aller Gerichtsverfahren auf Anklagen wegen Holzdiebstahl. Der Winter 1843/44 führt zu diesbezüglichen Ermittlungen gegen jeden fünften Pfälzer. Offenbar lautet das Motto der Justiz: „Furcht bewahrt das Holz."

Der Mangel an Holz gilt als handfester Grund, der alten Heimat für immer den Rücken zu kehren. 1843 stellt der Landrat des Eifel-Kreises Daun resigniert fest, dass „besonders aber das harte Holzdiebstahlgesetz und die unerbittliche Strenge der benachbarten und einheimischen Forstschutzbeamten … die Eingesessenen zur Auswanderung nötigten".

Vertreter der Obrigkeit im Wald sind die Förster: Sie werden im 19. Jahrhundert zum Feindbild, leicht haben es diese Beamten nicht. Offenbar beruft sich nicht nur „die unterste besitzlose und elementarische Masse" auf das Gewohnheitsrecht, und falls doch, legt sie es zuweilen großzügig aus. Die Klagen der Förster, beim Einsatz gegen Holz- und Wilddiebe um Leib und Leben fürchten zu müssen, sind nicht nur rhetorischer Natur. Ganze Banden machen sich über das Holz her, einsam gelegene Forsthäuser werden gestürmt.

Annette von Droste-Hülshoff,
Die Judenbuche

Holz- und Jagdfrevel waren an der Tagesordnung, und bei den häufig vorfallenden Schlägereien hatte sich jeder selbst seines zerschlagenen Kopfes zu trösten.

DIE JUDENBUCHE

Annette von Droste-Hülshoff (1797–1848) zeigt an mancher Stelle ihres Werks, wie genau sie ihr heimatliches Umfeld in den Blick nehmen konnte. Gleichzeitig war sie von der Existenz regionaler Eigentümlichkeiten überzeugt. Als „Stockwestfale, nämlich ein Münsterländer – Gott sei Dank", traut sie den Landsleuten aus dem Paderbörnischen eher nicht über den Weg. Dort, im „gebirgichten Westfalen" spielt ihr „Sittengemälde" Die Judenbuche. *In einem Waldbuch verdient der Titel schon deshalb Aufmerksamkeit, weil er die Buche nennt und nicht wie gängig die Eiche. An dieser Buche wird die Hauptfigur erhängt aufgefunden, hier endet das „arm verkümmert Sein" der Hauptfigur Friedrich Mergel. Deutlich bezieht sich dieses Stück auf einen „Tatsachenbericht" ihres Onkels August Franz von Haxthausen, den die (romantische) Zeitschrift* Die Wünschelrute *1818 unter dem Titel* Geschichte eines Algerier-Sklaven *veröffentlicht hatte. Nach Haxthausens Text kann das Dorf B. der* Judenbuche *noch leichter als Bellersen (heute ein Stadtteil von Brakel) erkannt werden: Der Verfasser war im benachbarten Bökendorf geboren und 1818 als Verwalter der väterlichen Besitzungen dorthin zurückgekehrt.*

Das bei Droste-Hülshoff erwähnte „Fürstentum" ist demnach das Fürstbistum Paderborn, zur erzählten Zeit noch ein selbstständiger Staat. Haxthausens Bericht reicht dagegen bis ins Jahr 1807, also in die Zeit des französischen Königreichs Westfalen. Ihm wurde das Paderborner Territorium zugeschlagen, nachdem es vorübergehend (1803–1806) preußisch geworden war (und nach 1815 wieder werden sollte). Anders als der Onkel lässt die Autorin ihre Judenbuche *im Revolutionsjahr 1789 enden.*

Die kleinen Unstimmigkeiten beginnen im Grunde mit der Bezeichnung „Fürstentum", so hieß Paderborn zwischen 1803 und 1806, also erst nach 1789. Der nahe Fluss, „der in die See mündet, … groß genug, um Schiffbauholz bequem und sicher außer Landes zu führen", kann eigentlich nur die Weser sein (und nicht die Lippe, die für den „Holländerholzhandel" von gewisser Bedeutung war). Aber die Weser liegt zu weit weg, um die dunklen Geschäfte der „Blaukittel" zu ermöglichen. Diese dörfliche Bandengemeinschaft betreibt „Holzfrevel" in erheblichem Umfang:

Sie verheeren alles wie die Wanderraupen, ganze Waldstrecken werden in einer Nacht gefällt.

DIE JUDENBUCHE

Und sie betreiben den Diebstahl mit krimineller Energie: „Der Umstand, dass alles umher von Förstern wimmelte, konnte hier nur aufregend wirken, da bei den häufig vorkommenden Scharmützeln der Vorteil meist aufseiten der Bauern blieb."

Viele Interpreten sind mit der Judenbuche *so unbekümmert umgegangen, als wäre die Novelle der „Tatsachenbericht" ihres Onkels. Demgegenüber führt Droste-Hülshoff den „Holzfrevel" als ganz neues Element ein. Und während sich der „Algerier-Sklave" Haxthausens zur Bluttat an dem Juden bekennt, vermeidet die* Judenbuche *eine klare Aussage. Ob Friedrich Mergel der Mörder ist, lässt jedenfalls der Text dahingestellt. Sehr klar aber stellt er die Schuld der Hauptfigur am Tod des Oberförsters Brandis heraus. Indem er den Vertreter der Obrigkeit bewusst in die falsche Richtung schickt, lässt Mergel ihn seinem Mörder in die Arme laufen. Und vieles spricht dafür, dass dieser Mörder Mergels Onkel, das Verbrechen also in den engsten Familienkreis gebannt ist.*

Gegen Ende der Erzählung wird dieser Zusammenhang noch einmal akzentuiert: Brandis' Sohn findet den erhängten Friedrich Mergel im Geäst des titelgebenden Baums. Übrigens ist im Text Haxthausens immer nur von einem Baum die Rede, seine Ansprache als Buche, der „Mutter des Waldes", ist eine Erfindung von Droste-Hülshoff. Wie die Szene überhaupt zeigt, dass die Autorin sich auskennt im Wald. Der junge Forstmann hält den Gestank der 14 Tage alten Leiche zunächst für die strenge Duftnote eines Pilzes: Tatsächlich hat die Stinkmorchel (Phallus impudicus) *ein aasiges Bukett, ihr den Leichengeruch zuzuschreiben, ist also die sehr viel wahrscheinlichere Vermutung.*

Viele Germanisten haben sich an der Judenbuche *abgearbeitet. Der Waldhistoriker erlaubt sich über die Schlüssigkeit ihrer Deutungen kein Urteil. Er kann lediglich anmerken, dass die Novelle aus einer Konstellation entwickelt wird, die eher zu den Jahren um ihr Erscheinungsdatum (1842) passt als zur der Zeit, in die Annette von Droste-Hülshoff ihre Geschichte (zurück)versetzt hat.*

Vom Wald zum Forst – die Idee der Nachhaltigkeit

Man soll keine alten Kleider wegwerfen, bis man neue hat.

HANS CARL VON CARLOWITZ

Der Gedanke liegt ja keineswegs so fern, als dass ihn nicht auch ein Hüttenbesitzer fassen könnte, der viel Holz braucht und seinen Waldvorrat schwinden sieht. Schon 1661 heißt es in einem Schreiben aus der Reichenhaller Ratskanzlei ebenso kurz- wie weitsichtig: „Gott hat die Wäldt für den Salzquell erschaffen, auf dass sie ewig wie er kontinuieren mögen. Also solle der Mensch es halten: ehe der alte ausgehet, der junge bereits wieder zum Verhacken herwaxen ist.“ Und schließlich ließ ebenfalls der Hütten(mit)besitzer Peter Stromer im Nürnberger Reichswald Nadelhölzer säen, um einem künftigen Holzmangel vorzubeugen.

Aber den Begriff der Nachhaltigkeit hat doch Hans (Hannß) Carl von Carlowitz (1645–1714) eingeführt. Mit 32 Jahren war er Vizeberghauptmann des Königreichs Sachsen geworden, 1711 Oberberghauptmann, damit gehörte er zu den wichtigsten Staatsdienern Augusts des Starken. Nur folgerichtig war, dass er sein Amt von Freiberg aus versah, dem Verwaltungszentrum eines der bedeutendsten europäischen Montanreviere. Zur Leipziger Ostermesse 1713 erschien seine *Sylvicultura oeconomica,* die im Untertitel eine „naturmäßige Anleitung zur Wilden Baum-Zucht“ versprach. Carlowitz zog darin die Summe seiner Erfahrungen. Vermutlich wurde das Interesse für das Buchthema früh geweckt, immerhin war der Vater des Autors Oberforst- und Landjägermeister im (damaligen) Kurfürstentum Sachsen gewesen. Viel spricht dafür, dass Hans Carl schon auf seiner großen Kavalierstour (1665–1670) ein besonderes Auge auf die Baumbestände hatte, jedenfalls schreibt er:

Binnen wenig Jahren ist in Europa mehr Holtz abgetrieben worden, als in etzlichen seculis (Jahrhunderten, D. A.) erwachsen.

HANS CARL VON CARLOWITZ

Es gehört wenig Fantasie zu der Vorstellung, auf welcher Seite Carlowitz in die Holznotdebatte eingegriffen hätte, zumal er mit einem Anflug von Apokalyptik „die vortrefflichen Männer Lutherus und Philippus Melanchthon" prophezeien lässt, „dass vor dem Jüngsten Tage in der Welt und sonderlich in Teutschland große Mängel sich ereignen würden ... am wilden Holtze". „Deßwegen sollten wir unsere oeconomie also und dahin einrichten, dass wir keinen Mangel daran leiden, und wo es abgetrieben ist, dahin trachten, wie an dessen Stelle junges wieder nachwachsen möge." Sein Aufruf ist zwingend: „Wird derhalben die größte Kunst, Wissenschaft, Fleiß und Einrichtung hiesiger Lande darinnen beruhen, wie eine sothane Conservation (solche Erhaltung, D. A.) und Anbau des Holtzes anzustellen, dass es eine continuierliche, beständige und nachhaltende Nutzung gebe."

Carlowitz handelt die forstlichen Belange nicht nur nebenbei ab, allerdings spricht er meist vom Holz, das er als Basis der wirtschaftlichen Entwicklung versteht. Ganz folgerichtig stellt er Überlegungen zum Energiesparen an, empfiehlt Torf als Holzersatz und wettert gegen den barocken Bauwurm, „auch insgemein nicht so viel und unnöthige Gebäude [auf]führen, die allzu viel Holtz fressen können".

Von „nachhaltige(r) Wirtschaft mit unseren Wäldern" spricht erst – in seinen zweibändigen Grundsätzen der Forstökonomie (1757) – Wilhelm Gottfried Moser. Doch auch Moser ist „Kameralist": Kameralwissenschaften sind das Studium, das die höchsten Verwaltungsbeamten eines absoluten Fürsten erfolgreich durchlaufen müssen. Oberstes Lernziel dieser Wissenschaften: dem Landesherrn die höchstmöglichen Einkünfte zu sichern. Ihre Professoren geben den Studenten zu dieser Zeit oft dickleibige Bücher an die Hand. Der Mainzer Johann Friedrich von Pfeiffer wählt nicht die gängigen Zusammensetzungen mit -ökonomie oder -wirtschaft, sondern nennt sein Werk *Grundriss der Forstwissenschaft* (1781).

1781 veröffentlicht auch der enorm fleißige Johann Heinrich Jung-Stilling, damals Professor an der „Hohe(n) Kameral-Schule zu Lautern" (Kaiserslautern) seine zweibändige Handreichung, er titelt einstweilen noch bescheiden *Versuch eines Lehrbuchs der Forstwirtschaft*. Übrigens war Jung-Stilling mit dem Wald von Kindesbeinen an vertraut. Sein Großvater war Köhler gewesen, der Knabe hatte bei ihm viel von der „Schwarzen Kunst"

Mit GOtt!
SYLVICULTURA OECONOMICA,
Oder
Haußwirthliche Nachricht und Naturmäßige
Anweisung
Zur
Wilden Baum-Zucht,
Nebst
Gründlicher Darstellung/
Wie zu förderst durch Göttliches Benedeyen dem allenthalben und insgemein einreissenden
Grossen Holtz-Mangel/
Vermittelst Säe- Pflantz- und Versetzung vielerhand Bäume zu prospiciren/
auch also durch Anflug und Wiederwachs des so wohl guten und schleunig anwachsend, als andern gewüchsigen und nützlichen Holtzes, gantz öde und abgetriebene Holtz-Ländereyen, Plätze und Orte widerum Holtzreich, nütz und brauchbar zu machen; Bevorab von Saam-Bäumen und wie der wilde Baum-Saamen zu sammlen, der Grund und Boden zum Säen zuzurichten, solche Saat zu bewerckstelligen, auch der junge Anflug und Wiederwachs zubeobachten. Daneben das sogenannte lebendige, oder Schlag-an Ober- und Unter-Holtz auffzubringen und zu vermehren, welchen beygefügt die Arten des Tangel- und Laub-Holtzes, theils deren Eigenschafften und was besagtes Holtz für Saamen trage, auch wie man mit frembden Baum-Gewächsen sich zu verhalten, ferner wie das Holtz zu fällen, zu verkohlen, zu äschern und sonst zu nutzen.
Alles zu nothdürfftiger Versorgung des Hauß- Bau- Brau- Berg- und Schmeltz-Wesens/
und wie eine immerwährende Holtz-Nutzung Land und Leuten/ auch jedem Hauß-Wirthe zu unschätzbaren großen Auffnehmen/ pfleglich und füglich zu erziehlen und einzuführen.
Worbey zugleich eine gründliche Nachricht von den in Churfl. Sächß. Landen
Gefundenen Turff
Dessen Natürliche Beschaffenheit/ grossen Nutzen/ Gebrauch und nützlichen Verkohlung.
Aus Liebe zu Beförderung des algemeinen Bestens beschrieben
Von
Hannß Carl von Carlowitz/
Königl. Pohl. und Churfl. Sächß. Cammer-Rath/ und Ober-Berg-Hauptmann.
Mit Königl. Pohl. und Chufürstl. Sächß. allergnädigsten PRIVILEGIO.
LEIPZIG/
verlegts Johann Friedrich Braun 1713.

Vater der Nachhaltigkeit: Der sächsische Oberberghauptmann Hans Carl von Carlowitz (1645–1714) nach einem zeitgenössischen Porträt (links). Oben das Titelblatt seiner *Sylvicultura oeconomica*. So gefährlich-artistisch wie auf Seite 254 präsentierte die populäre Zeitschrift *Gartenlaube* ihren Lesern Forstarbeiter in der Partnachklamm (Kolorierte Xylografie, um 1873).

abgeschaut. Und hatte schon Wilhelm Gottfried Moser darauf hingewiesen, dass zu viel Wild „den Waldungen nachteilig ist", formuliert Jung-Stilling sehr viel schärfer: „Die erste Hünderniß einer guten Forstwirthschaft ist die übermäßige Hegung des Wildes."

Forstwirtschaft und Forstwissenschaft

Es würde keine Ärzte geben, wenn es keine Krankheiten gäbe und keine Forstwissenschaft ohne Holzmangel. Diese Wissenschaft ist nun ein Kind des Mangels, und diese folglich sein gewöhnlicher Begleiter.

JOHANN HEINRICH COTTA

Die wissenschaftliche Betrachtung des Waldes hatte sich bei den Kameralisten angebahnt, zur Wissenschaft gedieh sie um 1800. Aber dann sollte es nur rund drei Jahrzehnte dauern, bis die Forstwirtschaft und die Forstwissenschaft die ganze imposante Spannweite ihrer Disziplin entwickelt hatte. Sie wuchs aus vielen Wurzeln, und verdankte von vornherein ihre Fragestellungen wie Erkenntnisse immer auch denen, die im Wald tätig waren. Dieser Bezug auf den Gegenstand hat wechselseitige Empfindlichkeiten zwischen Theoretikern und Praktikern nicht verhindert, zumal die Forstleute lange unter dem schlechten, dem Jäger-Image litten. Der Weimaraner Gottlob König gehörte zu den Pionieren seines Fachs und weiß von der Korrektur eines Vorurteils zu berichten.

G.S. 66

Einst habe Friedrich Schiller, kein forstlicher, aber doch ein Klassiker, einem Forstbeamten über die Schulter geblickt, der den arg geschundenen Ilmenauer Wald auf dem Reißbrett neu entwickelte. Dessen Planungen reichten dabei bis ins Jahr 2050, für den erlauchten Poeten ein Aha-Erlebnis:

> *Bei Gott, ich hielt Euch Jäger für sehr gemeine Menschen, deren Taten sich über das Töten des Wildes nicht erheben. Aber ihr seid groß: Ihr wirket unbekannt, unbelohnt, frei von des Egoismus Tyrannei und Eures stillen Fleißes Früchte reifen der späteren Nachwelt noch. Held und Dichter erringen eitlen Ruhm. Fürwahr, ich möchte ein Jäger sein.*
>
> FRIEDRICH SCHILLER

Immer gesetzt den Fall, Gottlob König hat die Dichterworte halbwegs getreu in der Erinnerung bewahrt, dann erlaubt seine Wiedergabe den Schluss, dass Schiller ungefähr so gesprochen wie geschrieben haben muss.

König ist Autor eines seinerzeit berühmten Buchs über Forstmathematik (1835), das auch nach seinem Tod noch viele Auflagen erlebte. Er gehört damit in die erste Reihe der sogenannten forstlichen Klassiker. Unter dem Horizont der Aufklärung wollten sie auch ihr Fach auf die Basis von Zahlengrößen und Naturgesetzen gründen. Zweifellos standen die Zeichen günstig. Gerade angesichts derangierter Wälder lockte das Versprechen, unter Einsatz von Fachwissen und Fachleuten ließe sich mit Holz ein gutes Stück Geld verdienen, wohlgemerkt ohne seinen Vorrat zu erschöpfen.

Bisher hatte das Brennholz im Brennpunkt des ökonomischen Interesses gestanden, jetzt war es das Nutzholz. Zumindest zeichnete sich ab, dass Stein- und Braunkohle an die Stelle des bewährten Energieträgers treten würden, dass also der Wald vorrangig höherwertige und damit besser bezahlte Qualitäten liefern könne. Wenig später führte der Einsatz von Kunstdünger zu einem Produktivitätssprung in der Landwirtschaft; vom Wald wich der Druck einer agrarischen Nutzung. Geraume Zeit blieb die Forstwissenschaft allerdings das Stiefkind der universitären Ausbildung, von Wilhelm Pfeil, immerhin Direktor der preußischen Höheren Forstlehranstalt Eberswalde, wird berichtet, dass er mit eigener Hand die Unterrichtsräume beheizen musste. Und bei der heutigen Spezialisierung dieser Disziplin lässt sich nur staunen, in wie vielen Sätteln die Gründerväter gerecht sein mussten.

Zunächst stand die – etablierte – Mathematik im Vordergrund der Lehre, die deutlich jüngeren Naturwissenschaften, allen voran die Botanik, fanden verzögert Eingang ins Fach. Dabei ist die Forstwissenschaft, ungeachtet der Waldliebe, ungeachtet des Konservatismus mancher ihrer Vertreter, ein Kind der Aufklärung. Ins Auge fällt, dass die Anfänge ihrer Erfolgsgeschichte mit der romantischen Waldschwärmerei zusammenfallen. Deshalb wird vom Waldbild der Forstwissenschaft auch im nächsten Kapitel die Rede sein.

„Denn im Wald, da sind die Räuber", zumindest als Manuskript. Auf dem Holzstich rechts aus dem Jahr 1859 liest Friedrich Schiller seinen Freunden im Bopserwald bei Stuttgart aus den *Räubern* vor. Links „Holzknechtleben in den deutschen Alpen", eine kolorierte Xylografie aus der *Gartenlaube* (um 1880).

Georg Ludwig Hartig (1764–1837), ein „forstlicher Klassiker“.

Auch Johann Heinrich Cotta spricht vom Holz- und nicht vom Waldmangel. Die sicherste Rechtfertigung der Disziplin liegt im drohenden Verschwinden ihres Gegenstands. Ihre ganz eigene Herausforderung liegt in dessen Langlebigkeit. Sie reichte weit über die Lebensarbeitszeit eines Försters hinaus, es ging immer darum, der prinzipiell unsicheren Zukunft so viel Sicherheit wie möglich abzugewinnen. Der gute Verkauf von hochwertigem Holz muss umfassend vorausgeplant, das gegenwärtige Handeln handfest begründet werden.

Die Begründer der Forstwissenschaft haben sich redlich bemüht, der Eigenart des Waldes ebenso wie den Ertragserwartungen gerecht zu werden. Es liegt in der Natur der Sache, dass sie nicht immer widerspruchsfrei geurteilt haben. Deshalb konnten sie später als Kronzeuge sowohl für die eine als auch für die gegensätzliche Position bemüht werden. Sie mussten ihr Fach nach zwei Seiten hin verteidigen: sowohl gegen die Verachtung der sturen Praktiker als auch gegen die Herablassung der reinen Theoretiker. Nicht selten haben sie der Wald-Erfahrung einen höheren Rang eingeräumt als dem Buchwissen, die sorgfältige Beobachtung der örtlichen Verhältnisse für wichtiger gehalten als die schematische Anwendung von Leitsätzen. Mit den Worten Wilhelm Pfeils: „Der Forstmann ... darf nie vergessen, dass es keine Regel gibt, die überall richtig ist, und dass Ausnahmen eintreten können, wo gerade das, was man im Allgemeinen als Fehler ansieht, sich vollständig rechtfertigt.“

Die forstlichen Klassiker

Die „forstlichen Klassiker“ haben nicht nur das akademische Fach begründet, sondern auch den großen Ruf, den die deutsche Forstwirtschaft und Forstwissenschaft weit über die Reichsgrenzen hinaus hatte. Von diesen Männern der ersten Stunde soll hier das Triumvirat der prägnantesten Köpfe vorgestellt werden: Johann Heinrich Cotta (1763–1844), Georg Ludwig Hartig (1764–1837) und der allerdings deutlich jüngere Wilhelm Pfeil (1783–1859).

Unter ihnen war Hartig der strengste Pädagoge. Dass er aus einer Forstmeisterfamilie stammte, führen seine Biografen noch wie selbstverständlich an, nicht aber, dass er zwei Jahre an der Universität Gießen Kameralistik hörte. Wie schon angedeutet, galt es unter seinesgleichen oft als nahezu sittenwidrig, sich über das gediegene praktische Waldbauwissen hinaus auch theoretisches Rüstzeug anzueignen. Schon in den Anfangsjahren seiner Tätigkeit gründete Hartig eine „Forstliche Meisterschule“, die er als private Lehranstalt bis in seine Stuttgarter Zeit (1807–1811) fortführte. Nachdem 1795 seine *Anweisung zur Taxation der Forsten* den Beifall der Fachwelt gefunden hatte, erschien 1808 erstmals sein *Lehrbuch für Förster.* Dessen Herzstück waren die berühmten acht „General-Regeln“. Diese knappste aller Handreichungen fand außerordentlich weite Verbreitung. Zu einer Zeit, da eine Neuorganisation und -orientierung des gesamten Forstwesens anstand, versprachen sie schlichte Zweckmäßigkeit, die der allgemeinen Verunsicherung entgegentrat. Nach Berlin kam Hartig 1811, und im nachnapoleonischen, stark erweiterten Preußen wartete auf ihn eine Herkulesaufgabe. Als

Leiter der Staatsforstverwaltung musste er die Waldungen des Königreichs wieder ertüchtigen. Er war monatelang unterwegs, taxierte den Zustand der Baumbestände, verfügte die waldbaulichen Maßnahmen. Dabei dachte er über den Tag hinaus: „Jede weise Forstdirektion muss die Waldungen … zwar so hoch als möglich, aber doch so zu benutzen suchen, dass die Nachkommenschaft wenigstens ebenso viel Vorteil daraus ziehen kann, als sich die jetzt lebende Generation zueignet." Aufs Holz bezogen hieß das: „Aus den Waldungen des Staates soll jährlich nicht mehr und nicht weniger Holz genommen werden, als bei guter Bewirtschaftung mit immerwährender Nachhaltigkeit daraus zu beziehen möglich ist."

Nachhaltig hat sich Hartig auch um die Bildung der Waldverantwortlichen bemüht. Sie hatten bei seinen Visitationen oft niederschmetternd geringen Sachverstand gezeigt. Und auch diesem Missstand wollte er in eigener Person abhelfen: An der Berliner Universität hielt der Oberlandforstmeister Vorlesungen, die er auch nicht einstellte, als Preußen die erst kurz zuvor eingerichtete Forstlehranstalt nach Neustadt-Eberswalde verlegte. Seine Neuerungen hat Hartig gegen viele Widerstände durchgekämpft. Allerdings gingen bei ihm Tatkraft und Beharrlichkeit mit einem gewissen Starrsinn einher. Und schon zu seinen Lebzeiten stießen seine allzu schematischen Anweisungen auf den Widerspruch der Fachkollegen – besonders muss ihn verbittert haben, dass sich sein Schützling Pfeil später gegen ihn wandte.

Vielleicht noch einflussreicher, jedenfalls für künftige Förstergenerationen ist Johann Heinrich Cotta gewesen. Neben Gottlob König steht er für den selten gewürdigten Beitrag der Weimarer Klassik zum deutschen Wald. Ins Jahr von Goethes Ankunft in Weimar, dem Jahr der Regierungsübergabe Herzogin Anna Amalias an ihren Sohn Karl August, fällt die Veröffentli-

„Die Holzsäger" von Jean-François Millet (1814–1875), ein Protagonist der realistischen Malerei Frankreichs.

Timberjack

chung der vorbildlichen *Fürstl. Sächsischen Forst- und Wald- auch Jagd- und Weidwerksordnung* (1775). Cotta begann seine Laufbahn als Herzoglich Weimarischer Förster, seine Forstschule gründete er in Zillbach (Sachsen-Eisenach, seit 1741 mit Sachsen-Weimar vereint). Doch hätte er im kleinen Herzogtum nie so reüssieren können wie im Königreich Sachsen, wohin er 1811 als Forstrat und Direktor der Sächsischen Forstvermessungsanstalt berufen wurde. Übrigens war er in dieser herausgehobenen Stellung der einzige Bürgerliche unter lauter Blaublütigen. Cotta zog nach Tharandt. Seine Forstschule führte er hier als Forstlehranstalt weiter, 1816 wurde sie zur Akademie aufgewertet. Bis zu seinem Tod sollte er dort als Lehrer tätig sein, und wenn der Ruhm der jungen Disziplin an einer Hochschule festgemacht werden kann, dann war es die Tharandter. Seine Hörer kamen nicht nur aus zahlreichen deutschen Ländern, sondern auch aus Österreich, Spanien und Russland.

Die Wälder bilden sich und bestehen also da am besten, wo es gar keine Menschen und folglich auch keine Forstwissenschaft gibt. JOHANN HEINRICH COTTA

Für einen, der dem eigenen Berufsbild erst zu gesellschaftlicher Anerkennung verhelfen, der die Unvermeidlichkeit seines keineswegs unumstrittenen Fachs unter Beweis stellen muss, ist das ein origineller Ansatz. Im Unterschied zu Hartig neigte Cotta denn auch nicht zum Schematismus. Er setzte für den Waldbau gemischte Bestände voraus, er empfahl, die standörtlichen Gegebenheiten zu beachten. 1819 veröffentlichte er eine Schrift, deren Titel für einen Tabubruch stand: *Die Verbindung des Feldbaus mit dem Waldbau.* Eben erst mühsam aus dem Wald gedrängt, sollte jetzt eine landwirtschaftliche Nutzung wieder möglich werden. Heftige Angriffe folgten. Die Kritiker wollten nicht wahrhaben, dass Cotta hier die Erfahrungen der Hungerjahre 1816/17 aufarbeitete.

Johann Heinrich Cotta (1763–1844), wohl der bekannteste unter den Begründern der deutschen Forstwissenschaft. Oben links eine Holzernte mit Rückepferd, unten eine computergesteuerte, mobile Holzerntemaschine jüngeren Datums.

Als akademischer Lehrer hat schließlich auch Wilhelm Pfeil großen Einfluss auf seine Wissenschaft und künftige Förstergenerationen genommen. Zwanzig Jahre jünger als Hartig und Cotta, konnte er schon eine erste Summe aus den Positionen seiner Fachkollegen ziehen und die innerdisziplinäre Diskussion vorantreiben. Er hat diese Möglichkeit in hohem Maß genutzt. Eigentlich sollte Pfeil wie sein Vater Jurist werden. Doch der frühe Tod des Familienoberhaupts zwang ihn zum Broterwerb, der Sohn ging bei einem Förster in die Lehre. Danach trat er nicht in den preußischen Staatsdienst, sondern arbeitete bei großen Privatwaldbesitzern. Es traf sich glücklich, dass er hier viele Freiheiten hatte (noch heute sind viele Privatwaldbesitzer besser als ihr Ruf). Die theoretischen Grundlagen seines Tuns musste sich Pfeil allerdings selbst erarbeiten. Innerhalb weniger Jahre war er auf dem Stand seiner Wissenschaft. Wie wenig es ihm an Selbstbewusstsein fehlte, zeigt schon der Titel eines Buchs aus dem Jahr 1816: *Über die Ursachen des schlechten Zustandes der Forsten und die allein möglichen Mittel, ihn zu verbessern. Eine freimütige Untersuchung.*

1821 hatte Pfeil als Autor forstwissenschaftlicher Veröffentlichungen ein solches Profil gewonnen, dass er, der nie einen Hörsaal von innen gesehen hatte, zum Direktor der Preußischen Forstakademie berufen wurde. Er veröffentlichte eine regelrechte Flut an Publikationen, allein in seinen *Kritischen Blättern für Forst- und Jagdwissenschaft* erschienen über 700 eigene Abhandlungen, davon 600 Rezensionen.

Und Pfeil nahm kein Blatt vor den Mund, bald war seine spitze Feder gefürchtet. So lyrisch er sich über die Liebe zum Wald äußern konnte, so derb zauste er seiner Ansicht nach verfehlte Positionen. War es vielleicht die Rache der Geschmähten, dass ausgerechnet einer der großen Nadelwaldverderber, ein Borkenkäfer, seinen Namen erhielt: *Botrichus Pfeilii?*

Einerseits bestand Pfeil darauf, wissenschaftliche Standards einzuhalten, andererseits stellte er das „Beobachten der Natur“ über alles „Spekulieren“:

Fragt die Bäume wie sie erzogen sein wollen;
sie werden euch besser darüber belehren,
als die Bücher es tun. WILHELM PFEIL

Viel hat er zur Kenntnis der Wald-Kiefer beigetragen, die im Brandenburgischen Hauptbaumart war. Immer hat er sich gegen Reinbestände ausgesprochen, vor allem aber unterstrich er, darin noch entschiedener als Cotta und im entschiedenen Gegensatz zu Hartig, „das eiserne Gesetz des Örtlichen“. Wie sich Baumbestände entwickeln, hinge ganz entscheidend von den Standortverhältnissen ab. Seinen Lesern und Studenten schärfte er ein, allen Patentrezepten zu misstrauen. Zur erfolgreichen Arbeit im Wald brauche es mehr als allgemeine Direktiven, deshalb müsse ein Förster befähigt werden, selbstständig zu entscheiden.

1830 siedelte die Berliner Forstakademie als Höhere Forstlehranstalt nach Eberswalde über, Pfeil blieb ihr Leiter. Er legte hier den – später erweiterten – Forstbotanischen Garten an, eine Versuchsfläche, um die Bedingungen für das Gedeihen der Baumarten zu erforschen. Auch darin war dieser Forstwissenschaftler seiner Zeit voraus: Er ließ Experimente zu. Den Wald selbst allerdings wollte er davon freihalten: „Ein Forstmann … ist seiner ganzen Natur nach konservativ … immer gründet er seine Maßregeln auf dasjenige, was ihm aus der Vergangenheit überliefert worden ist, er misstraut den neuen Theorien und glaubt mehr an die alten Erfahrungen.“ Auch sonst verstand sich Pfeil als Konservativer. Allerdings war er ein rebellischer, der oft quer zu den Ansichten des politischen Konservatismus stand. Selbst die Einlassungen zum Waldbau sind nicht widerspruchsfrei. Wilhelm Pfeil liefert Zitate, mit denen er ebenso als Wegbereiter einer ökologisch verstandenen Nachhaltigkeit gepriesen wie als Befürworter von Nadelbaummonokulturen gegeißelt werden kann.

Wilhelm Pfeil (1783–1859), der „forstliche Klassiker“ mit den meisten Veröffentlichungen. Auf der gegenüberliegenden Seite oben bereiten sich die Gehölze in einer Forstbaumschule nördlich von Hamburg im Kreis Pinneberg auf die Praxis im Wald vor, unten ein durchforsteter Fichtenbestand im Bayerischen Wald.

3

Folgen fürs Waldbild? Die Bodenreinertragslehre

Während die forstlichen Klassiker noch die ganze Breite ihres Fachs erkundeten, differenzierte die nachfolgende Generation den Kanon aus, ihre Angehörigen spezialisierten sich. Aber bei allen Unterschieden im Einzelnen hatte schon die Begründer der Forstwissenschaft und Forstwirtschaft ein großes Versprechen geeint: das der Planbarkeit. Diese schloss ein, dass die zukünftige Holzernte rationell geschehen musste. Nicht zufällig kommt früh der Begriff Waldbau auf. Hinter dieser Analogie zu Ackerbau steht die Vorstellung, den Wald wie das Feld zu bestellen, also säen (oder pflanzen), wachsen lassen und pflegen, dann – auf einen Schlag – ernten. Dies führt folgerichtig zum Altersklassenwald, dem der Neckzettel Holzacker nicht ganz zu Unrecht anhängt. Was die Ernte betrifft, muss der Forstmann bekanntlich länger warten als der Landmann, aber zum Versprechen der Planbarkeit gehört auch, dass die Zukunft als zukünftige Holzernte nicht allzu fern liegen darf.

Es traf sich, dass die herrschende ökonomische Lehre das ebenso sah: Die zweite Hälfte des 19. Jahrhunderts stand im Zeichen des Wirtschaftsliberalismus. Am entschiedensten stellt die Bodenreinertragslehre auf die Gewinnerwartungen an den Wald ab. Sie wurde nirgendwo anders als in Tharandt entwickelt.

Die Forstleute verdanken Max Preßler (1815–1886) den höchst nützlichen Zuwachsbohrer, sonst wirkte er als „Professor des land- und forstwirtschaftlichen Ingenieurwesens und der

Links Waldarbeiter um 1910, rechts die Wanderkarte „Tharandt und Umgebung“ (ca. 1930) mit dem Tharandter Wald, an dem Johann Heinrich Cotta seine Auffassung von nachhaltiger Waldwirtschaft umsetzte. Südlich der Stadt liegt der Forstbotanische Garten, südlich davon Cottas Grab.

Mathematik“ an der dortigen Akademie. 1858 erschien die erste Auflage seines Buchs Der rationelle Waldwirt und sein Waldbau des höchsten Ertrags. Mit dem Ertrag war natürlich der Holzertrag gemeint. Als Basis galt die „maximale Verzinsung des Bodenkapitals“. Daraus folgte nicht nur das Primat des Altersklassenwalds, sondern auch das Gebot einförmiger Bestände und ihrer Ernte im Kahlschlag.

Der alte Pfeil reagierte beim Erscheinen des Buchs alarmiert. Er sah das Prinzip der Nachhaltigkeit gefährdet, falls diese Theorie die forstliche Praxis bestimmen sollte. Aber selbst der Einspruch dieser Autorität hat ihren Siegeszug nicht aufhalten können. Ihre Vertreter gelangten auf die forstlichen Lehrstühle, ab 1867 wurde sie für die Bewirtschaftung der sächsischen Wälder verbindlich.

Die Bodenreinertragslehre errechnete die höchsten Überschüsse für die kürzesten Umtriebszeiten. Das sprach entschieden für das Nadelholz. Die Buche hingegen galt als „fressendes Kapital“. Max Endres, ein späterer Vertreter dieser Lehre, bezeichnete sie rundweg als „verlorene Holzart“. Für ihre natürlichen Standorte wurde der Anbau von Fichten empfohlen, für die Standorte der Eiche die Pflanzung von Kiefern. Allerdings wurde die Bodenreinertragslehre außerhalb Sachsens nie Staatswalddoktrin, auch wurde mit der Waldreinertragslehre eine Gegentheorie entwickelt, die auf lange Umtriebszeiten und hohe Holzvorräte setzte. Noch heute wird die Bodenreinertragslehre für die „Verfichtung“ der Landschaften verantwortlich gemacht.

Tharandt und Umgebung.

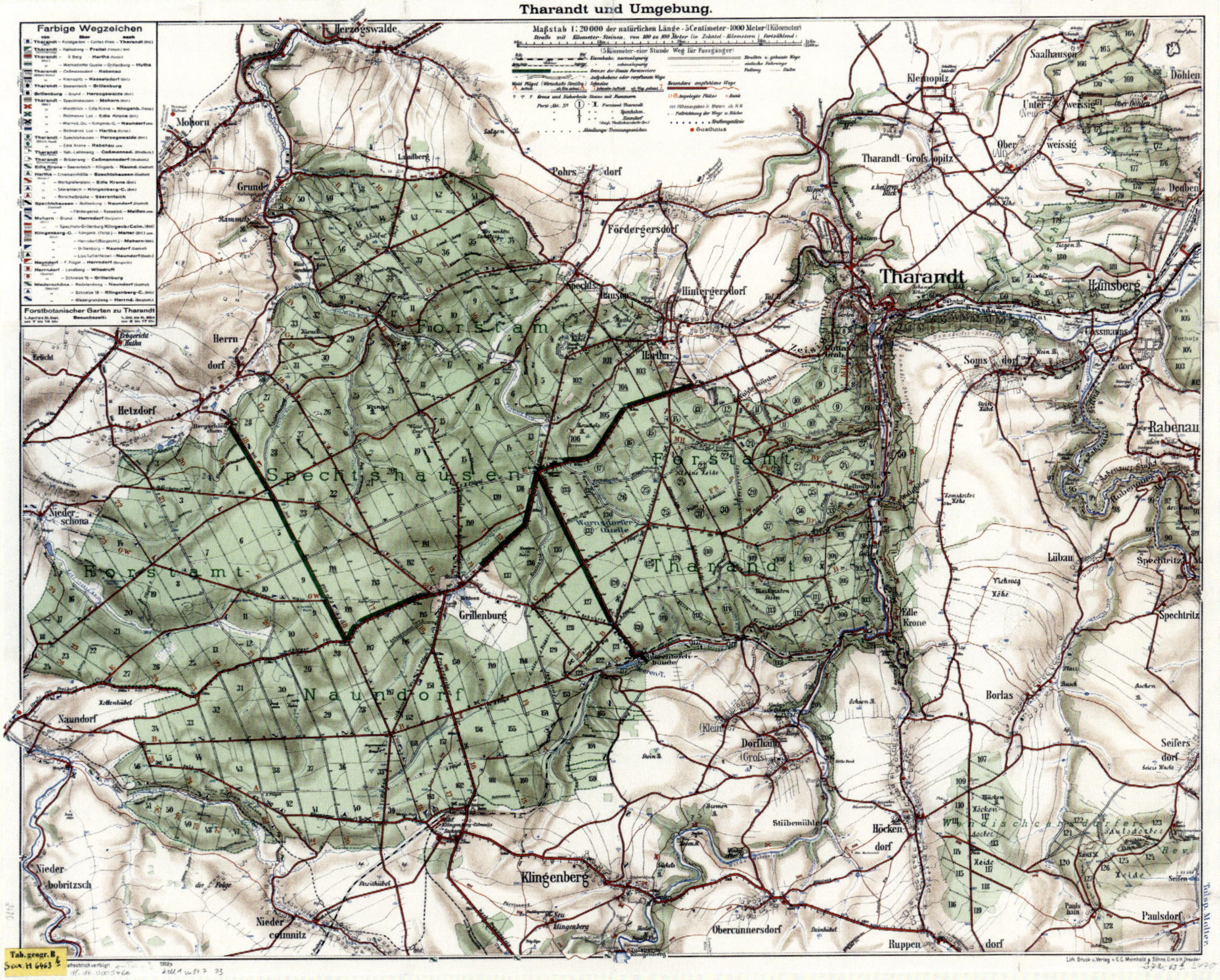

Brot- und Preußenbaum – die Fichte

In den letzten Jahrzehnten ist die Fichte zum Feindbild des naturnahen Waldbaus geworden, umso besser, dass dieses Buch ihre Rolle in den natürlichen Waldgesellschaften schon gewürdigt hat. Nun können Sprüche wie „Willst du deinen Wald vernichten, pflanze Fichten, nichts als Fichten" (Volksmund, Verfasser unbekannt) beim Blick in die Düsternis eines Fichtenforsts durchaus ihre Bestätigung finden, aber darum soll es zunächst einmal nicht gehen.

Viel interessanter ist die Frage, welche Umstände den Siegeszug der Fichte ermöglicht haben, warum der Baum im 19. Jahrhundert zum Favoriten der produktionsorientierten Forstleute wurde. Der Bodenreinertragslehre allein kann ihre zügige Verbreitung kaum zur Last gelegt werden. Waldbau hängt immer auch an den waldbaulichen Praktikern, die sich mit den realen Gegebenheiten auseinanderzusetzen haben.

Noch heute findet sich in den linksrheinischen Mittelgebirgswäldern hier und da eine Fichte, die schon unter Napoleon gepflanzt wurde. Mancherorts blieb der Name „Preußenbaum" lebendig, eben weil er hier nach 1815 angepflanzt wurde, als viele Landstriche des westlichen Deutschlands „preußisch" wurden. Und manche Geschichte erzählt vom Unwillen der einheimischen Bevölkerung, das Nadelholz anzubauen. Beispielsweise sollen Landleute die ihnen zugeteilten Samenkontingente in den Backofen gesteckt und so deren Keimfähigkeit zunichtegemacht haben. Nur lehrt der Augenschein, dass solch subversiver Ungehorsam jedenfalls auf Dauer nichts genützt hat. Noch immer beherrscht die Fichte vielerorts das Waldbild, beherrscht es in einem Ausmaß und mit so roher Gewalt, dass empfindlicheren Betrachtern der Atem stockt. Für solche Präsenz muss es mehr als einen Grund geben.

Weihevolle Stimmung auf dem Nadelwald-Foto (oben), nüchternes Gewerbetreiben zu Industrialisierungszeiten auf dem Gemälde von Heinrich Georg Michaelis, „Flussholzhandlung und Sägewerk C. C. Brandt in Riesa an der Elbe" (1851). Auf der nächsten Doppelseite die Folgen eines Orkantiefs: Kyrill legte am 18./19. Januar 2007 auch diesen Fichtenbestand bei Wilnsdorf (Kreis Siegen-Wittgenstein) nieder.

Der wichtigste ist ihr rasches Wachstum: Es braucht keinen virtuosen Umgang mit mathematischen Formeln, um auszurechnen, dass eine kurze Umtriebszeit höhere Erträge verspricht – Fichten können nach sechzig, siebzig Jahren geerntet werden. Entschieden für den Baum sprach auch seine relative Anspruchslosigkeit. Sogar auf schlechteren Standorten brachte er vergleichsweise hohe Zuwächse. Im Großen und Ganzen kam die Fichte auf den Kahlschlagflächen am besten vorwärts, ebenfalls an Standorten, die vorausgegangene Waldbausünden stark in Mitleidenschaft gezogen hatten. Und zumindest die forstwirtschaftsnahen Quellen wissen des Öfteren zu berichten, wie kläglich Pflanzversuche mit Laubbäumen scheiterten. Demnach sprachen für die Fichte einfach die höheren Anwuchserfolge, wohl auch die höhere Verfügbarkeit von Saatgut und Pflanzen. Hinzu kommt, dass ihre jungen Bäume deutlich seltener verbissen werden, und nicht zuletzt empfahl sie sich im weiteren Verlauf ihres Wachstums durch Pflegeleichtigkeit.

Die Industrialisierung führte zu einer wachsenden Nachfrage nach Fichtenholz, hier gab das günstige Verhältnis von Gewicht (relativ gering) und statischer Belastbarkeit (relativ hoch) den Ausschlag. Niemand wird exakt beziffern können, wie viel Festmeter Fichte die Kohlebergwerke des Ruhrgebiets aufgenommen haben, aber das Bild vom unterirdischen Wald trifft sicher auch in dieser Hinsicht zu. Dagegen gerieten die Laubbäume ins Hintertreffen. Bald hatte das Buchenholz als Energieträger ausgedient, die Eichen-Niederwälder

litten mittelbar unter den Fortschritten der chemischen Industrie: Synthetische Substanzen ersetzten jetzt die Gerbstoffe der Eichenrinde, der die Bewirtschafter von Niederwäldern zuvor oft die höchsten Erlöse verdankt hatten.

Unterm Strich sah ein ökonomisch denkender Waldbesitzer kaum eine andere Möglichkeit, als die Fichte anzubauen. Das Etikett „Brotbaum“ zieht selbst heute: Viele Privatwaldbesitzer pflanzen auch nach dem Orkan Kyrill (2007) wieder Fichte. Umso weniger erstaunt, dass Fichtenforste in der Vergangenheit sozusagen auf Teufel komm raus begründet wurden. Dabei setzte der exzessive Anbau oft erst um 1900 ein, einen Aufschwung nahm er noch einmal nach dem Zweiten Weltkrieg.

Die Nachteile der Monokulturen zeigten sich erst später. Abgesehen davon, dass der Nadelbaum auch dort angepflanzt wurde, wo er absolut nicht fortkommen konnte, sucht ihn häufig die Rotfäule heim. Wenn sie von einem Pilz namens Wurzelschwamm hervorgerufen wird, kann sie das Stammholz bis in zwölf Meter Höhe zerstören. Und sie zerstört es von innen, sodass erst die Motorsäge über das ganze Ausmaß der Schäden aufklärt.

Prominentester Fichtenfeind ist der Borkenkäfer. Diese Einzahl fördert zwar die Dämonisierung, wird aber dem zoologischen Tatbestand nicht gerecht. Die Borkenkäfer, eine Unterfamilie der Rüsselkäfer, sind allein in Europa mit 154 Arten vertreten. Und auch sie tragen ihren Teil bei, den Stoffkreislauf des Waldes in Gang zu halten. Den lebenden Fichten wirklich gefährlich aber werden zwei Spezies, die ihre Namen dem grafischen Gewerbe verdanken: der fünf Millimeter große Buchdrucker *(Ips typographus)* und der halb so große Kupferstecher *(Pityogenes chalcographus)*.

Die beiden Insekten sitzen denen im Nacken, die nach einer Sturmkatastrophe entwurzelte Bestände aufarbeiten müssen. Das flach ausstreichende Wurzelwerk der Fichte setzt dem Winddruck weniger Widerstand entgegen. Falls dann noch ein zeitlich und mengenmäßig ergiebiger Regen vorausgegangen, der Boden also durchweicht ist, verliert die Fichte zusätzlich an Standfes-

Reizvolle Grafik: Die Fraßgänge des Buchdruckers, rechts die Kinderstuben. Der Buchdrucker ist die Borkenkäferart, die in den Nadelbaumbeständen hierzulande den größten Schaden anrichtet.

tigkeit. Und da die letzten Orkane im Winter tobten, hatte die immergrüne Konifere besonders schlechte Karten: Sie bot eine größere Angriffsfläche als die kahlen Laubbäume. Das führt mit einer gewissen Zwangsläufigkeit zu der Frage, ob die Fichte nicht einfach in (noch) jüngeren Jahren geerntet werden könne: Weniger hoch aufgeschossen, wäre auch die Hebelwirkung beim einzelnen Baum nicht so gewaltig.

Und wenn selbst die Katastrophen nicht von ihrem Anbau abhalten, muss das Argument geradezu spitzfindig erscheinen, die – ohnehin schwer zersetzbare – Nadelstreu sorge für die Versauerung der Böden. Erstaunlich oft bleibt die Fichte auch weiterhin der Baum der Wahl. Was bei ihr den Ausschlag gibt, hat ein zeitgenössischer Waldbauer aus dem Sauerland unübertrefflich prägnant ausgedrückt: „Die Fichte, die kann man in den Boden hacken und fertig."

So ernten die Gegner des Fichtenanbaus oft nur ein Achselzucken, wenn sie das Nadelgehölz als Hauptgeschädigten des Klimawandels darstellen. Ökologen sollten im Auge behalten, dass sein Siegeszug nicht von ungefähr kommt, dass sich die Fichte vielfach bewährt hat. Und es ist zumindest taktisch ungeschickt, den Baum, womöglich mit triumphaler Geste, als erstes Opfer des Klimawandels herauszustellen. In den vielen Einzelfällen bleibt nur, immer wieder die ganze Breite der Gründe zu bemühen, die gegen Fichtenmonokulturen sprechen.

Gemischt und dauerhaft – Vorkämpfer für den naturnahen Waldbau

> *Noch lebt die seit Jahrhunderten mit dem deutschen Gemüte so innig verwachsene Liebe zum Walde; sie wird wohl nie verloren gehen, so lange wir denselben nicht seines natürlichen Zaubers und seiner Mannigfaltigkeit entkleiden.*
>
> KARL GAYER

Es gehört zu den Eigenarten der Forstgeschichte, dass sich die Epochen langsamer umschlagen. Das gilt wohlgemerkt nicht für jedes ihrer Elemente, und für den Einsatz der Technik im Wald schon gar nicht, aber es gilt für die Waldbilder. Mit den Bemerkungen zur Fichte sind wir in der Gegenwart angekommen. Noch zügiger führt allerdings das Stichwort naturnaher Waldbau auf die Höhe der Zeitgenossenschaft. Seine Präsenz jedenfalls in den Verlautbarungen gibt Gelegenheit, an jene zu erinnern, die ähnliche Ideen schon früher vertreten haben.

Sicher ließen sich einschlägige Zitate der forstlichen Klassiker anführen, etwa von Gottlob König, dem die Ästhetik des Waldes ebenso wichtig war wie dessen Rentabilität. Doch fällt ins Auge, dass es etliche Jahrzehnte dauern sollte, bis sich Vertreter des naturnahen Waldbaus Gehör verschaffen konnten. Der erste ist Karl Gayer (1822–1907). Als Forstgehilfe und „einfacher" Förster begann er, auf den Lehrstuhl für forstliche Produktionslehre an der Münchener Ludwig-Maximilians-Universität wurde er berufen, nachdem ihm ein Ehrendoktor der staatswissenschaftlichen Fakultät den Weg auch zu den höchsten akademischen Weihen geebnet hatte. Am bekanntesten wurden seine Schriften *Der Waldbau* (1880) und *Der gemischte Wald* (1886). Schon das „gemischte" musste den Anhängern der herrschenden Bodenreinertragslehre sauer aufstoßen, konnte es doch ihrer Meinung nach rentable Wälder nur als uniforme Altersklassenforste geben. Aus seiner Grundüberzeugung „Die Schablone ist nirgends mehr vom Übel als hier", will sagen im Wald, hat er als *Waldbauliches Bekenntnis* (1891) sechs bündige Forderungen abgeleitet. Selbst hier formuliert Gayer behutsam, spricht nur von „Beschränkung der reinen Nadelholzbestände", nur von „möglichste(r) Herbeiführung jener Verhältnisse, unter denen Naturverjüngung erfolgen kann". Solche Vorsicht lässt ahnen, wie dominant die Ertragsmaximalisten auftraten.

Ebenfalls in die Zukunft voraus weist der Eberswalder Professor Alfred Möller (1860–1922). Fast vierzig Jahre jünger als Gayer, spricht er nicht mehr vom gemischten, sondern vom „Dauerwald". Damit trifft er die wesentliche Unterscheidung zwischen Acker- und Waldbau, aus ihr folgt eine scharfe Kehre gegen die Kahlschlagpraxis. Möllers Buch *Der Dauerwaldgedanke. Sein Sinn und seine Bedeutung* (1922) fasst die Positionen des Autors noch einmal zusammen. Bei Fragen nach der Anwendbarkeit seiner Ideen verwies Möller auf den Bärenthorener Forst des Kammerherrn Friedrich von Kalitsch. Hier wurde der Dauerwaldgedanke mit Erfolg praktiziert.

Nie wieder hat eine „Wald-Theorie" ein so heftiges, publizistisch hoch ergiebiges Für und Wider ausgelöst. Die Kritiker stießen sich zunächst an der Wortwahl. Möller sprach vom Wald als „Organismus": „So mannigfach ist das Waldwesen zusammengesetzt, jedes Glied aber hat seine bestimmte Stelle und Bedeutung, und alle stehen zueinander in den mannigfachsten uns nur zum Teil erkennbaren Beziehungen." Das ging selbst manchem Sympathisanten entschieden zu weit: „Der Zusammenhang der Teile ist viel loser und nicht untrennbar, die gegenseitige Abhängigkeit wohl vorhanden, aber lange nicht so stark und so unbedingt wie beim Organismus." So Möllers Eberswalder Kollege Alfred Dengler, dessen Standardwerk *Waldbau auf ökologischer Grundlage* sich als Titel bis heute auf dem Markt hält, selbstverständ- lich vielfach überarbeitet. Aber ein Organismus verträgt sich kaum mit dem rechnerischen Prinzip, und die Forstmathematik bleibt die Säule eines soliden Ertragsdenkens.

1935 brach der Amerikaner Aldo Leopold (1887–1948) in die Heimat der Vorfahren auf. Seine akademischen Lehrer an der Yale Universität in New Haven hatten beinahe mit Ehrfurcht von der deutschen Forstwissenschaft gesprochen, jetzt wollte Leopold, Begründer der Wildtier-Biologie, die Praxis des Dauerwaldgedankens vor Ort studieren. Was er sah, widersprach seinen Erwartungen krass. Aus der Politik übernahm er die Wendung „The German Problem": Das deutsche Problem im Wald sei das fatale Zusammentreffen von Holzäckern und Schalenwildüberhang. Letzterer gab Anlass zu seiner Veröffentlichung *Deer and Dauerwald*. Aber Leopold sah ebenfalls Reviere jenseits des Mainstream, wo nach ökologischen Prinzipien gewirtschaftet wurde. Überhaupt hatte die Idee vom Dauerwald ihre Anhänger. Mancher Staatsforst übernahm sie, mochten die Verwaltungsspitzen auch hinhaltenden Widerstand leisten.

Einige Befürworter setzten besondere Hoffnungen auf die Völkischen. Zu ihnen gehörte auch Walter von Keudell (1884–1973). Schon in der Weimarer Republik alles andere als eine Zierde der Demokratie, stieg er auf in der Hierarchie des Dritten Reiches, hatte aber nur drei Jahre das Amt eines Generalforstmeisters inne, 1937 besetzte der Reichsforstmeister Hermann Göring, ein notorischer Trophäenjäger und Wisent-Liebhaber, den Posten anders.

Nicht ohne hämischen Seitenblick auf die gegenwärtige Naturschutzbewegung wurde zuweilen verbreitet, die braune Rotte hätte den Schutz der deutschen Wälder so ernsthaft wie keine andere Regierung betrieben. Diese Ansicht nimmt Ideologie für bare Münze, Verlautbarungen und Praxis gingen damals weit auseinander. Erst die Kriegsvorbereitungen und dann der Krieg selbst setzten den Wäldern in einer Weise zu, die dem Gebot der Nachhaltigkeit Hohn sprach.

August Bier und sein Sauener Experiment

Unzweifelhaft ein Praktiker war der Medizin-Professor und Stahlhelm-Erfinder August Bier (1861–1949). Vor allem aber war er ein eigener Kopf, nämlich ein renommierter, nobelpreisnaher Chirurg, der überdies ein großes Interesse an Homöopathie zeigte. Bier hatte 1912 das brandenburgische Gut Sauen mit seinen 500 Hektar Wald gekauft und wenig später noch einmal 300 Hektar dazu erworben. Es war ein typisch märkischer Forst, großenteils heruntergewirtschaftete Kiefernbestände, durchzogen immerhin von Alleen, deren Laubbäume das erste Saatgut lieferten.

Der neue Besitzer sorgte für den Anbau von Eiche und Buche, doch war er auf bodenständige Arten keineswegs festgelegt. Die Anhänger des naturnahen Waldbaus werden sich die Augen reiben, wer da zuweilen als Vorkämpfer geführt wird. Bier arbeitete mit Robinie (zur Bodenverbesserung), Rot-Eiche und Douglasie, mit Edelkastanie und Hickory-Nuss (Carya alba)*. Überhaupt probierte er eine sehr stattliche Zahl von Baumarten aus, verstand sein Wirken immer auch als „Experiment“: Was sich bewährte, führte er fort, was nicht, ließ er fallen.*

Und der Praktiker hatte einen philosophischen Ansatz. Er hielt den Vorsokratiker Heraklit von Ephesus (gestorben um 460 v. Chr.) „für den größten Geist aller Zeiten“ und nahm dessen „Harmonie der Gegensätze“ als waldbauliches Prinzip. So entstand ein „Mischwald, in dem das Nadelholz neben dem Laubholz, der Flachwurzler neben dem Tiefwurzler, der Humuserzeuger neben dem Humusverbraucher steht“. Die einigermaßen gewagte Theorie zeitigte ein überzeugendes Waldbild, vor allem vitalere Böden und – in des Deutschen Reiches Streusandbüchse, der Mark Brandenburg, besonders wichtig – einen verbesserten Wasserhaushalt. 1933 konnte Bier zusammenfassen: „Mein heraklitisches Experiment ist gelungen.“

Den experimentellen Charakter haben die Sauener Wälder bis heute nicht verloren. Sie gehören jetzt wieder den Nachkommen des „Waldheilers“, bewirtschaftet werden sie von der August-Bier-Stiftung.

Das Postskriptum schmerzt, und die Wohlgesonnenen verschweigen es gerne: Der so eigenständige und weltweit angesehene August Bier ließ sich während seiner letzten Lebensjahre mit den Nationalsozialisten ein. Dennoch sind heute einige Straßen nach ihm benannt, die Sporthochschule Köln verleiht eine August-Bier-Plakette als Studienpreis. Sie ehrt das Andenken des Namensgebers, der 1920 auch erster Leiter einer Berliner Hochschule für Leibesübungen wurde.

Der Blick ins Sauener Waldlabor nach August Bier (links) und eine Pose des kühnen Experimentators.

Waldwendezeit – neue Hoffnung für den Lebensraum

Auch nach dem Zweiten Weltkrieg lief der Einsatz für einen naturgemäßen Waldbau ins Leere, selbst unter dem Horizont des Wirtschaftswunders schritt die „Verfichtung“ weiter fort. Das musste unter anderen Wilhelm Münker (1874–1970) erfahren. 1947 Mitbegründer der „Schutzgemeinschaft deutscher Wald“, ließ er als Herausgeber unter dem Titel *Dem Mischwald gehört die Zukunft* viele Forstleute zu Wort kommen, denen die Fichten-„Stangenfabriken“ (Münker) ebenfalls ein Dorn im Auge waren. Aber solche Aufrufe blieben vorerst ohne Echo. Selbst die Gründung der „Arbeitsgemeinschaft Naturgemäße Waldwirtschaft“ (ANW) 1950 fand kaum Aufmerksamkeit. Wer sich gegen den Kahlschlag, gegen den uniformen Altersklassen-, wer sich für den Mischwald, den stammweisen Hieb, das sogenannte Plentern, oder gar „waldverträgliche Schalenwilddichten“ aussprach, hielt eine ehrenwerte, aber eine Außenseiterposition.

Hinzu kam: 1955 war das Jahr des real höchsten Holzpreises, der Wald brachte Profite, so wie er war. Noch mehr Profit versprach die Rationalisierung. Das (Kahl-)Schlagwort vom „maschinengerechten Wald“ ging um. Die ersten Vollernter (Harvester) kamen aus Skandinavien, wirklich effizient konnten sie nur im Altersklassenwald arbeiten. Kosten sparte auch die „chemische Läuterung“. Was bisher von Menschenhand besorgt worden war, erledigten nun die „Pflanzenschutzmittel“. Baumgifte *(Arborizide)* wie das hochagressive Tormona 100 wurden auf die Rinde gepinselt und ließen das Schwachholz eingehen.

Doch schon das Europäische Naturschutzjahr 1970 bedeutete einen gewissen Einschnitt, Baden-Württemberg wies damals mehrere neue „Bannwälder" aus. Während des folgenden Jahrzehnts wurde der Bewusstseinswandel immer deutlicher. Naturwaldreservate oder -zellen folgten in mehreren Bundesländern, hier sollte alle Bewirtschaftung ruhen, um den natürlichen Waldbildern wieder Raum zu geben. Das gestiegene Umweltbewusstsein, der Generationswechsel, aber wohl auch das berüchtigte Schlagwort vom „Waldsterben" öffneten den Vertretern des naturnahen Waldbaus ziemlich plötzlich Karrierechancen in den Forstverwaltungen. Manche ANWler rieben sich die Augen. Sie waren so ans Belächeltwerden gewöhnt, dass sie nicht wussten, wie ihnen geschah. Mit einem schönen Bonmot jener Jahre verglichen sie sich mit den Zeugen Jehovas, die ihr Bekenntnis plötzlich zur Staatsreligion erhoben sahen. Damit einher ging zu Beginn der 1980er-Jahre Ungeheuerliches, jedenfalls aus heutiger Perspektive: Die Forstverwaltungen wurden personell erweitert. Landesanstalten entstanden oder wurden belebt, sie sollten nicht nur den Waldbesitzer mit Rat und Tat zur Seite stehen, sondern auch die Waldforschung vorantreiben.

Alle Bundesländer stimmten nun darin überein, dass der Kahlschlag nicht mehr praktiziert werden sollte, Leitbild war der gestufte Mischwald, ein Begriff, der gewisse Spielräume ließ. Und mochten die hehren Absichtserklärungen auch draußen im Wald keineswegs immer (oder wenn nur kaum merklich) umgesetzt werden, Fortschritte ließen sich nicht leugnen. Und als die neuen Bundesländer ihre Forstverwaltungen neu aufbauen mussten, wurden die Prinzipien eines naturnahen Waldbaus oder einer naturgemäßen Waldwirtschaft fast wie selbstverständlich übernommen.

Das interessante Schnittstellen-Ensemble (Seite 276) gehört zu einem Brenn- oder Industrieholzstapel. In Baden-Württemberg ist der Bannwald ein vollkommen geschütztes Areal.

Waldsterben – Waldschäden – Waldzustand

Ab Mitte der 1970er-Jahre fand der bejammernswerte Zustand vieler Baumbestände ein öffentliches Echo, das zugkräftige Schlagwort folgte wenig später: Waldsterben.

Entgegen dem stets berechtigten Verdacht ist der Begriff „Waldsterben" keine Erfindung der Medien. Er kam aus der Wissenschaft. Sie zeichnete 1979 auch für das erste Katastrophenszenario verantwortlich. Und nicht nur Forstwissenschaftler, sondern auch Forstpraktiker ließen damals die Alarmglocken schrillen. Als die Journalisten aufmerkten, herrschte an Interviewpartnern kein Mangel. Im November 1981 erschien die Titelgeschichte des *Spiegel*: „Der Wald stirbt". Die dreiteilige Serie warnte vor einer „weltweiten

Der brandrote Rahmen passt diesmal besonders gut: *Spiegel*-Titel Mitte November 1981: „Der Wald stirbt – Saurer Regen über Deutschland". Nicht erst fünf, sondern schon vier vor zwölf ist es auf der Uhr der Sondermarke oben, also allerhöchste Zeit, den Wald zu retten (1985).

Umweltkatastrophe von unvorstellbarem Ausmaß“. 1983 schrieb das gleiche Blatt vom „ökologischen Hiroshima“ und vom „ökologischen Holocaust“. Die meistgebrauchte Transparentformel jener Jahre formulierte noch eingängiger:

Erst stirbt der Wald,
dann stirbt der Mensch.

VOLKSMUND

Nachdem sich der Pulverdampf parlamentarischer Auseinandersetzungen schon geraume Zeit verzogen hat, lässt sich sagen, dass die Politik bemerkenswert schnell reagierte. Zwischen 1982 und 1992 wurden 465 Millionen DM ausgegeben, um die neuen Waldschäden zu erforschen. Den vielen Geförderten entsprachen die zahlreichen Ursachenannahmen, schwedische Forscher zählten 1986 stolze 167 Theorien zum Waldsterben. Rasch konzentrierten sich die Erklärungsversuche auf den Faktor Luftverschmutzung. „Rauchschäden“ waren immerhin die historisch vertrauteste Erscheinung, und auch für eine „Politik der hohen Schornsteine“ als (untaugliches) Mittel der Schadensbegrenzung konnten ehrwürdige Beispiele angeführt werden. Unter den Verursachern wurde der „Saure Regen“ favorisiert, neben dem Schwefeldioxid (CO_2) galten auch die Stickoxide als Hauptschuldige.

Wiederum konnten sich die Erfolge bei den Gegenmaßnahmen sehen lassen: 1990 stießen die Kraftwerke siebzig Prozent Schwefeldioxid weniger aus als ein Jahrzehnt zuvor. Im September 1984 beschloss das Bundeskabinett

Quadratisch, praktisch, gut? Wald-Muster bei Linthe in Brandenburg. Rechts ein Hilfeschrei: Baum-Graffito aus Bayerns Metropole München.

Mit der Tanne fing es an. Links die stark geschädigte Krone des Nadelbaums. Schwere Sturmschäden sind ein vertrautes Bild aus den letzten Jahrzehnten; hier im Schwarzwald, aufgenommen Anfang der 1990er-Jahre.

die Einführung eines Katalysators, um die Autoabgase vor allem von Stickoxiden zu reinigen. Weitergehende Forderungen wie Tempolimit, Abgabe auf Schwefeldioxidausstoß und strengere Grenzwerte blieben seitens der Politik allerdings unberücksichtigt. 1984 erschien der erste Waldschadensbericht der Bundesregierung. Doch nur wenige Jahre später ließ das Interesse am Gesundheitsstatus des Waldes nach. Indiz dafür ist unter anderem eine geänderte Sprachregelung: Seit 1989 hieß der einschlägige Rapport der Bundesregierung statt Waldschadens- nur noch Waldzustandsbericht.

Es blieb sein einheitliches Stichprobenverfahren, das den Grad ihrer Schädigung nach dem Kronenzustand der Bäume beurteilt. Nur mehrten sich unterdessen die Zweifel an der Tauglichkeit des Verfahrens. Deutliche Worte findet 2005 die Kommission für Ökologie der Bayerischen Akademie der Wissenschaften, ihrer Meinung nach ist es „angebracht, diese einseitige und unspezifische Art der Erhebung endlich einzustellen".

Ein vorläufiges Resümee bietet sich an. Wie die damaligen Waldschäden zu bewerten sind, ist immer noch umstritten. Was im Übrigen auch für die heutigen Schadensbilder gilt. An den Verlichtungsprozenten hat sich jedenfalls nichts Wesentliches geändert. Im Vergleich zu 1984 geht es dem Wald eher schlechter als besser. Doch muss fürs Protokoll festgehalten werden: Entgegen so mancher Vorhersage aus berufenem Mund ist der Wald, ist der deutsche Wald nicht gestorben.

Nach wie vor gibt es Erklärungs-, also Forschungsbedarf. Der Faktor Luftverschmutzung kann nicht mehr die Alleinherrschaft beanspruchen, wie überhaupt die „neuartigen Waldschäden" auf ein Bündel von Ursachen zurückgeführt werden. Die Reaktionen auf das Trockenjahr 2003 deuten darauf hin, dass natürliche Extremereignisse die Bäume schwächen, zu diesen sogenannten Kalamitäten zählen ebenfalls Unwetterkatastrophen, Schädlinge und lange Frostperioden. Allerdings ist damit nicht die Frage beantwortet, ob der Wald aufgrund menschengemachter Belastungen besonders anfällig gegen die „natürlichen Feinde“ ist. Ob die Feinwurzeln einer Buche nun durch die mechanische Beanspruchung während eines Sturms oder durch einen zu stark versauerten Boden geschädigt sind, sollte sich klären lassen.

2006 erschien der letzte jährliche Waldzustandsbericht, ab dann gibt es nur noch einen Bundeswaldbericht pro Legislaturperiode. Die 1983 gegründete

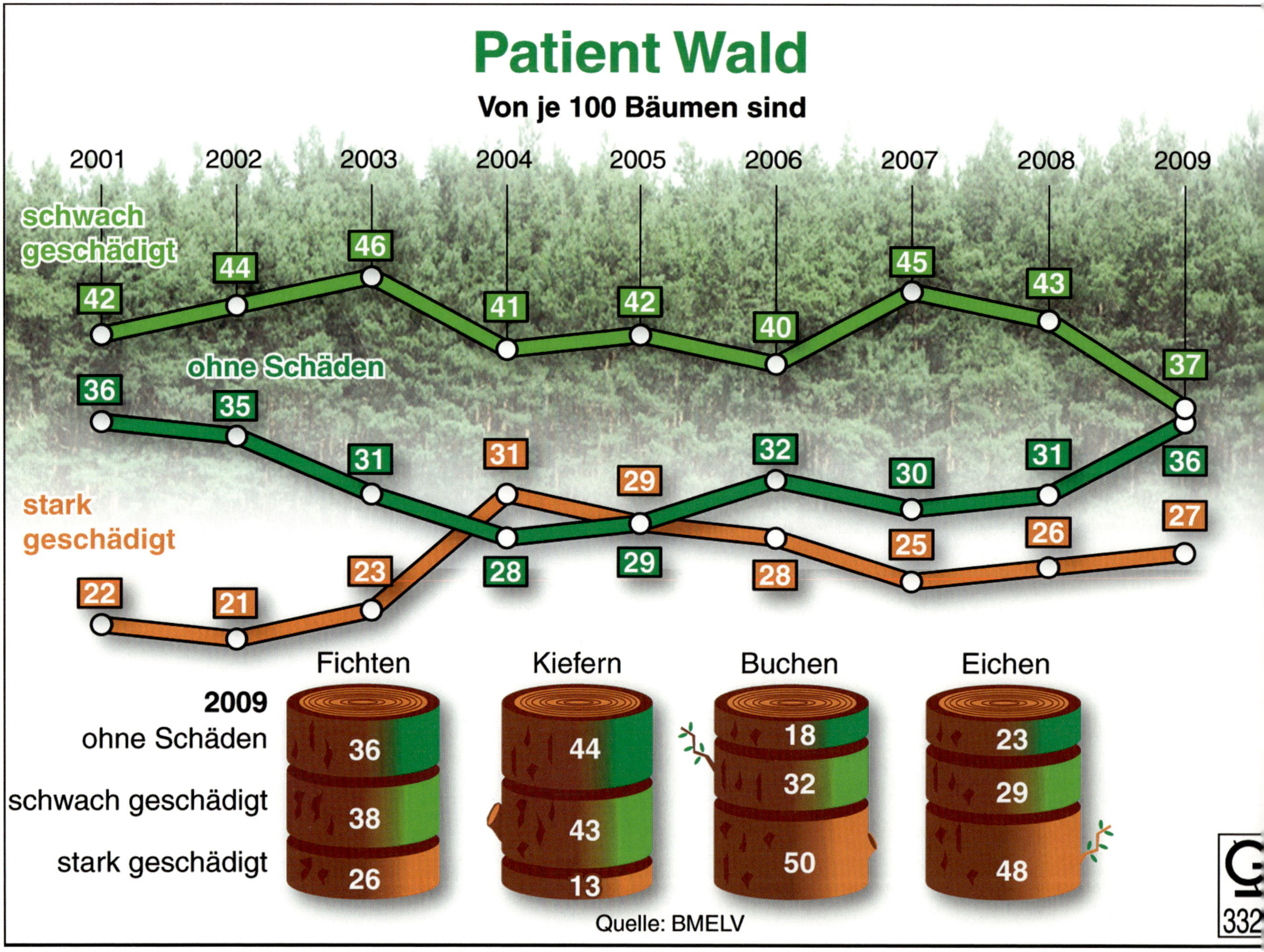

Die Waldschäden-Grafik nach den Zahlen des Bundesministeriums für Ernährung, Landwirtschaft und Verbraucherschutz (BMELV) weist aus, dass der Wald nach wie vor „Patient“ bleibt.

Stiftung „Wald in Not“ ist seit 2009 nur noch ein Projekt im Rahmen der Bundesstiftung Umwelt, das Thema Waldschäden weitgehend im Thema Klimakatastrophe aufgegangen.

Und natürlich leidet die Glaubwürdigkeit unter falschem Alarm. Den Teufel an die Wand zu malen und die Notwendigkeit eines Schreckensbilds mit der menschlichen Trägheit zu begründen, ist ein hochriskantes Verfahren. Dennoch wäre es grob fahrlässig, der Waldschädenkampagne ein höhnisch-hämisches „Viel Lärm um Nichts“ nachzurufen. Sie hat den Erlass von Gesetzen und Verordnungen, die dem Schutz unserer Umwelt zweifelsohne dienen, wenigstens beschleunigt, sie hat dazu beigetragen, die Kenntnisse vom Ökosystem Wald wesentlich zu bereichern.

„Historisch alte Wälder“ – eine neue Entdeckung

Der Verlegenheitstitel deutet auf die Schwierigkeit hin, den Sachverhalt präzise zu benennen: Wie anders können Wälder alt sein als historisch? Aber schon die EU-Vor-Formulierung „ancient woodland“ ist Ausdruck einer Begriffsklemme, aus der auch die ersatzweise Wendung „naturnahe Altwälder“ nicht heraushilft. Worauf zielt diese Kategorie, die für den Waldschutz Ende der 1880er-Jahre entdeckt wurde?

Zunächst gründet sie auf der Erkenntnis, dass Wälder auf alten Waldstandorten produktiver sind als neu angelegte. Neu angelegte Wälder entstehen durch Aufforstungen, sei es auf Heideland, Wiesen oder Ackerflächen. Beim Acker wird besonders deutlich, wie tief der Pflug in die Entwicklung des Bodens eingegriffen, wie stark die Bearbeitung den Untergrund vereinheitlicht hat. Im Fall des „alten“, stets baumbestandenen Waldlands blieb der Boden über einen langen Zeitraum von einer so massiven Umarbeitung verschont, blieb sogar verschont, wenn er mit standortfremden Gehölzen ausgestattet wurde. Entscheidend ist, dass hier seit etwa 400 oder 500 Jahren Bäume wachsen. Und es gibt Wissenschaftler, die ein Alter von 800 Jahren voraussetzen, ehe ein Wald sein ganzes Potenzial entwickelt habe. Aber „historisch alt“ bedeutet auch: im Rückgriff auf verlässliche Quellen. Für die Wälder des Niedersächsischen Flachlands lässt sich das Kartenwerk der Kurhannoverschen Landesaufnahme (1772–1810) heranziehen. Hier kann davon ausgegangenen werden, dass die damals kartografierten Waldstandorte bedeutend älter sind. Das Gleiche gilt im Fall der etwas jüngeren topografischen Blätter von Tranchot und Müffling, die das Rheinland erstaunlich exakt aufnahmen (1801–1828).

Keineswegs zufällig entdeckten die Naturschützer der Ebene den besonderen Wert historisch alter Wälder. Denn im Flachland verschwanden diese Wälder oft besonders gründlich. Woraus sich dann doch wieder eine interessante Forschungslage ergibt. Rasch zeigt sich: Je geringer der Waldanteil an der Gesamtlandschaft, je kleiner und weiter verstreut die Inseln der historisch alten Baumbestände, desto spärlicher sind bestimmte Arten vertreten. Im Umkehrschluss: Gerade diese Arten zeigen einen intakten Wald an.

Gehören zur Ausstattung „historisch alter Wälder“ (von links nach rechts): Einbeere (*Paris quadrifolia*), Wald-Bingelkraut (*Mercurialis perennis*), Leberblümchen (*Hepatica nobilis*) und Großer Breitkäfer (*Abax parallelepipedus*).

Es müssen übrigens keine spektakulären im Sinne besonders rarer Pflanzen und Tiere sein. Selten sind Wald-Bingelkraut *(Mercurialis perennis)* und (weißes) Buschwindröschen *(Anemone nemorosa)* gewiss nicht, das gilt – ungeachtet ihrer bemerkenswerten Kulturgeschichte – auch für Einbeere *(Paris quadrifolia)* und Wald-Sanikel *(Sanicula europaea)*. Von den Arten, die im Norden selten vorkommen, zeigt etwa das Leberblümchen *(Hepatica nobilis)* eine ausgesprochene Altwälder-Bindung. Alle genannten Arten haben eingeschränkte Möglichkeiten sich auszubreiten, sie fehlen häufig bis fast immer in den neuen Wäldern, obwohl diese „neuen“ durchaus schon 200 Jahre ihr Terrain behaupten können. Bei den Tieren zeigen sich einige Hundertfüßer- und Schneckenarten den alten Wäldern signifikant verbunden. Unter den gutachterseits beliebten Laufkäfern (überschaubare Artenzahl, recht gut erforscht) sind zum Beispiel der Große Breitkäfer *(Abax parallelepipedus)*, Paralleler Breitläufer *(Abax parallelus)* und Glatter Laufkäfer *(Carabus glabratus)* häufigere Bewohner der alten Wälder, während sie in den neuen nur sehr selten zu finden sind.

Insgesamt markieren die historisch alten Wälder einen qualitativen Sprung: Wo sie auf großer Fläche fehlen, steht ihr Wert umso deutlicher vor Augen. So belehren tiefste Eingriffe in eine Landschaft auch am gründlichsten über die Grenzen der Machbarkeit: Neue Bäume lassen sich pflanzen, aber selbst mit einer sorgfältigen Abstimmung auf die Standortverhältnisse ist es bei Weitem nicht getan.

Nach jüngeren Untersuchungen zeichnet sich allerdings ab, dass die Unterschiede zwischen Wäldern mit langer Waldtradition und neu angelegten nicht überall derart krass ausfallen. Schon die Mittelgebirgslagen lassen offenbar eine raschere Besiedlung durch Arten zu, die sich nur langsam ausbreiten.

Wo die Verinselung nicht derart weit fortgeschritten ist wie in vielen Tieflandregionen, lassen sich kaum Unterschiede beim waldspezifischen Inventar feststellen.

So schärft das „ancient woodland“ der Ebene den Blick dafür, was einen Wald ausmacht. Es ist kein Zufall, dass diese Kategorie im waldarmen England entwickelt wurde. Für den Naturschutz heißt das: So wichtig es ist, auf die Wälder der Mittelgebirge ein Auge zu haben, die wahre Herausforderung stellt sich doch für die naturfernen Gebiete der Ebene. Eigentlich müsste kaum betont werden, dass diese historisch alten Wälder des Tieflands besonders schützenswert sind. Und nur folgerichtig wäre, Aufforstungen an historisch alte Wälder anzuschließen. So könnte ihre Vitalität den neuen Baumbeständen am ehesten zugutekommen.

Der Jagdwald

Zunächst muss daran erinnert werden, dass dieses Thema selbst bei nüchternster Betrachtung über den Wald hinausreicht, nämlich auch auf die Flur, im Fall beispielsweise wilder Kaninchen sogar auf den Friedhof. Doch natürlich kommt kein Waldbuch um die Jagd herum. Nur darf es sich von ihrem Leidenschaftspotenzial nicht mitreißen lassen. Und es hat durchaus seinen eigenen Reiz, das Thema Jagd vom Wald her zu denken, ihn als Medium, als Schauplatz nicht wie selbstverständlich vorauszusetzen.

Die historische Perspektive hält den Wald als Nährwald gegenwärtig, und hier steht „das Wild“ an erster Stelle. „Das Wild“ ist dem Thema Wald auf vielerlei Weise treu geblieben, die „Megaherbivorentheorie“ bereicherte die Ur-Waldbilder um eine interessante Variante: einen durch die großen Pflanzenfresser parkartig aufgelichteten Lebensraum. So weit es die heimischen Wälder betrifft, lässt sich als Kulturleistung verbuchen, dass unsereiner die ganz großen Pflanzenfresser zum ganz großen Teil erfolgreich ausgerottet hat. Noch erfolgreicher waren wir allerdings darin, die großen Fleischfresser auszurotten, also die Tiere, die ehedem den ganz großen Pflanzenfressern nachgestellt haben. Weil aber die Pflanzenfresser wenigstens insgesamt nicht von der Bildfläche verschwanden, bleibt uns nur eine traurige Stellvertreterpflicht: Nämlich statt der großen Fleischfresser für die Herstellung dessen zu sorgen, was wir nach bestem Wissen und Gewissen biologisches Gleichgewicht nennen.

Nur: Welches „Wild" gehört überhaupt zum Wald? Vorab macht diese Frage darauf aufmerksam, wie viele „jagdbare" Waldtiere hierzulande derart selten geworden sind, dass sich jedes Halali verbietet. Und wenn zunächst von den Tieren gesprochen werden soll, die es besonders knapp bis in unsere Gegenwart geschafft haben, dann steht dem Wisent oder Europäischen Bison *(Bison bonasus)* das Recht der Ersterwähnung zu. Länger konnte sich hierzulande der Elch *(Alces alces)* halten, und es mehren sich die Anzeichen, dass er auch ohne Wiederansiedlungsprogramme zurückkehren könnte. Sicher war der Rothirsch *(Cervus elaphus)* ursprünglich in der Steppe heimisch, doch kann er hierzulande mit einigem Recht als Waldtier gelten. Jedenfalls mehr als das Reh, es ist wie etwa auch der Hase eher ein Tier des Offenlands.

Nun zeigen schon frühe Urkunden, dass Wald und Jagd eng zusammengehören. Verbindendes Element ist der Wildbann. Er schützt bestimmte (also keineswegs alle) Tiere, genauer: der Wildbann erklärt die Jagd auf sie zum ausschließlichen und strafbewehrten Recht eines bestimmten Personenkreises. Andere Waldnutzungen sind davon (jedenfalls zunächst) nicht betroffen, die Jagd wird also früh von ihnen abgetrennt. Wie eng Jagd und Wald verbunden waren, lässt eine 1002 ausgefertigte Urkunde Kaiser Ottos III. erkennen. Während andere Zeugnisse voraussetzen, welche Tiere unter Wildbann stehen, nennt sie ausdrücklich die Waldbewohner Hirsch und Wildschwein als bevorzugte Schutzobjekte. Zu den historischen Beuten der privilegierten Jäger gehört das oft sogenannte Raubzeug, als prominentestes der Braunbär, aber auch Wolf, Luchs und Wildkatze, also wiederum Waldtiere. In ihrem Fall zeigt sich allerdings, dass die Inhaber des Jagdrechts nicht einheitlich urteilen. Manche gestanden auch ihren Untertanen zu, diesen Räubern nachzustellen.

Wenn ein – zunächst frei nutzbarer – Wald/Ödland zum Forst umgewidmet, also der freien Nutzung entzogen wurde, dann häufig aus Gründen der Jagd. Viele Forste sind später namhafte Tummelplätze für Nimrode. Und wie die Einforstung ursprünglich Königsrecht war, gerät das Recht der freien Jagd früh unter die Verfügungsgewalt des höchsten Herrschers. Der fränkische Chronist Gregor von Tours erzählt die Geschichte vom Kämmerer Chundo, der 590 n. Chr. im königlichen Wald des Merowingerherrschers Guntram einen Ur zur Strecke gebracht haben soll. Chundo bestreitet den Wildfrevel, er stellt sich, genauer einen Stellvertreter zum Zweikampf, das Gottesurteil geht zu seinen Ungunsten aus und er wird gesteinigt.

Die Wisente (links) konnten knapp vor dem Aussterben gerettet und sollen bei Bad Berleburg im Kreis Siegen-Wittgenstein, Nordrhein-Westfalen, demnächst ausgewildert werden. Und so will es das Klischee: Rothirsch, männlich, prächtiges Geweih und lautes Röhren (rechts).

Auf dem Deckel der Schnupftabakdose (links, 18. Jahrhundert) herrscht munteres Jagen, und mit der Pagode im Hintergrund ist sogar der damaligen China-Mode Genüge getan. In einer der damals sehr beliebten Bilderserien – hier Liebigs Fleischextrakt aus dem Jahr 1904 und pikanterweise auf Französisch – jagen die „alten Germanen“ den Ur oder Auerochsen, dessen letztes Exemplar 1627 starb.

Strenge Strafen sind bei Wilderei üblich, doch auch diese äußerst strenge hat dem Waldtier Ur oder Auerochsen auf lange Sicht nichts genützt. Immerhin berührt auch das schlimme Schicksal des königlichen Kämmerers die Frage: Wie wirkt die Jagd auf den Wald? Noch heute sagen die Jäger, dass Jagd dem Naturschutz diene, und verweisen dabei gern auf den frühen Schutz des Waldes durch ihr Tun. Und wirklich dürfte der Wildbann, dürfte genauer das machtbewehrte Interesse an ausreichend Hochwild manchen Wald vor seiner Verlichtung bewahrt haben. So hält etwa die Basisurkunde für das oberpfälzische Kloster Michelfeld 1119 die Mönche ausdrücklich an, bei ihrer Nutzung der ihnen zugesprochenen Wälder die Einstände der Jagdtiere zu schonen.

Wie gesagt, wir bleiben streng beim Wald und sprechen deshalb nicht von den erheblichen Flurschäden, die beispielsweise das Waldtier Wildschwein verursacht. Doch lässt sich gut vorstellen, wie die Landbevölkerung aufgeatmet hat, als 1848 die Jagd für kurze Zeit freigegeben wurde und jeder Bauer seine Ernte mit dem Schießprügel in der Hand verteidigen konnte.

Ab Ende des 19. Jahrhunderts kam die Jagdgewalt wieder in die Hände des Adels. Auch diese Jägerschaft kämpfte mit den Waffen des Wortes, und für die Lauterkeit ihrer Absichten stand das Wort „Hege“. Unter Hege fiel alles, was die „Lebensgrundlagen des Wildes“ sichern und verbessern konnte. Gegenüber den wilden Schützen wurde die Selbstbeschränkung ins Feld geführt, gegenüber dem Wild sogar eine „Fürsorgepflicht“. Leider verdunkelte die Trophäenjagd das helle Bild vom selbstlosen Tierschützer, einige unschöne Details wie Äsungsäcker vor Hochsitzen ebenfalls.

Sie verschwanden auch nicht, als sich die soziale Struktur der Jägerschaft änderte. Und es ging wie vor gut 200 Jahren vor allem um den Wald, als „die Jagdlobby“ unter Beschuss geriet. Am bekanntesten wurden Horst Sterns Bemerkungen über den Rothirsch, der die hohe Rotwilddichte als Gefahr für den Wald anprangerte. Die Jäger sahen sich für das „Waldsterben von unten“ verantwortlich gemacht.

Der deutsche Kaiser Wilhelm II. auf der Jagd. Fotografie um 1890 (links). Rechts „Zwei Wilderer im Gefecht mit einem Förster“, Chromolithografie um 1880.

Seitdem ist die Jägerschaft in der Defensive. Zu ihren Interessenvertretungen gesellte sich ein – oppositioneller – ökologischer Jagdverband. Aber auch unter den unorganisierten Jägern gibt es viele, die sich nicht damit zufriedengeben, flugs ein „nachhaltig“ vor ihr Tun setzen. Keine Landesregierung bestreitet mehr, dass Wald- und Wildschutz zumindest übereinkommen müssen, das Bayerische Jagdgesetz vertritt den Grundsatz „Wald vor Wild“. Nun lässt selbst die griffigste Parole in der Praxis viele Spielräume. Ihr zum Trotz wird aus dem Süden der Republik regelmäßig von immer noch zu hohen Verbiss-, Schäl- und Fegeschäden berichtet.

„Wald vor Wild“ nutzt auch den Windschatten des Klimawandels. Wenn die Fichte zu seinen Opfern zählen wird, fällt der Übergang vom Nadelbaumforst zum Mischwald leichter. Aber während die Fichte vor den Zudringlichkeiten des Wilds einigermaßen sicher war, gehören gerade die mancherorts bodenständige Laubbäume zur „Lieblingsspeise für unsere Rehe“, wie jüngst ein Waldbesitzer klagte. Sie sollen überdies eine ausgesprochene Vorliebe für den Berg-Ahorn haben, Baum des Jahres 2009.

Es darf in diesem Zusammenhang auf den sorglosen Gebrauch des Wortes „Wild“ hingewiesen werden, die seiner begrifflichen Verkürzung auf das jagdbar genannte Wild vorausgeht. Aber es darf auch daran erinnert werden, dass Tiere, selbst größere, nun einmal zum Wald gehören. Außer dieser schlichten Aussage hat sich so gut wie keine als unumstritten erwiesen. Wenn es in unseren Breiten keinen verbindlichen Urwald mehr gibt, stehen der Waldwirtschaft im Grundsatz alle Optionen offen. Und wo das ökologische Gleichgewicht als Urnaturzustand eine Fiktion ist, wird keine definitive Barriere gegen die Verhaustierung des Wilds aufgebaut werden können. Vollends eignet sich zu endloser Erörterung, was „ökosystemgerechte Jagd in dicht besiedelter Kulturlandschaft“ heißen mag.

Wenn jetzt noch Anhänger der Megaherbivorentheorie die Diskussion zusätzlich chaotisieren, indem sie einen licht gefressenen Wald zum ursprünglichen erklären, setzen sie auf einen Schelm anderthalbe. Nicht zum ersten Mal hat dieses Waldbuch Gelegenheit anzumerken, dass unsere Wald-, Wild- und selbstverständlich auch Jagdbilder von veränderbaren Normen abhängen. Im Zweifelsfall ist auszuhalten, dass es keine unumstößlich richtige Position gibt und dass sich die Bedingungen für Argumente ändern können. Nur um Missverständnisse auszuschließen: Das bedeutet keinen Verzicht auf Begründungen, sondern im Gegenteil ihr ständiges Überprüfen. Das gilt für den Wald, und es gilt für das Wild im Wald.

Anmerkungen zum Rotwild

Dass es so häufig um das Rotwild *(Cervus elaphus)* geht, verwundert nicht. Es hat einfach alles, um auf sich aufmerksam zu machen: die imposanteste Größe, das mächtigste Geweih, den brünstigsten Schrei. Schon gar kein Wunder ist, dass der Jäger-Chor beim „Hirsch“ seine ganze Stimmgewalt aufbietet – er muss dazu nicht einmal auf die historisch tief gegründete Rolle des Rotwilds als des edelsten aller Beutetiere hinweisen, er kann vielmehr eine noch fernere Vergangenheit beschwören. Dann erscheint der Rothirsch als „letzter Vertreter einer ehemals großartigen eiszeitlichen Großsäuger-Lebensgemeinschaft“. Und das in Zeiten der Klimawende.

Welches Ironiepotenzial hat die neuere Wildtierforschung gehoben, als sie den gängigen Spruch vom Jäger als Raubwild-Stellvertreter wörtlich nahm. Beim Rothirsch müsste er im Sinne des biologischen Gleichgewichts den Wolf ersetzen. Als im Yellowstone-Nationalpark (nordwestliche USA) der Wapitihirsch, eine Rotwild-Unterart, erfolgreich angesiedelt wurde, bot sich die Möglichkeit, die Probe aufs Exempel zu machen. Wichtigstes Ergebnis: Die Hirsche waren hervorragend in der Lage, die Chancen auf einen Jagderfolg ihrer Prädatoren (lateinisch für „Beutemacher“) gering zu halten. Meist hielten sie sich in den Dickungen auf, wo sie ihren Jägern am besten entgehen konnten, offenes Gelände, das die Jäger am meisten begünstigte, mieden sie weitgehend. So konnten die Wölfe überhaupt nur auf etwa zehn bis zwanzig Prozent des Wapiti-Einstandsgebiets zum Zuge kommen.

Wie jagt nun der Mensch? Vor allem anders. Während der Wolf seiner Beute ganz nah kommen muss, sind selbst für die mittelmäßige Büchse eines zweibeinigen Jägers 200 Meter kein Problem. Außerdem muss das Rotwild nur an wenigen Stellen mit dem Wolf, aber überall mit dem Menschen rechnen. Fazit: Innerhalb seines Streifgebiets bleibt dem Rothirsch nur ein verschwindend geringes Areal, das ihm Sicherheit bietet.

Die Naturschützer begegneten dem Rothirsch lange mit einigem Misstrauen. Sie sahen ihn bestenfalls in der Opferrolle – sonst aber war er es, der den Wäldern am ärgsten zusetzte, schälte und verbiss, was das Zeug hielt. Sie beriefen sich dabei gerne auf Horst Sterns furiose Bemerkungen über den Rothirsch. Dabei hatte Stern den gewissenlosen Umgang mit den Hirschen und nicht das Tier selbst angeprangert.

Wie nun immer: Inzwischen ist der Rothirsch zu einer Leittierart aufgestiegen. Wie der Lachs im Fall der Gewässer stellt auch er an sein Umfeld hohe

Oben ein Hirschrudel bei der keineswegs umstrittenen Winterfütterung, hier im Berchtesgadener Land. Unten ein Hochsitz am Waldweg, aufgenommen im Nationalpark Harz.

Wildwechselwarnung an der Reichsautobahn durch den Zellaer Wald (vor 1945), Fotografie von Frank Walter Möbius (1900–1959), dem ersten festangestellten „Lichtbildkünstler“ der Deutschen Fotothek.

Ansprüche. Während das Wohlbefinden des Rotwilds auf eine intakte Natur schließen lässt, sind dort, wo es unter Stress gerät, die Lebensräume zu verbessern. Und diese Verbesserung wird nicht nur dieser einen Art, sondern der gesamten Tierwelt zugutekommen.

Und das bedeutet für den heutigen Menschen schon deshalb eine besondere Herausforderung, weil Rotwild – darin noch ganz Steppentier – wandert. Während der Frühsommermonate legen manche Hirsche beachtliche Strecken zurück, oft hundert Kilometer in wenigen Tagen. Manche Züge lassen auf alte, immer noch genutzte Fernwanderwege schließen. Die Beweglichkeit kommt der Erbgut-Vielfalt zugute. Wie Untersuchungen in Baden-Württemberg nachgewiesen haben, tauschen sich die Tiere über das ganze Land aus – nur für ein Grenzgebiet zu Bayern konnte das arteigene Wanderverhalten nicht nachgewiesen werden. Da sich aber auch hier keine genetische Verarmung feststellen ließ, blieb nur der erstaunliche Schluss, dass die Wanderbewegungen der Hirsche nicht einmal vor Bundesländergrenzen haltmachen.

Außerdem beansprucht Rotwild große Streifgebiete, doch offenbar können die Ansprüche stark variieren. In jedem Fall zeigen die männlichen Tiere den größeren Aktionsradius. Die meisten Bundesländer haben sogenannte Rotwildgebiete eingerichtet, 140 sind es insgesamt, etwa 15 Prozent der ursprünglichen Rotwildhabitate. Einige Gebiete wurden schon vor über fünfzig Jahren eingerichtet, dabei gaben forstwirtschaftliche Gesichtspunkte den Ausschlag. Für eine wanderfreudige Art hat das Folgen: Wer von einem Gebiet ins andere wechseln will, dem droht der Abschuss.

Stärkstes Hemmnis der arteigenen Beweglichkeit sind hierzulande die Autobahnen. Das Fichtelgebirge, Dreh- und Angelpunkt der Rotwildwanderungen zwischen dem Thüringer Wald im Nordwesten und dem Oberpfälzer Wald im Süden, ist mittlerweile von Bundesfernstraßen umringt. Die geplante A 39 zwischen Wolfs- und Lüneburg wird die Rothirschpopulation der Lüneburger Heide (und damit die größte im Flachland) trennen. Die A 11 durch das Biosphärenreservat Schorfheide-Chorin bildet für den hiesigen Bestand eine gewaltige Barriere. Die 2005 freigegebene, in ihrer Art vorbildliche Wildbrücke ist von allen möglichen Tierarten angenommen worden, nur vom Rothirsch kaum.

So sehr sich das Rotwild auf der einen, der Sommerseite, durch große Beweglichkeit auszeichnet, so sehr tut es sich auf der anderen, der Winterseite, als Energiesparer hervor. Erst jüngere Forschungen haben ans Licht gebracht, wie souverän es mit seinen Kraftreserven haushalten kann. Der Leitsatz heißt: Ganz wenig bewegen! Rotwild ist fähig, in seinen äußeren Körperteilen die Temperatur derart niedrig zu halten, dass sich kaum überzogen von einem „Winterschlaf der Beine" sprechen lässt. Energie sparen Rothirsche auch, indem sie weniger Nahrung aufnehmen. Durch die herabgesetzte Verdauungstätigkeit hat der Stoffwechsel weniger Arbeit.

Umso dramatischer sind die Folgen, wenn der Hirsch dieses Sparprogramm nicht durchhalten kann. Wenn er sich besonders im späten Winter, bei schwerem Schnee und fast aufgezehrten Körperfettvorräten, zur Flucht veranlasst sieht. Danach ist er gezwungen, seinen Energiehaushalt aufwendig wieder auszugleichen. Weil Wald und Flur zu dieser Zeit wenig hochwertige

Fegeschaden an einer jungen Kiefer. „Fegen" nennt es der Jäger, wenn ein Hirsch die Bastschicht seines Geweihs oder ein Rehbock die seines Gehörns an einem Baum, meist einem Bäumchen, abreibt.

Nahrung hergeben, muss entsprechend viel magere Kost aufgenommen, muss viel geschält und verbissen werden.

Ein probates Mittel gibt es, solche Waldschäden zu verhindern: Das Rotwild wird den Winter über „gegattert". Lockmittel ist das (reichliche) Futter. Doch natürlich wissen sie zum Beispiel im Nationalpark Bayerischer Wald auch, dass diese monatelange Haltung in schreiendem Widerspruch zu den Bedürfnissen des Wildtiers steht. Nur wird eben außerhalb des Zauns nicht verbissen und geschält, jedenfalls nicht vom Rotwild. Dergleichen nennt sich „konfliktarmes Rotwildmanagement", manche sprechen auch von konfliktarmer „Bewirtschaftung". Bewirtschaftung klingt ehrlicher. Die neueren Ergebnisse zur Biologie und Ökologie des Rotwilds haben nur noch deutlicher gemacht, dass es ohne Eingriffe menschlicherseits nicht geht. Wenigstens herrscht heute weitgehend Einigkeit, die Ansprüche des Rotwilds so weit wie möglich zu berücksichtigen. Da beruhigt, dass diese Tierart sehr anpassungsfähig scheint, so anpassungsfähig, dass bis heute umstritten ist, ob der Rothirsch nun als Wald- oder als Tier des Offenlands gelten soll.

Bleibt noch der Blick auf die „Krone“. Damit ist hier das Geweih des männlichen Rotwilds gemeint, also jener Körperteil, der so gerne an die Wand genagelt wird. An der Wand muss das Geweih etwas hermachen, Stichwort Trophäenästhetik. Lange galt, dass die Hirsche mit dem vielversprechendsten Auswüchsen auch die aus biologischer Sicht förderungswürdigsten sind. Diese Annahme hat die Genetik nicht bestätigen können. Auch Hirsche mit unattraktivem Gehörn können sehr wohl Tiere mit vorzüglichen Erbanlagen sein, die gängige jagdliche Auslese wirkt hier als Beschränkung der genetischen Vielfalt.

Zum aktuellen Stand der Forstgeschichte

Die vielerorts immer noch zu hohe Wilddichte und die Auseinandersetzungen darum zeigen, wie sehr die Forstgeschichte in die Sozialgeschichte hineinragt. Doch gibt es inzwischen etwa die Zusammenschlüsse kleiner Privatwaldbesitzer, die für ihre Jagdreviere strenge Regeln festlegen. Und die notfalls eigene Jagdgenossenschaften gründen, um dem Grundsatz „Wald vor Wild“ Geltung zu verschaffen.

In guten Händen ist der Wald auch bei manch großem Privatwaldbesitzer. Wer einen Wald lange bewirtschaftet und von ihm leben muss, weiß, dass der Dauerwald jedenfalls auf lange Sicht die höheren Erträge bringt.

Gutes Holz – Das FSC-Gütesiegel
1993 wurde der Forest Stewardship Council (FSC) als „gemeinnützige und unabhängige Organisation zur Förderung verantwortlicher Waldwirtschaft“ gegründet. Weltweit tätig, beglaubigt der FSC mit seinem Prüfsiegel eine umweltgerechte, sozialverträgliche und „wirtschaftlich tragfähige“ Ernte wie Verarbeitung des Holzes, das sein Prüfsiegel erhält.

Etwas anders liegt der Fall bei den Wäldern der öffentlichen Hand. Bund, Länder und Kommunen, sie haben ihre Forstverwaltungen derart „verschlankt“, dass Hungerödeme drohen. Traditionelle Forstverwaltungen wurden in Betriebe verwandelt, sie müssen sich selbst tragen. Manche Verlautbarungen aus den einschlägigen Länderministerien klingen wieder stark nach der Vormarsch-Musik von Finanzmathematikern. Der Waldverkauf ist aus ihrer Sicht ein fast zwangsläufiger Schluss. In Nordrhein-Westfalen wurden große Flächen an Private abgegeben, Einnahmen: immerhin zwanzig Millionen Euro. Unter den veräußerten Waldstücken waren auch solche, die einen besonderen Schutzstatus hatten. Nur zur Erinnerung: Das Bundeswald- und die Landesforstgesetze gehen von den eigenen Baumbeständen als Vorbildwäldern aus. Das schließt nicht nur eine naturgemäße oder naturverträgliche Bewirtschaftung ein, sondern auch einen besonders verantwortlichen Umgang mit besonders schützenwerten Waldbiotopen. Und je mehr sich der Staat einer Verantwortung für die Wälder entledigt, desto mehr droht die Forstwirtschaft zum Anhängsel der Holzindustrie zu werden. Ohnehin zeichnet sich diese Tendenz in der EU ab, die immer stärker auch die Geschicke des deutschen Waldes mitbestimmt.

Deutsche Forstwissenschaftler sind besorgt. Da die selbstverwalteten Universitäten oft andere Schwerpunkte setzen, seien ihre Forschungsmöglichkeiten beeinträchtigt, die Berufsaussichten für Absolventen ihres Fachs grottenschlecht und überhaupt habe die deutsche Forstwissenschaft weltweit an Ansehen verloren. Jüngere Wissenschaftler wenden allerdings ein, dass die Eingliederung in einen größeren Fachzusammenhang und -austausch auch und gerade der breit aufgestellten Forstwissenschaft entgegenkomme oder doch entgegenkommen müsste.

Die jüngsten Alarmrufe aus der Praxis schließlich gelten dem Holz als nachwachsendem Rohstoff. Die Plünderung der Wälder drohe erneut, weil zu viel Holz aus dem Wald genommen werde. Die gestiegenen Brennholzpreise führten gelegentlich offenbar dazu, dass manche Zeitgenossen wieder den Holzdiebstahl als lohnend erachten.

Noch aber profitiert der Wald, profitiert der naturnahe Waldbau und profitieren auch die Forstwissenschaften von der auch materiell beglaubigten Aufmerksamkeit, die der Wald hierzulande erhielt. Allerdings können die Waldbilder drastisch darüber belehren, dass es für Waldbau einen langen Atem braucht. Und das nicht nur für den Waldbau, sondern auch für den Wald. Wer die nun einmal existenten Forsten mit Gewalt umkrempeln wollte, verschlimmbessert nur.

Was den Historiker angeht, empfiehlt der Gelassenheit. Er weiß, dass der Wald nicht erst seit heute im Widerstreit der Interessen steht. Er wird auch die Auseinandersetzungen um die Waldwildnis mit einem milden Lächeln zur Kenntnis nehmen. Der Waldhistoriker empfiehlt allerdings auch: Wachsamkeit. Im Hin und Her der gesellschaftlichen Strömungen muss eines zäh verteidigt werden: das erweiterte Verständnis der Nachhaltigkeit. Es erschöpft sich ausdrücklich nicht im Gleichgewicht von Holzzuwachs und Holzentnahme. Der Wald ist ein Ökosystem mit vielen „Leistungen“, und nur ein stabiler Wald lässt an seinen Segnungen dauerhaft teilhaben.

Blick auf den Diebelsee im UNESCO-Biosphärenreservat Schorfheide-Chorin.

Waldkultur

„Wälder hehr und wunderbar" – der Wald in den Köpfen

In den Wäldern sind Dinge, über die nachzudenken man jahrelang im Moos liegen könnte. FRANZ KAFKA

Dass ein so wichtiger Lebensraum die Menschen über ihren Lebensunterhalt hinaus beschäftigt hat, leuchtet unmittelbar ein. Der Wald verkörperte beides: Bedrohung und Schutz. Die Kehre zum Wald als deutschem Biotop bahnt sich unter dem Horizont der Renaissance an, einen bedeutenden Flächengewinn verdankt dieser Wald der Romantik. Zeitgleich aber konstruiert die deutsche Forstwissenschaft ihn nach allen Regeln der aufklärerischen Vernunft. Die schwärmerische Verehrung führt leicht auf den Holzweg und womöglich in die Sackgasse des Nationalsozialismus. Aber seine Magie blieb, mit dem Waldsterben gewinnt sie wieder eine Stimme. Bis heute ist der Wald hierzulande ein attraktives Motiv für die Künste.

Die Ehre der Erstveröffentlichung gebührt dem *Vossischen Almanach* von 1771. Aber noch heute gehört Matthias Claudius' *Abendlied* zu den bekanntesten Gedichten deutscher Sprache – ohne Weiteres sei zugestanden, dass daran auch die eingängige Vertonung durch Johann Abraham Peter Schulz ihren Anteil hat: durch seine Melodie wurde dieses *Abendlied* zum Lied. Gleich eingangs, gleich nach dem Blick zum Himmel, wo der Mond aufgegangen ist und die goldnen Sternlein prangen, wird er eingeführt: Der Wald „steht schwarz und schweiget".

Die erste Strophe beschwört die Idylle einer stillen Welt, in die sich allerdings Schwärze und Schweigen des Waldes nicht ohne Weiteres fügen wollen. Doch fasst gerade dieser eine Vers unüberbietbar lakonisch zusammen, wie der Wald lange gesehen wurde und wohl immer noch gesehen wird.

Schwärze und Schweigen: Sie sind integrale Bestandteile des europäischen Waldbilds, weisen also über den deutschen Wald hinaus; Kulturgeschichte hält sich nicht an Territorialgrenzen. Aber ein Beginn mit dem *Abendlied* des Matthias Claudius ist dann doch wieder dicht beim Thema: Der deutsche Wald ist nicht nur eine Kopfgeburt, sondern auch eine Herzensangelegenheit. Und auch davon wird die Rede sein.

Frühe Zeugnisse

Aus der Isländischen Nationalbibliothek stammt diese Handschrift (um 1220) der *Edda* des Skalden Snorri Sturluson (1179–1241), die Randillustrationen sind allerdings gut 450 Jahre jünger. Auf der gegenüberliegenden Seite links die *Merseburger Zaubersprüche*, die beiden im Text zitierten Verse sind der fünfte und sechste von oben. Daneben eine Sequenz aus dem *Heliand*, nach dem *Codex Cottonianus* im British Museum. „Der Wald steht schwarz ...", und aufgegangen ist der Mond ohnehin auf der Seite 300.

Nach ihrem Fundort heißen sie *Merseburger Zaubersprüche*. Sie wurden auf dem Vorsatzblatt eines Messbuchs aus dem 9. Jahrhundert notiert, ihr Alter lässt sich nicht sicher bestimmen. Doch zweifellos kommt den Sprüchen im ostfränkischen Dialekt eine Ausnahmestellung zu, sie sind eines der ganz wenigen Zeugnisse, das unmittelbar, also ohne christliche Überprägung, von der germanisch-heidnischen Götterwelt handelt.

Nun ist die Zahl althochdeutscher Texte überhaupt gering. Was erhalten blieb, hängt vom Zufall ab und kann nicht für die unbekannte Gesamtmenge sprechen. Doch im zweiten Merseburger Zauberspruch kommt der Wald auf bezeichnende Weise ins Spiel: „Phol und Wodan ritten ins Holz,/ Da wurde dem Fohlen Balders der Fuß verrenkt." Es folgt eine Beschwörungsformel, mit der Wotan das Ross heilt.

Später, um 1220, entstand die *Snorra-Edda*, aber auch sie führt in die Tiefe nordisch-germanischer Mythologie, auch sie bringt Pferd und Wald aufschlussreich zusammen. Loki, der Zwielichtigste unter den Himmlischen, hat einen Baumeister engagiert, der gegen hohes Entgelt eine uneinnehmbare Götterburg errichten soll. Weil die Asen von vornherein nicht gesonnen sind, ihn so fürstlich zu honorieren, handeln sie eine sehr kurze Bauzeit aus. Doch mithilfe seines Pferds Svadilfari kommt der Meister außerordentlich schnell voran. Nun fürchten die Götter, den stolzen Preis zahlen zu müssen und wollen Loki für den verhängnisvollen Handel zur Rechenschaft ziehen. Loki entgeht der angedrohten Strafe, indem er sich in eine rossige Stute verwandelt. Als solche bricht der sprichwörtlich Listenreiche kurz vor Vollendung der Götterburg aus dem Wald, und sofort geht der Hengst mit ihr durch. Die Arbeit bleibt liegen, die Burg unvollendet, ihr Erbauer kommt um den Lohn.

Wir bleiben bei den frühen Schriftzeugnissen, wechseln aber zu einem anderen literarischen Genre: Um das Jahr 830 ringt der unbekannte Verfasser des altsächsischen *Heliand* mit einer treffenden Übersetzung. In seiner stabgereimten Version des Neuen Testaments, später als Sprachkunstwerk hoch gelobt, versucht er, den Bibeltext der Vorstellungswelt seiner noch halbwegs heidnischen Landsleute anzupassen. Im Rahmen dieses Kulturtransfers muss ihnen auch plausibel gemacht werden, was eine Wüste ist und warum gerade sie die passende Kulisse für die Versuchung Christi abgibt.

Keine leichte Aufgabe. Die Szenarien der Heiligen Schrift waren den Sachsen unvertraut, noch weniger war damit zu rechnen, dass Leser oder Zuhörer die Wüste aus anderer Literatur oder gar eigener Anschauung kannten. Der Autor, sicher geistlichen Standes, schreibt statt Wüste Wald. Jetzt wusste jeder sofort, was gemeint war: eine fürchterlich wüste Gegend, wie geschaffen für den Auftritt des altbösen Feinds.

Drei Streiflichter, die aus der Vorzeit auf den Wald fallen: Im zweiten Merseburger Zauberspruch ist er schlicht eine unwegsame Gegend, in der ein Pferd nicht geritten, sondern vorsichtshalber am Zügel geführt werden sollte, in der Passage aus der *Snorra-Edda* steht er für die Wildnis in Gestalt der ungezügelten Triebhaftigkeit, im *Heliand* ist er das Spielfeld des Versuchers. Auf unserem Parforceritt durch die Kulturgeschichte des (deutschen) Waldes werden wir allen diesen Vorstellungen immer wieder begegnen.

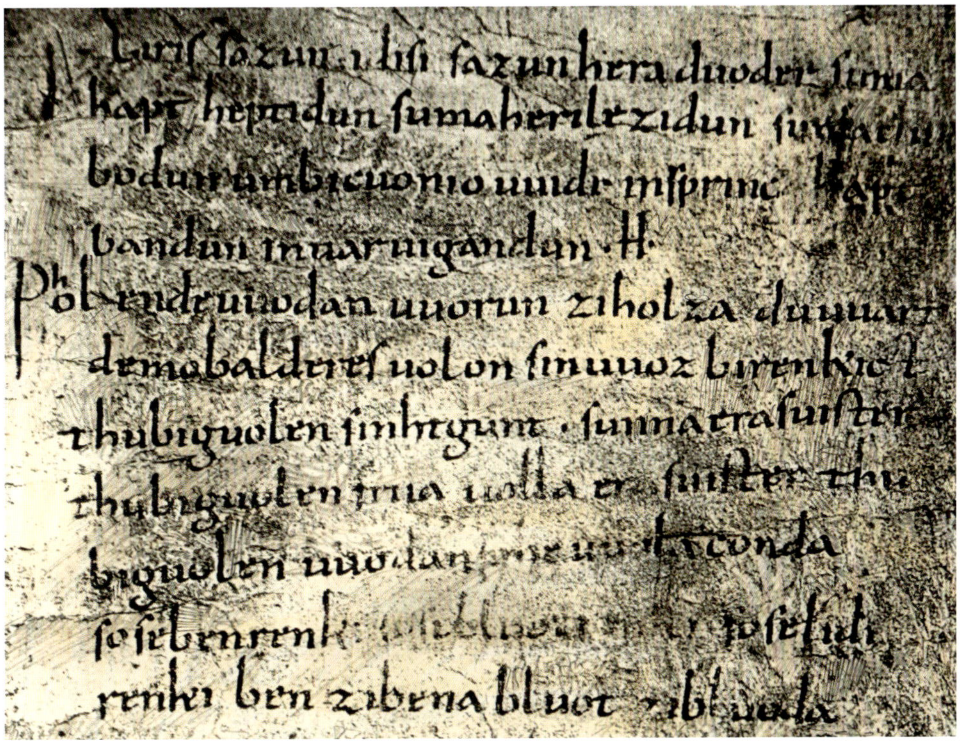
[illegible] sazun idisi sazun hera duoder suma
hapt heptidun suma heri lezidun sum[illegible]
bodun umbi cuonio uuidi insprinc hapt
bandun inuar uigandun · H ·
Phol endi uuodan uuorun zi holza du uuart
demo balderes uolon sin uuoz birenkit
thu biguolen sinhtgunt · sunna era suister
thu biguolen friia uolla era suister thu
biguolen uuodan [illegible] conda
sose benrenki [illegible] sose lidi
renki ben zi bena bluot [illegible]

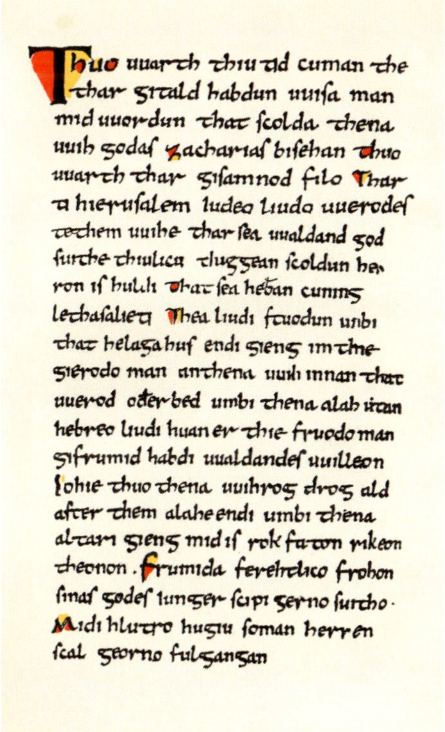
Thuo uuarth thiu tid cuman the
thar gitald habdun uuisa man
mid uuordun that scolda thena
uuih godas Zacharias bisehan thuo
uuarth thar gisamnod filo Thar
ta hierusalem Iudeo liudo uuerodes
tethem uuihe thar sea uualdand god
suithe thiulica thuggean scoldun he
ron is huldi that sea heban cuning
lethas alletta Thea liudi stuodun umbi
that helaga hus endi giens im the
gierodo man an thena uuih innan that
uuerod odar bed umbi thena alah utan
hebreo liudi huan er thie frUodo man
gifrumid habdi uualdandes uuilleon
sohie thuo thena uuihrog drog ald
after them alahe endi umbi thena
altari giens mid is rok fatun rikeon
theonon . Frumida ferehtlico frohon
sinas godes iunger scipi gerno suitho ·
Midi hlutro hugiu so man herren
scal georno fulgangan

Die römische Sicht auf das Land der Germanen

Die Anfänge eines waldzentrierten Deutschlandbilds liegen nicht im Land selbst. Die am häufigsten zitierte Belegstelle für den Bäumereichtum östlich des Rheins stammt aus einer Schrift des römischen Autors Tacitus, die er wohl 98 n. Chr. schrieb. Ihr eher behelfsweiser Titel: *Germania*.

Die *Germania* existiert nur in einer einzigen Abschrift aus der Mitte des 9. Jahrhunderts. Rund 600 Jahre später im Kloster Hersfeld entdeckt, kam sie gleich nach Italien. Den fünften Abschnitt beginnt der Autor mit der zusammenfassenden Charakteristik.

Zwar unterscheidet sich das Land nach seiner Gestalt durchaus, doch ist es im Allgemeinen entweder von schaurigen Wäldern oder abscheulichen Sümpfen bedeckt.

TACITUS

Dem Land entsprechen seine Bewohner. Für Tacitus steht fest, dass sie seit je hier leben müssen: Wer würde schon ein derart wüstes Land unter einem so rauen Himmel zur Heimat wählen? Wenigstens zeichnet der römische Autor ein recht ausgewogenes Bild der Germanen, sie liebten die Freiheit, seien sittenstrenge Menschen, die besonders auf Ehezucht hielten, eine Feststellung, die sich als Seitenhieb auf seine eigenen Landsleute versteht. Lichtgestalten sind die Bewohner der *Germania* deshalb noch lange nicht, vielmehr tückisch und dem Trunk zugetan.

Auch für andere lateinische Schriftsteller ist die Engführung von germanischem Land und Leuten charakteristisch. Sie sahen in der Unwirtlichkeit des Geländes eine Ressource seiner Bewohner, sie nahmen die Sümpfe und Wälder als Verbündete gegen die Eroberer wahr. So hat es seine (über-örtliche) Logik, dass ein Waldgebirge, der *saltus Teutoburgiensis*, Schauplatz einer der bittersten römischen Niederlagen war.

Vielleicht darf hier doch daran erinnert werden, dass auch der römische Gründungsmythos ohne den Wald nicht auskommt. „Eingeborene Nymphen und Faune/ bewohnten die Wälder/ Und ein Geschlecht, das war entstanden/ aus Stämmen und Kernholz." Dieses Bild entwirft der Dichterfürst Vergil von den Bewohnern Latiums, also der zentralen Landschaft des Imperiums, vor der Gründung Roms.

Antike Idylle, versetzt in einen eher mitteleuropäischen Wald: Jan Brueghel der Ältere (1568–1625), „Diana und ihre Nymphen nach der Jagd". Deutlich rustikaler geht es auf der Illustration rechts zu, die Germanen beim Erlegen eines Keilers zeigt.

Ein Waldtier, hier gefangen vom *Tapferen Schneiderlein* der Brüder Grimm, ist auch das Einhorn, allerdings ein mythisches. Unten die Fotografie einer alten Römerstraße, der *Via Raetia*, erbaut um 200 n. Chr., bei Klais in Oberbayern.

Eigentlich spielt keine Rolle, ob Germanien tatsächlich den Tatbestand eines Waldlands erfüllte. (Der Leser dieses Buches weiß ohnehin, dass das nicht durchgängig der Fall war.) Aber zweifellos hatte die Sicht der Autoren, so viel bloßes Dafürhalten oder taktisches Kalkül sie lenken mochten, doch insofern ihre Wahrheit, als sich dieses Gebiet östlich des Rheins deutlich von ihrer Heimat unterschied. Deshalb hat Gaius Julius Cäsar wohl den Berichten über fabelhafte Wildtiere Glauben geschenkt. Sie durchstreiften den germanischen, unbestimmbar großen Hercynischen Wald (kaum der Harz). Hier lebte das Einhorn, „ein Rind, ein Hirsch von Gestalt mit einem Horn auf der Stirne, das stärker und gestreckter ist als alle uns bekannten Geweihe". Auch von den Elchen hat er gehört, deren Beine keine Gelenke hätten. „Bäume dienen ihnen als Lagerstätten, daran lehnen sie sich und können so, etwas zur Seite geneigt, ruhen."

Im Wald der deutschen Epen: Parzival

Die großen höfischen Romane entstanden im deutschen Sprachraum um 1200. Sie fußen auf französischen Vorlagen, die jedoch von den heimischen Autoren souverän gehandhabt wurden. Hier wie dort finden sich zahlreiche Waldepisoden, überhaupt lassen sich die Vorstellungen von diesem Lebensraum ohne Weiteres in eine gesamteuropäische Perspektive einordnen.

Der Wald erscheint als Gegenwelt zur höfischen. Das heißt zunächst: der Wald wirkt bedrohlich. Zugleich ist er ein bevorzugter Schauplatz der *aventuire,* ein Wort, das mit „Abenteuer“ nur unzureichend übersetzt ist. Im Wald muss sich der Ritter standesgemäß bewähren, hier verteidigt er seinen idealen Kosmos gegen die feindlichen Mächte, Jagd und Kampf liegen eng beieinander. Wenig aber verbindet diesen Wald des höfischen Romans mit den tatsächlichen Gegebenheiten. Wenn einer, dann ist er eine Kopfgeburt. Eine in diesem Sinn prägnante Rolle spielt der Wald im Umkreis der Artusromane.

Es trifft sich glücklich, dass *der* deutsche Roman des Mittelalters so viele Waldpassagen bietet. Wolfram von Eschenbach schrieb ihn, sein *Parzival* ist in nicht weniger als 86 Handschriften überliefert, davon sind 15 vollständig.

Kopfgeburt hin oder her, immer wieder einmal haben historisch interessierte Umweltforscher versucht, dem höfischen Roman Erkenntnisse über den realen Zustand der Wälder um 1200 abzugewinnen. Aufmerksamkeit fand die Mitteilung Wolframs, um die Gralsburg ziehe sich ein dichter, sprich ungenutzter Wald von dreißig Meilen: Wenn dessen Ausdehnung und Ursprünglichkeit derart betont würden, müsse ein so urtümlicher Baumbestand schon damals die Ausnahme gewesen sein.

Aber die Erzählung beginnt in einem anderen Wald. Eine Königin mit dem sprechenden Namen Herzeloyde sucht seine Abgeschiedenheit. Sie tut das, wie Wolfram eigens betont, nicht der Idylle wegen, als die der Wald im Minnesang ja durchaus figurieren kann. Vielmehr trägt Herzeloyde schwer am Verlust ihres Gatten Gahmuret, von dessen Tod sie kurz vor Parzivals Geburt erfahren hat. Weil sie für diesen Verlust den Normenkodex seines Standes verantwortlich macht, will sie ihren Sohn von der höfischen Welt völlig fernhalten. Nicht nur sucht sie den Schutz der grünen Einöde, sondern droht auch ihren Gefolgsleuten mit dem Tod, sollten sie je vor Parzival „von Rittertum und Rittern auch nur einen Ton sprechen“.

Alle Vorsichtsmaßnahmen nützen nichts. Als der jagende Parzival den Wald durchstreift, trifft er eines Tages auf drei Ritter. Damit nimmt zumindest aus Sicht Herzeloydes das Verhängnis seinen Lauf. Wie sehr aber der Wald die Weltsicht ihres Sohnes geprägt hat, zeigt Wolfram in einer Überblendung von Gewachsenem und Gebautem. Parzival hält die zahlreichen Türme der Artusburg für Baumwipfel: „Da meint er, Artus habe sie gesät, und nahm es als Zeichen seiner Heiligkeit.“

Noch steht dem „reinen Toren“ ein langer Erkenntnisweg bevor, aber am Ende wird Parzival zum Herrn der Gralsburg werden, dem Zentrum der christlich-ritterlichen Welt. In gewisser Weise wiederholt sich die Ausgangssituation, denn auch diese Burg Munsalvæsche ist vom Wald umgeben. Hier irrt Parzival geraume Zeit umher, aber hier begegnet er auch der Klausnerin Sigune und dem Eremiten Trevrizent. Diese beiden klären Parzival über sich selbst und seine hohe Berufung auf. Als Einsiedler haben sie eine ganz eigene Beziehung zum Wald: Sigune, Verwandte des Helden, zuletzt eingemauert mit dem Sarg ihres Mannes, und der weise Gottesmann verkörpern das christliche Potenzial des Walds. Gerade dessen Lebensfeindlichkeit ermöglicht die völlige Hingabe an den Schöpfer.

Parzival begegnet einem Ritter. Nie aus dem Wald herausgekommen, hält der Junge den Gewappneten für ein göttliches Wesen. Wandgemälde aus dem Zyklus „Die Parzivalsage“ von Ferdinand Piloty dem Jüngeren im Schloss Neuschwanstein.

Wilde Leute bei der Mahlzeit (links). Oberrheinischer Bildteppich (um 1400). Die Blätter des Baumes am rechten Bildrand deuten auf eine Linde. Das Bäumeausreißen (rechts) gehört seit jeher zu den Haupttätigkeiten eines Wilden Mannes. Dieser hier tritt aus dem Rahmen einer Renaissance-Architektur. Die kolorierte Zeichnung entstand, vielleicht als Vorlage für eine Glasmalerei, um 1526.

Waldgestalten – Wilder Mann und raues Weib

Ausdruck für die Bedrohlichkeit des Walds sind die Wilden Leute, zuweilen auch „silvani" (nach lateinisch *silva* für „Wald") genannt. Eng an die französische Vorlage hielt sich Hartmann von Aue mit seinem *Iwein*-Roman. Der Artusritter Iwein geht so im Turniersport auf, dass er länger als versprochen von Hof und Gattin fernbleibt. Damit hat er sich der „untriuwe" (Treulosigkeit, Betrug) schuldig gemacht, also eines schweren Vergehens, er wird aus der höfischen Welt ausgestoßen.

Ein Verweis mit fürchterlichen Folgen. Der Wahnsinn ergreift Iwein, er wird zum Wilden Mann im Wald. Seine Geistesgestörtheit steht für die tiefgreifende Störung der Ordnung, der Verwirrte gehört nun der chaotischen Waldwelt an. Die Wildheit des gewesenen Ritters steht im Gegensatz zu höfischer *zuht* (Sittsamkeit, Anstand) und *mâze* (Bescheidenheit). Zwar kann die Verwilderung Iweins rückgängig gemacht werden, doch offenbar sind auch Angehörige der höfischen Welt vor einem Wilde-Leute-Schicksal keineswegs gefeit.

Einen bemerkenswerten Auftritt hat in einem weniger bekannten Lied der Heldenepik das Gegenstück zum Wilden Mann, hier genannt „raues Weib". Eine etwa 1250 entstandene Fassung des Wolfdietrich-Epos lässt die Hauptfigur schwerste Prüfungen bestehen. Im Kampf um das väterliche Erbe hat Wolfdietrich gerade schmählich den Kürzeren gezogen, jetzt droht er auch noch in die Fänge einer – grotesk hässlichen – „wilden Frau" zu geraten. Sein treuer Gefolgsmann Bertunc kann gar nicht eindringlich genug vor diesem Wesen warnen:

Da sprach der Herzog Bertunc, Eu'r harrt ein raues Weib.
Wie wollt ihr vor derselben retten Euren Leib?
Sie ist Euch nachgegangen, jetzt schon ins dritte Jahr:
Sie hätt' Euch gern zum Manne, das sag ich Euch fürwahr.

Wolfdietrich schmäht denn auch seine „raue Else" als Teufelsweib, als Ausgeburt der Hölle. Dass er ausdrücklich den „Leib" vor ihr retten muss, verwundert ebenfalls nicht. Denn „natürlich" müssen im Wald auch die höfischen Sexualnormen versagen, ein Waldweib zeigt ihre Lust offen. Weil sich Wolfdietrich ihr verweigert, statuiert die „raue Else" im weiteren Verlauf der Erzählung an ihm das fürchterliche Exempel des Gesellschafts-, Männlich- und Ritterlichkeitsverlusts. Er scheint zu einem dauerhaften Waldleben verurteilt, das raue Weib besitzt große Zauberkräfte. Endlich stimmt der Held einer Heirat zu, wenn sich die ebenso dämonische wie heidnische Else taufen ließe. Ort der Taufe ist ein Jungbrunnen, dem sie als schönste aller Frauen entsteigt. Ihr neuer Name sagt mehr als tausend Verse, dass sie nun zur höfischen Welt gehört: Sigeminne. Selbstredend steht der Ehe nun nichts mehr im Wege.

Man hat die Wilden Leute als Zwitterwesen aus germanischen Walddämonen und antiken Satyrn gedeutet, die das von der Tugend besiegte Laster darstellen sollen. Zahlreich bevölkern sie die Kunstwerke des späten Mittelalters und der frühen Neuzeit. Oft tragen sie ein Fell, ob nun ihr eigenes oder nur als Bekleidung, manchmal reicht ein härener Lendenschurz, um den Betrachter wissen zu lassen, wen er vor sich hat. Stets wuchern Haupt- und beim Mann auch das Barthaar aufs Üppigste, Attribut seiner rohen Kraft ist die Keule. Jedenfalls stehen sie ganz außerhalb der christlich-höfischen Welt.

Aber sie gehören doch zur Sphäre des Adels, auffallend häufig dienen sie als Wappenhalter. Später ergriff auch das patrizische Bürgertum von ihnen Besitz, ein schönes Beispiel bietet ein Berner Bildteppich von 1470/80, auf dem eine „tugendreiche Dame" einen Wilden Mann zähmt.

Offenbar variieren die Sinnbildaufgaben der Wilden Leute, immer aber verkörpern sie die rohe, unzivilisierte Kraft, gehören zur Vorzeit wie zum Wald. Doch ist nicht zu übersehen, dass sie mit ihrem immer häufigeren Auftreten an Dämonie verlieren. Wenn die oberrheinische Tapisserie aus dem Regensburger Stadtmuseum tatsächlich schon Anfang des 15. Jahrhunderts gewirkt wurde, dann geben sich ihre Waldleute schon recht früh heiter-verspielt und sinnenfroh.

Allgemein gilt: je näher das Motiv der Wende zum 16. Jahrhundert rückt, desto entspannter gehen die Künstler mit ihm um. Auf den Bildteppichen oder Schmuckkästchen stellen Wilde Leute sogar dem Hirsch nach, üben also die Hohe Jagd aus, die dem Adel vorbehalten war. Und beim Nürnberger Bürger und Meistersinger Hans Sachs verkörpern sie eine bessere Welt. Sie „halten in wildem walde hauss“, fliehen die Nähe der Menschen, bis die sich wieder besonnen haben, bis „yedermann wird trew und frumb“ (fromm). „Denn wol wir wider aus dem waldt/ und wonen bei der menschen schar/ Wir haben hie gewart viel Jahr.“

Die bemerkenswerteste Darstellung der Wilden Leute aber findet sich in der Pirnaer Marienkirche. Unter dem Patronat der spätestgotischen Astwerkornamentik kommen hier der Wald und seine wilden Bewohner so schön zusammen wie nirgends sonst. In der Chorapsis spotten als Äste gestaltete Rippen jenes Regelmaßes, dem selbst virtuoseste Netzgewölbemuster folgen. Am stilisierten Baum pirscht ein Marder auf einen Vogel, ein Äffchen lugt hinter dem Stamm hervor.

Und ein um 1550 geschaffenes Wilde-Leute-Paar aus Sandstein belebt das ebenfalls steinerne Gehölz. Beide Figuren haben ein grünes Fell, das nur Gesicht, Fingerspitzen und Zehen frei lässt. Über die Bedeutung dieser Wilden Leute darf gerätselt werden. Doch dass sie hier mit dem Astwerkdekor so fest verbunden sind, stellt sie entschieden zum Wald.

So schön kommen die beiden Waldmotive nur im Chor der Pirnaer Marienkirche zusammen: Das Astwerk und die Wilden Leute, hier ein Wilder Mann.

Kleine Anmerkung zum Astwerk

Auch das Astwerk weist in die Zeit um 1500. Selten findet sich dieses Dekor in Spanien und Frankreich, häufiger tritt es nur im deutschen Sprachraum auf. Und auch hier bleiben der Westen und Norden weitgehend astwerkfrei, dafür können die südlichen und östlichen Reichsteile für einige Jahrzehnte mit teils spektakulären Beispielen aufwarten. Und erst in jüngster Zeit ist die Forschung über die täuschend echten Baumstücke wirklich ins Grübeln geraten.

Naturalistische Darstellungen kennt schon die deutsche Bildhauerkunst der frühen Gotik. Um 1250 schuf der Naumburger Meister den großartigen Kapitellschmuck am Westlettner des Naumburger Doms, seine Haselnüsse lösen fast den Greifreflex aus. Der begnadete Steinmetz muss durch die Schule der französischen Kathedralplastik gegangen sein: Sie, und die Gotik auf deutschem Boden wird ihrem Beispiel folgen, lässt eine Tendenz zur Naturtreue erkennen, die allerdings ziemlich schnell wieder der Stilisierung weicht.

Das Astwerk kommt plötzlich auf, jedenfalls sind bisher keine Vorbilder bekannt. Wer nach den Ursprüngen des Astwerks sucht, stößt vielmehr auf die Renaissance. An den Mittel- und Oberrhein führt die Suche nach dem Ursprung des Astwerks. Für einige Jahrzehnte wird es dann im süddeutschen Raum und in Sachsen weite Verbreitung finden. Als Gewölbeschmuck wirkt es insgesamt spielerisch-dekorativ, aber sein Naturalismus im Detail könnte doch auf ein neues, ein „deutsches“ Verständnis von Architektur hindeuten, das sich von der großen Ordnung des Waldes ableitet.

Die Ortsangabe Oberrhein sollte präzisiert werden: Das Astwerk taucht erstmals in Bildwerken auf, die ganz eng mit den Humanisten-Kreisen zwischen Worms und Heidelberg verbunden sind. Auch sie haben an den neuesten Strömungen in Kunst und Wissenschaft Anteil. Wie selbstverständlich beherrschen sie die Gelehrtensprache Latein in Wort und Schrift, können also die antiken Autoren (auch deren neu aufgefundene Schriften) im Original lesen. Und sie entdecken die Antike auf durchaus eigene Weise wieder, setzen durchaus andere Akzente als die Humanisten jenseits der Alpen.

Diese Sicht der deutschen Gelehrten legt auch einen anderen Blick auf die Architektur-Wald-Beziehung nahe. Zunächst kann sich die Herleitung der Säule vom Baum, der Säulenhalle vom Wald ja ohne Weiteres auf antike Traditionen berufen. Im Licht des Astwerkdekors aber spiegelt sich das Waldbild um 1500 anders wider, oder könnte sich doch anders widerspiegeln. Denn wohlgemerkt: Für sein Einrücken in die Waldperspektive sprechen bisher nur Vermutungen. Und insgesamt gerät der Wald jetzt in einen Bedeutungszusammenhang, der erstmals eine nationale Komponente erkennen lässt.

Der Wald und die Baukunst

Vieles spricht dafür, dass dieser Zusammenhang von der *Germania* des Tacitus gestiftet wurde, genauer ihrem Studium sowohl in Italien wie in Deutschland. 1455 hatte der Humanist Enoch von Ascoli die Hersfelder Abschrift nach Italien gebracht, 1470 kam ihr erster Abdruck in Venedig heraus. Eine deutsche Übersetzung erschien 1496, wobei die hiesigen Humanisten auf sie nicht angewiesen waren, eben weil sie Latein, die *Lingua franca* der

Links das Hauptportal der Chemnitzer Schlosskirche mit ausgeprägter Astwerkrahmung. Ein Meisterwerk gotischer Bildhauerkunst ist diese Haselnuss vom Westlettner des Naumburger Doms (rechts).

gelehrten Welt, sprachen und schrieben. Tacitus hält fest, dass Germanen die Holzbauweise bevorzugen, wobei Bauweise schon ein sehr anspruchsvolles Wort ist:

Nicht einmal Bruch- oder Backsteine
sind bei ihnen in Gebrauch; sie verwenden zu allem,
ohne auf einen schönen oder gefälligen Anblick
Wert zu legen, roh behauenes Bauholz. TACITUS

Sätze wie dieser waren Wasser auf die Mühlen derjenigen, für die jenseits der Alpen nur Barbaren hausten. Was Tacitus zur Verbindung von Wald und Andacht schreibt, ließ sich abfällig verstehen, obwohl es gar nicht so gemeint war: „Außerdem halten die Germanen dafür, dass es sich mit der Erhabenheit des Himmlischen nicht verträgt, die Götter in Wänden einzuschließen. Sie weihen ihnen Lichtungen und Haine."

Um 1510 urteilt der sogenannte Pseudo-Raffael übers zeitgenössische Bauen nördlich der Alpen: „Diese Architektur macht ein wenig Sinn, wenn man sie von Bäumen ableitet, deren Äste zusammengebunden wurden und dann einen Spitzbogen bildeten." Hier ist schon von Sakralbauwerken die Rede, deren Konstruktion dem fernen Bild heiliger Haine verpflichtet sein mochte. Viel traut der unbekannte Autor dieser Architektur allerdings nicht zu.

Wenn sie wenig später gotisch genannt wird, steckt darin ein starkes Stück Polemik. Rom hatte ja sein Goten-Trauma. 410 von den Westgoten erobert, war mit der Stadt auch ihr antikes Erbe ruiniert worden, an das die Renaissance-Architektur wieder anknüpfen wollte. Goten galten als die Barbaren schlechthin, Gotik war ein barbarischer Stil – obwohl sie in Italien etwa mit dem Mailänder Dom höchst prominent vertreten war.

Die Wälder der Donauschule

Die Jagd- oder die Jahreszeitenbilder des Mittelalters geben Gelegenheit, auch den Wald darzustellen. Allerdings ist er hierzulande lange kein Thema, wer nach Beispielen sucht, muss auf die französische und flämische Buchmalerei zurückgreifen. Im deutschen Sprachraum figuriert der Wald allenfalls

Lucas Cranach der Ältere, „Jagd bei Schloss Hartenfels" (Torgau). Das Gemälde, 1540 entstanden, zeigt unter anderem, wie dieser Wald in Schlossnähe auf die Jagdbedürfnisse (des kursächsischen Herrschers) abgestimmt wurde. Links der Blick auf das Hermannsdenkmal im Teutoburger Wald. Ernst von Bandel schuf diese Verherrlichung des Cheruskerfürsten Arminius, der den römischen Legionen im Jahr 9 n. Chr. eine schwere Niederlage zufügte, zwischen 1838 und 1875.

als Chiffre, sein Erscheinungsbild hat mit unseren Vorstellungen vom Wald nichts gemein.

Doch auch diese Lücke schließt sich an der Wende vom 15. zum 16. Jahrhundert. Bei den Malern des Donaustils tritt der Wald machtvoll auf, ihnen voran geht Lucas Cranach d. Ä. (1472–1553) während seiner kurzen Wiener Zeit. Er trat damals in Kontakt zum Humanisten-Kreis der Stadt, dessen Mittelpunkt der „Erzpoet" Conrad Celtis war. Kaiser Maximilian I. hatte ihn 1497 an die Wiener Universität berufen. 1498/1500 veröffentlichte er die *Germania* des Tacitus und seine eigene, eine aktuelle *Germania generalis*. Außerdem fügt er diesem Druck das dritte Kapitel seiner *Norimberga* an. Wenigstens poetisch vermisst Celtis dort den laut Cäsar und Tacitus „unendlichen" Hercynischen Wald, als dessen Zentrum benennt er die Mitte Deutschlands, das Fichtelgebirge. Nach eigener Aussage hatte er den Hercynischen Wald „bis in die lezten Winkel beschrieben".

Albrecht Altdorfer, „Donaulandschaft mit Schloss Wörth" (links, um 1522). Altdorfer malte mit diesem Bild wohl die erste „reine" Landschaft. Rechts Lucas Cranach der Ältere (1472–1553), „Der büßende Hieronymus" (1502) vor waldiger Kulisse.

Vorrangiges Interesse verdient hier Cranachs früher „Büßender Hieronymus", geschaffen wohl 1502. Vom Kirchenvater wird berichtet, dass er drei Jahre als Einsiedler in der Wüste von Chalkis gelebt habe. Schon Dürers Kupferstich (1496) zum gleichen Thema lässt das Waldmotiv deutlich anklingen. Aber bei Cranach ist die Wüste wirklich zum Wald geworden, so wie das schon beim Übersetzer des altsächsischen *Heliand* der Fall war. Übrigens stören sich die Titel der einschlägigen Bilder daran wenig, hier bleibt der Wald Wüste.

Auch Albrecht Altdorfer (um 1480–1538), der Hauptvertreter des Donaustils, hat 1507 einen büßenden Hieronymus gemalt. Und auch er versetzt den Heiligen in eine Waldkulisse. Aber während Cranach einen inbrünstigen Büßer zeigt, scheint dessen Bewegtheit bei Altdorfer an die Landschaft, vor allem an die Bäume, delegiert.

Überhaupt spielt der Wald in der Malerei und Grafik des Donaustils eine derart große Rolle, dass ihm eine ganze Monografie gewidmet werden konnte. Um 1520 malt Altdorfer seine „Donaulandschaft mit Schloss Wörth bei Regensburg". Diese Ansicht, über der sich ein imposantes Wolkenspiel ereignet, wird von zwei mächtigen Bäumen gerahmt. Botanisch lassen sich die beiden allerdings nicht exakt bestimmen, immerhin darf der linke als Nadel- und der rechte als Laubbaum angesprochen werden. Die kleine Tafel (30,5 x 22,2 Zentimeter) ist als erstes deutsches Landschaftsbild in die Kunstgeschichte eingegangen. Hier beherrschen Bäume und Himmel, Fließgewässer und Anhöhen die Szenerie. Fast menschenleer ist die Gegend, ebenfalls nur eine Nebenrolle spielt die als Schloss Wörth identifizierte Architektur im Mittelgrund. Damit sind wir bei der konkreten Verortung dieser Donaulandschaft, der dynamisch kurvende Wasserlauf vorn wurde als Wellerbach erkannt, auch die Erhebungen sind namentlich bekannt.

Und bei so viel Bestimmtheit hat es seinen Reiz, sich auch im Fall der Gehölze auf eine Waldgesellschaft festzulegen. Mit viel gutem Willen lässt sich das Laubband vorn für einen Bachauwald halten, an der Donau des Bildes zeigen sich allerdings keine Auwaldansätze. Und über die äußerst vage Bestimmung des übrigen Waldbilds als Laub- und Nadelbäume darf eigentlich kein Betrachter hinausgehen.

Die grandioseste Waldszenerie aber hatte Altdorfer in seinem „Drachenkampf des heiligen Georg“ gegeben. Ebenfalls als kleines Format entstand dieses „Pergament auf Lindenholz“ schon 1510. Der Anlass für das Werk, also der Drachenkampf, spielt sich zwar im Vordergrund ab, aber von einem Kampf lässt sich eigentlich nicht sprechen, dazu fehlt zumindest dem Drachenritter eine Grundvoraussetzung: Dynamik. Ganz anders der Wald. Er präsentiert sich so energiegeladen, als wolle er das Format sprengen.

Links Albrecht Altdorfer (1480–1538), „Drachenkampf des heiligen Georg“ (1510), eine grandiose Waldszenerie. Unten ein Porträt (Kupferstich) von Johann Heinrich Voss (1751–1826), Mitglied des Göttinger Hainbunds, später Übersetzer von Homer und Freund von Johann Wolfgang von Goethe.

Fast überflüssig hinzuzufügen, dass die Georgslegende für eine Kulisse wie die Altdorfer'sche keine Handhabe bietet. Der Überlieferung nach spielt der Drachenkampf vor einer Stadt, mittelalterliche Maler geben ersatzweise eine Burg, fast immer erscheint die gefährdete Königstochter im Bild. Umso augenfälliger, wie der Wald bei Altdorfer die Komposition beherrscht. Das ist einzigartig – oder doch nicht ganz. Der Augsburger Leonhard Beck (um 1480–1542) etwa hat das gleiche Motiv konventioneller aufgefasst, aber ebenfalls üppig begrünt. Beck wird ebenfalls dem Donaustil zugerechnet, und die Nähe zu Altdorfer zeigt sich in seinen Baumgruppen fast überdeutlich. Der starke Auftritt des Waldes findet um 1500 keine Parallele, weder in der italienischen noch in der flämischen (Landschafts-)Malerei. Manche Kunsthistoriker haben deshalb vom „deutschen Unterschied“ gesprochen.

Vom Göttinger Hain und anderen Eichen

> *Ach den 12. Sept., mein liebster Freund, da hätten Sie hier sein sollen ... Wir aßen in einer Bauerhütte eine Milch, und begaben uns ins freye Feld. Hier fanden wir einen kleinen Eichengrund, und sogleich fiel uns allen ein, den Bund der Freundschaft unter diesen heiligen Bäumen zu schwören.* JOHANN HEINRICH VOSS, 21. SEPTEMBER 1772

Einige Zeit bleibt hierzulande das Waldmotiv ohne scharfe Umrisse. Nur auf Gillis van Coninxloo (1544–1607) sei hingewiesen. Der gebürtige Antwerpener galt lange als Erfinder der – flämischen – Waldlandschaft, allerdings haben jüngere Forschungen diese Einschätzung zurechtgerückt. Als Protestant musste Coninxloo seine Heimatstadt verlassen, acht Jahre findet er nun im kurpfälzischen Frankenthal Asyl. Die Versuchung ist groß, seine grandiosen, düster-beklemmenden Waldbilder aus seiner Lage als Vertriebener zu erklären und in den hiesigen Wäldern eine Quelle seiner Inspiration zu sehen. Leider ließ sich der Deutungsansatz schlüssig widerlegen.

Erst mit dem literarischen Sturm und Dang, vor allem mit seinem Seitenzweig, dem Göttinger Hainbund, gewinnt der Wald wieder die Aufmerksamkeit der Dichter und Künstler. Der kurzlebige Zusammenschluss Göttinger Studenten entstand etwa zu der Zeit, als die „forstlichen Klassiker“ das Licht der Welt erblickten. Das Patronat über den Bund hatte, nach dem Zeugnis

des späteren Homer-Übersetzers und Goethe-Freunds Johann Heinrich Voss, ein Hudewäldchen nahe der Universitätsstadt. Die lichten Hudewälder dienten einerseits als Weide, also landwirtschaftliche Nutzfläche, andererseits waren sie dazu bestimmt, Bauholz vorzuhalten. Das Vieh konnte hier grasen und die Bäume, in der Regel Eichen, zu mächtigen Exemplaren heranwachsen. Noch heute beherbergen diese Überreste einer historischen Landnutzungsform botanische Charakterköpfe, deren Erscheinungsbild noch die kühnsten Altersschätzungen zu rechtfertigen scheint.

Den Hainbündlern galt der Hain als heilig, in dessen Eichen sahen sie keineswegs das zukünftige Bauholz. Die Idee für den Bundnamen verdankten sie mindestens zu gleichen Teilen dem Weender Eichenhain und der Poesie. Friedrich Gottlieb Klopstock, von ihnen schwärmerisch verehrt, hatte sein Schauspiel *Hermanns Schlacht* geschrieben (dem noch zwei weitere Hermanns-Dramen folgen sollten). Darin finden sich die Verse:

O Vaterland! O Vaterland!/ Du gleichst der dicksten, schattigsten Eiche/ Im innersten Hain,/ der höchsten, ältesten, heiligsten Eiche. FRIEDRICH GOTTLIEB KLOPSTOCK

Klopstock hatte außerdem unter dem Titel *Der Hügel, und der Hain* ein Gedicht mit programmatischem Anspruch veröffentlicht. Während der Hügel ein Poetentum versinnbildlichte, das sich an den Vorbildern der antiken Klassik orientierte, figuriert der Hain als Musentempel germanischer Dichtkunst. Den „Barden“ lässt Klopstock fragen: „Was zeigst du dem Ursohn meiner Enkel/ Immer noch den stolzen Lorbe(e)r am Ende deiner Bahn,/ Grieche? Soll ihn umsonst von des Haines Höh/ Der Eiche Wipfel winken?“

Die Weender Papiermühle in einem Kupferstich von 1750 (links oben). Der Stecher Heinrich Christian Boie gehörte zu den Gründern des Göttinger Hainbunds, der ganz in der Nähe dieser Papiermühle gestiftet wurde. Friedrich Gottlieb Klopstock (1724–1803) wurde von seinen Mitgliedern schwärmerisch verehrt. Hier auf einem zeitgenössischen, kolorierten Kupferstich (links unten). Rechts „Seelandschaft mit Eichen", eine Rötelzeichnung von Wilhelm Kolbe (1757–1835), beinahe Zeitgenosse der Hainbündler. Die Eiche gehörte zu seinen Lieblingssujets, in die Kunstgeschichte ist er als „Eichen-Kolbe" eingegangen.

Wieder erinnert die eigene Vergangenheit auch an die Naturnähe der Vorfahren. Wieder ist diese Naturnähe mit der Freiheitsliebe verbunden. Die Hainbündler verstanden sich als „Hermanns Enkel", als Enkel, die die gegenwärtige Obrigkeit durchaus kritisch sahen. Ludwig Höltys „Üb immer Treu und Redlichkeit/ bis an dein kühles Grab" geht als erbauliches Verslein durch, allerdings ohne die Strophe „Der Amtmann, der im Weine floss,/ die Bauren schlug halbkrumm;/ Trabt nun auf einem glühnden Ross/ in jenem Wald herum./ Der Pfarrer, der aufs Tanzen schalt,/ Und Filz und Wuchrer war,/ Steht nun, als schwarze Spukgestalt/ Am nächtlichen Altar."

Der hainbündlerische Elan trug über Amtmann und Pfarrer hinaus. Die Göttinger wendeten sich gegen die Höfe, deren Sprache französisch war – und gegen die angeblichen Stellvertreter des Feudalismus unter den deutschen Dichtern. Als typischer Höfling galt den Hainbündlern „der Wollustsänger", der „infame französische Hundsfott" Christoph Martin Wieland. Sie verbrannten sein Buch *Idris* und das Bildnis des Dichters.

Lange hatten weder der Hainbund noch sein teutonischer Furor Bestand. Schon nach einem Jahr erlahmte auch die patriotische Begeisterung seiner Mitglieder. Nachdem die Göttinger ihr Studium beendet hatten, gingen sie getrennte Wege. Unter dem Horizont des Sturm und Drang standen sie mit ihren Vorlieben und Abneigungen nicht allein, dass sich spätere Generationen auf sie beriefen, kann ihnen nicht ohne Weiteres angelastet werden.

Fast ein Zeitgenosse des Hainbunds ist der Maler und (vor allem) Radierer Carl Wilhelm Kolbe der Ältere (1759–1835), allerdings war er ein Spätberufener. Noch heute hängt ihm der Neckzettel „Eichen-Kolbe" an, eben weil der Baum zu seinen Lieblingssujets gehörte. Seine Eichen wurzeln nicht im Hain, sie sind ohne völkische Tendenz. Seine Eichen haben vielmehr etwas Fantastisches, das in seinen rätselhaft versumpften Kräuterblättern das Surreale streift. Übrigens war Kolbe ein Doppeltalent. Lange Zeit lehrte er am Dessauer Gymnasium, dorthin berufen vom Landesherrn Fürst Leopold III., dem Schöpfer des Dessau-Wörlitzer Gartenreichs. Schon die Zeitgenossen würdigten ihn als „Kreuzprediger“ (Jean Paul) gegen die „zügellos ausgreifende Wortmengerei“. Seine diesbezüglichen Schriften fanden viel Beifall, und er stand mit seinem rigorosen Einsatz für ein unverfälschtes Deutsch nicht allein. Doch Kolbe hatte keinen national verengten Ansatz: Beispielsweise tadelte er auch bei lateinischen Autoren, dass sie dem Griechischen Zutritt zu ihrem Wortschatz gewährten. Reinheit war für ihn ein „Grundgesetz, das für alle Sprache gilt“. Wenn er die französischen Elemente besonders aufs Korn nahm, lag das in der Natur der Sache. Und Kolbe wusste auch als Philologe, wovon er sprach – in Dessau unterrichtete er Französisch.

Wie das Beispiel Kolbe zeigt, war es möglich, sich sowohl dem Thema Eiche als auch dem Thema reines Deutsch ohne „teutsche“ Befangenheit zu widmen. Ohnehin geht der Vorschlag, das Wort „national“ durch „völkisch“ zu ersetzen, erst auf spätere Sprachreiniger zurück.

Mithilfe der Jahreszeit (Herbst, unten) wirkt auch der Wald selbst malerisch. Rechts ein Wald im Nebel.

Der deutsche Wald wurde zum Archetyp des Verfahrens, der unordentlichen Natur die sorgsam arrangierten Konstrukte der Wissenschaft überzustülpen.

HENRY LOWOOD, 1990

Wissenschaft und Poesie – Ein Zwischenruf

Wir haben die deutsche Forstwissenschaft samt ihren „Klassikern“ schon im vorigen Kapitel gewürdigt und versprochen, von ihrem Waldbild werde noch einmal die Rede sein. Das soll an dieser Stelle geschehen, ehe die Romantik dem Wald eine weitläufige Bühne bietet. Der Romantik ging die Aufklärung voraus, und sie gab ein großes Versprechen: den Wald berechenbar zu machen. In Robert Pogue Harrisons wunderbarem Buch Wälder *trägt das einschlägige Kapitel denn auch die Überschrift: „Was ist Aufklärung? Eine Frage für Förster“.*

Die Größe des Versprechens wird schon von der zeitlichen Dimension her deutlich. Es erstreckte sich weit in die – grundsätzlich unberechenbare – Zukunft, also auf mindestens acht Jahrzehnte (Hiebreife der Fichte).

Aber dieses Versprechen der Berechenbarkeit gilt auch für den Raum: „Auf dem Reißbrett“ entstanden nun die künftigen Wälder, Schlag für Schlag sollen gleich große, gleich starke Bäume später abgeerntet werden. Als logische Folge der Berechenbarkeit hielt die Mathematik Einzug in den Wald: Der „forstliche Klassiker“ Gottlob König gilt als Begründer der Forstmathematik. Und trotz der oft bekannten, sicher ehrlichen Waldliebe und Waldbegeisterung dieser Klassiker spricht heute mancher Forstwissenschaftler bitter davon, dass die Hochgelobten eine verhängnisvolle Entwicklung anbahnten: die Entwicklung zum Altersklassenwald.

Der Altersklassenwald ist Ergebnis des Bemühens um bestmögliche Berechenbarkeit. Der Kulturwissenschaftler Harrison spitzt zu, „dass das Reduzieren von Wäldern auf quantifizierbare Holzvolumen zur Verwandlung der Wälder selbst führte“. Und – so ließe sich hinzufügen – zu einem sehr eingeschränkten Anspruch auf den Boden der Kulturlandschaft. Selbst ein „forstlicher Klassiker“ wie Wilhelm Pfeil, der Standortgerechtigkeit wie ein Evangelium predigte, sah das nicht anders. Und natürlich dachte er praktisch: „Der Holzbau darf kein fruchtbares Land in Anspruch nehmen. Der unfruchtbarste Boden gehört ihm. Die Holzart, welche hier den größten Nutzen gewährt, ist die edelste. Das ist unstreitig die Kiefer – sie ist die Krone aller unserer Holzarten.“

Diese Auffassung findet in der Kunst und Literatur so gut wie keinen Widerhall. Immerhin haben wir mit dem Hinweis auf Jung-Stilling, auf sein Märchen Jorinde und Joringel *und sein* Lehrbuch der Forstwirtschaft *begonnen, also mit der Existenz des romantischen und des aufklärerischen Waldbilds in ein- und demselben Kopf. Und zumindest im Hinterkopf sollte der Leser behalten, dass sich die romantische Verklärung des Waldes und seine Zurichtung als rationales Konstrukt gleichzeitig abspielen.*

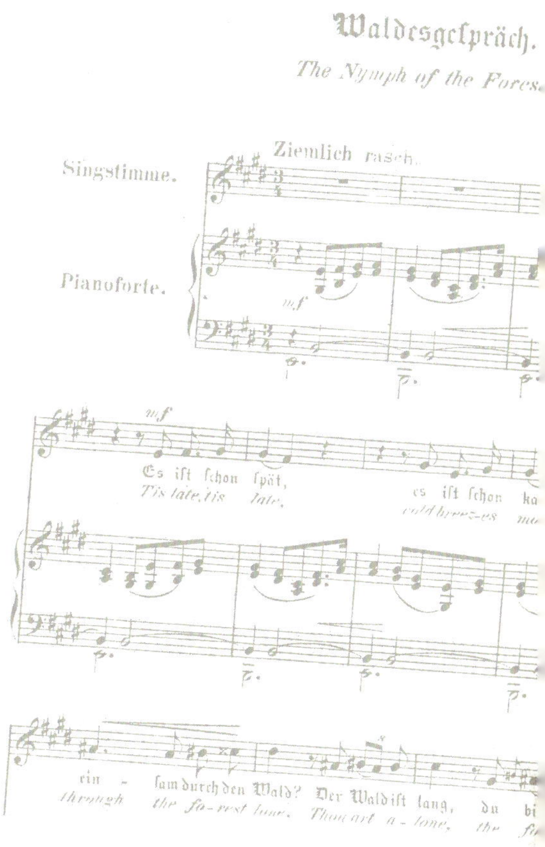

Der deutsche Wald – ein romantisches Biotop

Waldeinsamkeit,
Die mich erfreut,
So morgen wie heut,
In ewger Zeit,
O wie mich freut
Waldeinsamkeit

LUDWIG TIECK

Von Ludwigs Tiecks frühen Versen *Waldeinsamkeit* bis zu Eichendorffs *Der Jäger Abschied*, vom „Chasseur“ des Caspar David Friedrich bis zu Carl Gustav Carus' „Eichen am Meer“, von der *Freischütz*-Ouvertüre bis zum Waldvöglein in Richard Wagners Oper *Siegfried*, den Märchenwald der Brüder Grimm gar nicht gerechnet: Wie keine andere Epoche hat die deutsche Romantik den Wald zum Leitmotiv erklärt. Wenn irgendwann, dann muss jetzt der Parforcejagd durch die Kulturgeschichte des Waldes Einhalt geboten werden.

Links ein romantisches Lichtspiel im Wald, rechts Hans Freiherr von Geyer zu Lauf, „Letztes Licht“. Seite 322: Caspar David Friedrich (1774–1840), „Das Kreuz im Gebirge“ (Tetschener Altar, 1808).

Der Dichterwald

Den Auftakt, manche behaupten sogar den eigentlichen Auftakt zur Epoche, macht 1797 die Erzählung *Der blonde Eckbert*. Sie erschien in einer dreibändigen Ausgabe, die ihr Verfasser Ludwig Tieck (1773–1853) mit *Volksmärchen von Peter Leberecht* untertitelt hatte und ganz unterschiedliche Proben seines Könnens enthielt.

Im *Blonden Eckbert* finden sich die Verse von der Waldeinsamkeit, deren zart-elegischer Ton auch einen Spötter wie Heinrich Heine nicht unberührt ließ. „Die wahre Quintessenz Deiner Dichtung, Freund“, schrieb August Wilhelm Schlegel an Tieck, „die man jedem Verehrer als Inhalt Deines Wesens zum Genuss und Verständnis reichen kann, sind diese Verse.“

Sie dringen hier aus der Kehle eines Vogels; dem Wohllaut seines Lieds entsprechen Perlen oder Edelsteine, die das Tier Tag für Tag legt. Unverbrüchlich gehört der gefiederte Sänger zu einer Hütte mitten im Wald. Sie ist das Zuhause einer alten Frau und bald auch das der Eckbert-Gattin Bertha. Früh den grausamen Eltern entlaufen, lebt sie hier im Einklang mit der Natur und wird von der Hüterin ihrer Zufluchtsstätte schließlich wie eine Tochter gehalten. Leider lernt das Mädchen lesen, gerät an die Ritterbücher, und das Verhängnis nimmt seinen Lauf. Zunächst endet Bertha im Wahnsinn, zuletzt auch Eckbert. Fürchterliche Rächerin ist „die Alte“ mit zuletzt hexenhaften Zügen. Einer Norne gleich, hat sie im Waldhintergrund die Fäden gesponnen.

Der blonde Eckbert ist weniger ein Kunst- und schon gar nicht das annoncierte „Volksmärchen“, sondern eher eine Räuberpistole, versetzt mit einem kräftigen Schuss Kolportage. Beim späteren Shakespeare-Übersetzer Tieck liegt der Verdacht auf „gothic novel“ nahe, auf einen Schauerroman also.

„Deutsch Panier, das rauschend wallt" – der Wald bei Joseph von Eichendorff

Das Gedicht Waldgespräch *hat Züge einer Ballade. Ein äußerst kecker Reiter trifft auf eine Reiterin, die er ohne Weiteres mit „schöne Braut" anredet und „heimführen" will, ausdrücklich begeistert ihn „der junge Leib". Zu spät fällt es dem Liebestollen wie Schuppen von den Augen: „Jetzt kenn ich dich – Gott steh mir bei!/ Du bist die Hexe Lorelei." Der Leser weiß den Mann verloren, ohne dass seine Waldgesprächspartnerin im letzten Vers versichern müsste: „Kommst nimmermehr aus diesem Wald!" Was, lässt sich mit einigem Recht fragen, haben der Wald und die Lorelei gemeinsam? Doch Joseph von Eichendorff (1788–1857) zwingt auch noch das rheinromantische Urmotiv in den Wald, offenbar ohne das Schicksal des Gedicht-Reiters zu fürchten, der seine Gewaltsamkeit teuer bezahlt.*

Selbst unter dem Horizont der deutschen Romantik ist keine Dichtung mit dem Wald so eng verbunden wie das Werk Eichendorffs. Wie oft hat der Leser seiner Prosa Gelegenheit, die eine oder andere Figur durch einen Wald zu begleiten, wie häufig erscheint der Wald allein in den Titeln seiner Gedichte! Viele sind in Noten gesetzt worden, etliche gleich mehrere Male, und dass zwei vertonte Eichendorff-Gedichte zu den meist gesungenen Liedern gehör(t)en, ist folgerichtig. Allerdings: Eichendorffs Waldgedichte handeln erstaunlich oft vom Abschiednehmen. Abschied steht über den Versen

O Täler weit, o Höhen,
O schöner grüner Wald.

JOSEPH VON EICHENDORFF

Dieser Wald ist Innenraum, er verspricht Geborgenheit in der Abgrenzung, besser Abschirmung: „Da draußen stets betrogen/ Saust die geschäftge Welt." Und dieser Wald ist Andachtsraum: „Da steht im Wald geschrieben/ Ein stilles ernstes Wort/ Vom rechten Tun und Lieben,/ Und was des Menschen Hort./ Ich habe treu gelesen/ Die Worte, schlicht und wahr,/ Und durch mein ganzes Wesen/ Wards unaussprechlich klar." Vielleicht steht die populäre Vertonung von Friedrich Silcher dem Verständnis der folgenden Verse im Wege, aber niemals wieder wird ein Waldlob so ergreifen wie hier bei Eichendorff: „Und mitten in dem Leben/ Wird deines Ernsts Gewalt/ Mich Einsamen erheben,/ So wird mein Herz nicht alt." Die Tieck'sche Waldeinsamkeit erscheint hier als natürliche Verbündete des Dichters.

Für die Bekanntheit von Versen spricht ihre Parodie: „Wer hat dich, du schöner Wald,/ abgeholzt und dann verschoben?" Aber auch Eichendorffs vielleicht berühmtestes Waldgedicht nimmt Abschied schon mit dem Titel. Freilich verabschieden sich nur die Jäger vom Wald, es wird sich demnach kaum um einen Abschied für immer handeln. Und rückblickend stellen sie ihre dann so oft wiederholte Frage: „Wer hat dich, du schöner Wald,/ aufgebaut so hoch da droben?"

Es ist, als ob dieses Waldbild zwingend auf einen Männerchor hinausliefe. Jedenfalls erlaubt die Version Felix Mendelssohn Bartholdys nicht den mindesten Zweifel, dass nur er das berufene Kollektiv für ein Waldlob ist. Nur sein mächtiges Volumen kann der Größe des Gegenstands überhaupt gerecht werden, nur sein inbrünstiges Falsett kommt dem Waldgeheimnis wenigstens nahe. So und nicht anders hat sich der Wald über Generationen ins Gemütsleben geschmiegt: großartig und entrückt, verschwiegen-dunkel und innig-vertraut.

Nun stellt der Dichter nicht nur die Frage nach dem Urheber, sondern er beantwortet sie auch: „Schirm dich Gott, du schöner Wald!" Anders als bei anderen Romantikern gerät Eichendorffs Frömmigkeit nicht in den Verdacht, ein bloßes Kompliment an den Zeitgeist zu sein. „Ewig bleiben treu die Alten", versichern die Jäger zum Abschied. Wie selbstverständlich gilt diese Treue auch dem alten Glauben, sie, „still gelobt im Wald", hat nichts zu tun mit dem pseudogermanischen Eichenhain-Kult.

Vorbildlich treu sind nach Eichendorff die Tiroler im 1809er-Aufstand gegen Napoleon. Er versteht ihren Widerstand als Freiheitskampf. Im Gedicht An die Meisten *rüffelt er seine Dichterkollegen, die sich über das „roh' Gebirgsvolk" lustig machen: „Seid ihr Männer, seid ihr Christen?/ Glaubt ihr, Gott zu überlisten,/ So in Selbstsucht feig zu nisten?"*

Einen Wald doch kenn ich droben,
Rauschend mit den grünen Kronen,
Stämme brüderlich verwoben,
Wo das alte Recht mag wohnen,
Manche auf sein Rauschen merken,
Und ein neu Geschlecht wird stärken
Dieser Wald zu deutschen Werken.

Hier wird der Wald zum Volk, und das Volk wird zum Wald. Vorläufig sind „dieser Wald" noch die Tiroler, doch ginge es nach der Zuversicht, müssten „dieser Wald" künftig die Deutschen sein. Wohlgemerkt alle Deutschen:

Baum statt Kreuzesholz: links ein angenagelter Kruzifixus, rechts daneben der „Balzer Herrgott" bei Neukirch-Fallengrund im Schwarzwald. Der Baum hätte inzwischen wohl auch seinen Kopf überwallt, wenn hier nicht der Baumchirurg eingeschritten wäre. Joseph von Eichendorff (1788–1857) auf einer zeitgenössischen Radierung, daneben Ludwig Richters Illustration zu Eichendorffs *Wem Gott will rechte Gunst erweisen.*

1848/49 sieht Eichendorff die Einheit des Reichs zerstört. Aus dem späten Gedicht Der Freiheit Klage *(1849) klingt Resignation. Es ist vergebene Liebesmüh, doch noch einmal bietet der Dichter alle einschlägigen Motive auf, wenn er vom Wald-Volk Abschied nimmt:*

'S war ein mächtger Wald da droben,
Treulich Stamm in Stamm verwoben,
Mir zum grünen Dom erhoben.

Weh', du schönes Land der Eichen,
Bruderzwist schon, den todbleichen,
Seh ich mit der Mordaxt schleichen.

Und in künftgen öden Tagen
Werden nur verworrne Sagen
Um den deutschen Wald noch klagen.

Nach den vielen Wendungen mit dem Eigenschaftswort deutsch ist hier zum ersten und einzigen Mal ausdrücklich vom „deutschen Wald" die Rede. Wie gesagt ein Schwanengesang.

Die Märchenwälder der Brüder Grimm

Zäh hält sich unter den hiesigen Freizeitangeboten eine besondere Präsentationsart: der Märchenwald. Er scheint die Urkulisse für diese Erzählungen, sie in ein anderes Bühnenbild zu versetzen, ist schlichtweg nicht vorstellbar. Auch im japanischen Ishibashi nicht, in einer Stadt, die sich ganz den Brüdern Grimm nebst ihren Märchen verschrieben hat und sogar die Kanaldeckel mit Märchenmotiven schmückt.

Märchen sind ein sehr weites Feld. Die Beschränkung auf die *Kinder- und Hausmärchen* der Brüder Wilhelm (1786–1859) und Jacob Grimm (1785–1863) lässt sich nur damit rechtfertigen, dass sie die bekannteste Sammlung dieser Erzählform sind. Der Zusammenhang zwischen dieser Sammlung und dem Thema Wald beeindruckt schon von den Zahlen her: Von den 200 Märchen der 7. Auflage (der letzten zu Lebzeiten beider Brüder) haben 96 einen Waldbezug. Und gleich hinter den Zahlen drängen sich so populäre Beispiele wie *Hänsel und Gretel*, *Rotkäppchen* oder *Schneewittchen*.

An manchen Beispielen lässt sich sogar feststellen, dass es von Auflage zu Auflage immer waldiger wird. Geht anfangs die Mutter der *Sieben Geißlein* noch ohne Ortsangabe von zu Haus fort, geht sie später in den Wald, um Futter zu holen. Der Wald wird selten näher beschrieben, sehr häufig genügt ein „wild“, „tief“, „dunkel“ oder „finster“. Er ist ein Ort der feindlichen Mächte wie der bekannten Hexe aus *Hänsel und Gretel*, aber auch der guten Geister wie des „alte(n), graue(n) Männlein(s)“ aus der *Goldenen Gans*. Er kann sogar Idylle sein wie im Märchen von *Schneeweißchen und Rosenrot*.

Übrigens ist der Wald keineswegs so unwegsam, wie es bei flüchtiger Durchsicht der *Kinder- und Hausmärchen* scheinen mag. Das Verlaufen ist zwar ein häufiges Motiv, aber die Welt draußen dringt doch ein: Feindliche Mächte müssen nicht im Wald hausen. Sie haben auch ohne Ortsansässigkeit Zutritt, wir erinnern nur an die Stiefmutter aus *Brüderchen und Schwesterchen*, die „alle Brunnen im Walde verwünscht“, oder die aus *Schneewittchen*, die ihre Stieftochter noch „hinter den sieben Bergen“ zu finden weiß. Kontakt zur Welt draußen halten der waldnahe Jäger, vor allem in seiner Gestalt als jagender Königssohn, der Holzfäller oder der einfache Wanderer. Der Wald gewährt eine Auszeit, oft wird im Wald das notorisch glückliche Ende wenigstens angebahnt, des Öfteren ist er ein Ort der Bewährung und der Schicksalswende.

Auch die Märchen anderer Völker spielen häufig im Wald, aber von den *Kinder- und Hausmärchen* lässt sich doch nicht reden, ohne auch über den Epochenhorizont zu sprechen. Am 18. April 1805 schreibt Jacob Grimm an seinen Bruder Wilhelm: „Die einzige Zeit, in der es möglich wäre, eine Idee der Vorzeit, wenn Du willst der Ritterwelt in uns frisch aufgehen zu lassen, ... wird jetzt in einen Wald verwandelt.“ Der Absender sieht Zeit in Raum „verwandelt“, Vorzeit, vage als „Ritterwelt“ angesprochen, in Wald. Hier geht die romantiktypische Verklärung des Mittelalters über in ein Bild der Vorzeit, einem sozusagen Uranfänglichen, das Anschaulichkeit nur als Wald gewinnen kann.

Der Wald spielt in den Märchen der Brüder Grimm eine Hauptrolle, *Rotkäppchen* beispielsweise trifft hier auf das Waldtier Wolf (links), der auch im Fall der *Sieben Geißlein* den Bösewicht gibt.

Oben ein Porträt der beiden Brüder Wilhelm und Jacob Grimm (Holzschnitt nach dem Titelkupfer des *Deutschen Wörterbuchs*).

So gründlich das Bild von den Brüdern Grimm als bloßen Sammlern der mündlich überlieferten Erzählungen zurechtgerückt wurde, sie selbst verstanden ihre *Kinder- und Hausmärchen* doch als authentische „Volkspoesie“. Die Volksmärchen kamen aus der Mitte des Volks, aus den Märchen spricht „das Volk“ unverfälscht. Dafür steht seine Nähe zu natürlichen Gegebenheiten, gern mit der Wendung „Wurzelgrund“ bedacht. Im Vorwort zur zweiten Auflage ihres Werks (1819) gibt Wilhelm Grimm sehr deutlich die Richtung vor: „Der epische Grund der Volksdichtung gleicht dem durch die ganze Natur in mannigfachen Abstufungen verbreiteten Grün, das sättigt und sänftigt, ohne je zu ermüden.“ Und die unverfälschteste Natur ist eben der Wald.

Letztendlich wächst aus diesem Grund die Kraft eines Volks, eine Kraft, die – immer nach Überzeugung der Romantiker – vor allem in der Poesie aufscheint. Jacob Grimm allerdings sah mit der Natur auch die Poesie bedroht, ja dem Untergang geweiht. In einem Brief an Achim von Arnim stellt er fest:

Die großen, viel Tage langen Wälder sind ausgehauen worden, und das ganze Land ist mehr und mehr in Wege, Canäle und Ackerfurchen geteilt – warum sollte die epische Poesie allein können geblieben sein? JACOB GRIMM

Epochenübergreifendes Waldmotiv: Der Einsiedler

Mein Sinn steht in ein wilden Wald,
Damit ich dort mein Seel erhalt.
AUS JAKOB BIDERMANNS BAROCKDRAMA CENODOXUS',
1635 INS DEUTSCHE ÜBERTRAGEN VON JOACHIM MEICHEL

In Anschaffung und Unterhaltung war ein Ziereremit nicht ganz billig, dafür schmückte er einen Landschaftsgarten aber auch ganz außerordentlich: Als Angestellter des Parkbesitzers waren seine „Wandelzeiten" in naturidentischer Umgebung vertraglich festgelegt. Seine Auftritte sollten beim Nachsinnen über die Vergänglichkeit alles Irdischen unterstützen. Die Idee eines solchen Gartenschmucks scheint einigermaßen verrückt, aber in Großbritannien hatte sie um 1800 ihre Anhänger. Und wenngleich die Gartenreiche hierzulande auf den Eremiten (meist) verzichteten, eine Eremitage, eine Einsiedelei besaßen sie doch.

Eine ganz andere Stellung hatten die mittelalterlichen Einsiedler, sie genossen ein hohes Ansehen. Und offenbar hinderte manche ihr beschauliches Leben nicht, sich handfest in den Streit der Welt einzumischen. So vermittelte der später heiliggesprochene Eremit Gunther/Günther (gest. 1045) zwischen Kaiser Heinrich III. und dem böhmischen Herzog Břetislav I. Damals lebte der greise Gottesmann wieder als Klausner tief im Böhmerwald, zuvor hatte der einstige thüringische Gaugraf Kloster Rinchnach gegründet. Es spielte bei der Kolonisierung des zentralen Bayerischen Walds eine wesentliche Rolle, und wir fragen nur ganz vorsichtig, wie viele Bäume damals wohl Äckern, Wiesen und Weiden weichen mussten.

Ein aktuelles Foto als Illustration zu Jacob Grimms illusionslosem Blick auf die veränderte Natur und Landschaft zu seiner Zeit (links). Rechts Carl Spitzweg, „Einsiedler, Violine spielend" (um 1865). Im Mittelalter genoss der Eremit hohes Ansehen, oft vermittelte er in weltlichen Konflikten.

Die *Vita quinque fratrum Eremitarum* des Brun von Querfurt, 11. Jahrhundert (links); und „Simplex" als gelehriger Schüler des Waldbruders, ein früher Kupferstich (1684) zum Roman *Der abenteuerliche Simplicissimus* (1668) des Hans Jacob Christoffel von Grimmelshausen. Parzivals Buße bei dem Einsiedler Trevrizent, Ausschnitt aus dem Parzival-Zyklus von Eduard Ille, 1869 (Seite 333).

Früh tritt der Eremit, der Einsiedler auch in die deutsche Literaturgeschichte ein; der *Gregorius* des Hartmann von Aue ist dafür nur ein prominentes Beispiel. Die meistzitierten Verse der Zeit schrieb Walther von der Vogelweide, seine Spruchdichtung ehrt den „guten Klausner" als einzig würdigen Repräsentanten der Kirche. Dagegen sehe die übrige Geistlichkeit im Hirtenamt nur die Gelegenheit, ihre Schäfchen ins Trockene zu bringen.

Und als gegen Ende des Mittelalters die reale Welt seiner Existenzform kaum mehr Beachtung schenkt, lebt der Eremit in der Literatur fort – wie so viele Motive aus dem Umkreis des Waldes. Kaum einmal wird die Figur kritisch gesehen, Spott trifft sie nur, wenn ihr Einsiedlerdasein als bloße Erholung gilt, etwa vom Liebeskummer. Sonst steht der Eremit unverbrüchlich für die Abkehr von der sündigen Welt, und ein Leben im Wald macht diese Abkehr glaubhaft. Erst die Weltentrücktheit des Waldes, seine Lebensfeindlichkeit macht den Christenmenschen frei zur Erkenntnis seiner wahren Bedürfnisse.

Im Deutschen heißt der Eremit deshalb auch „Waldbruder" wie schon bei Hans Sachs oder Hans Jakob Christoffel von Grimmelshausen: im *Simplicius Simplicissimus*, dem berühmtesten Roman des deutschen Barock, spielt die Waldbruder-Existenz eine bedeutende Rolle. Der junge Simplicius lebt einige Jahre unter der Obhut eines Einsiedlers, von dem er erst später erfahren wird, dass es sein Vater ist. Nach dessen Tod wird er selbst ein Waldbruder, bis es aus dem Spessart hinaus auf eine stürmische Weltfahrt geht.

Eichendorff kannte den Simplicius, wie schon seine Umdichtung des Grimmelshausen'schen Einsiedler-Lieds *Komm Trost der Nacht* belegt.

Friedrich Kind lässt sein *Freischütz*-Libretto kurz nach dem Dreißigjährigen Krieg im Böhmerwald spielen, er bedenkt den Einsiedler mit einer tragenden Rolle. Nun kann über die literarische Qualität dieses Textbuchs sicher gestritten werden, doch gern bedienen sich auch die großen Namen der Epoche des Einsiedlermotivs. Einsiedler ist der Graf Hohenzollern im Romanfragment *Heinrich von Ofterdingen*, dem sein Urheber Friedrich von Hardenberg (Novalis) ein höchst poetisches Mittelalter zugrunde legt. Außerdem ist dieser Einsiedler ein Leser, und einer ganz im Sinne seines Autors, wenn er die Dichter über die Geschichtsschreiber stellt: „Es ist mehr Wahrheit in ihren Märchen als in gelehrten Chroniken." Während Eichendorffs Heidelberger Jahr gab Achim von Arnim die *Zeitung für Einsiedler* heraus. Sie erschien nur vom 1. April bis zum 30. August 1808, während dieser fünf Monate aber immerhin 37 Mal. Es geht zu weit, sie als Progammschrift der Heidelberger Romantik zu bezeichnen, aber ihr Sprachrohr war sie ganz zweifellos. Nachdem die Zeitung eingegangen war, kam sie in gebundener Form wieder auf den Markt, und ihr Buchtitel *Trösteinsamkeit* erinnert kaum zufällig an die Waldeinsamkeit Ludwig Tiecks. Und natürlich wendet sich diese Zeitung an Einsiedler im übertragenen Sinn, nämlich an die Poeten und ihre Leser.

Joseph von Eichendorff aber war zuversichtlich, dass diese verschworene Gemeinschaft aus ihrer Einsamkeit durch die Sphäre des Waldes erlöst wird. Die Heidelberger Romantiker verstanden ihre Einsamkeit nicht zuletzt politisch: Während die Universität Jena, also die Hochburg der Frühromantik, auf Druck Napoleons geschlossen werden musste, stand die Heidelberger Hochschule unter seinem Schutz. Ausgerechnet Heidelberg aber wurde zum Sammelbecken der altdeutsch gesinnten, antinapoleonischen und antifranzösischen Elite. Joseph Görres, einst Republikaner, jetzt „der einsiedlerische Zauberer" (Eichendorff) und jedenfalls ein prägnanter Vertreter der Heidelberger Romantik, fand in der Zeitung für Einsiedler ein Forum, das den „Magnetstab der Poesie gegen das nordische Eisenland" richten und so auf die vaterländischen Wurzeln hinweisen konnte.

Wechselt hier die Figur des Einsiedlers ins Sinnbildliche, beginnt E. T. A. Hoffmanns umfangreiches Werk *Die Serapionsbrüder* (1819–1821) mit einer zweifellosen Eremitengeschichte. Allerdings ist dieser Mann ein Wahnsinniger, der sich für den Anachoreten Serapion hält. In der Vorstellung dieses Einsiedlers wird der Wald vor den Toren Bambergs wieder zur Wüste: eine literaturgeschichtlich aufschlussreiche Rückübersetzung, nachdem die Wüste ursprünglich als Wald figurierte. Der Erzähler, selbst einer, der sich im dichten Wald verirrt hat, fühlt „leise Schauer mich durchgleiten", weil „das, was man nur auf Bildern sah oder aus Büchern kannte, plötzlich ins wirkliche Leben tritt". Das imaginäre Dickicht aus Poesie und erzählter Realität überwuchert auch das Waldbild.

Vom Einsiedler bleibt die Einsamkeit. Das „Leben in tiefer Einsamkeit" ist bei Hoffmanns eingebildetem Serapion keineswegs frei gewählt, er muss in seiner nur ihm eigenen Welt leben, er kann nicht aus ihr heraus. Die Erinnerung an den *Iwein*-Roman Hartmanns von der Aue drängt sich auf: Als Iwein mit Wahnsinn geschlagen wird, reißt es ihn in den Wald. Wildheit und Wahnsinn sind zwei Varianten des Ausgeschlossenseins, beider Lebensraum ist der Wald.

Der Kölner Dom von Süden und eine Innenaufnahme (folgende Doppelseite): Spätestens seit der Romantik zieht die Kathedrale den Waldvergleich auf sich, etwa bei Friedrich Schlegel oder Max von Schenkendorf, der den Dom zu den Heiligen Hainen der Germanen stellte.

Der Wald ein Dom, der Dom ein Wald – die Kölner Kathedrale

Es gibt ein ganz frühes Misstrauen gegen den Wald als Rückzugsraum der alten Götter. Aber recht bald wird sein sakrales Vermögen christlich genutzt: „Da ist der Wald so kirchenstill." Wenn der Wald als Gotteshaus verstanden wird, liegt es in der Natur der Sache, dass größere Kirchen den Waldvergleich umso sicherer auf sich ziehen. „Wie ein gotischer Dom im Dämmerlicht", so stellte sich etwa Horst Stern noch den naturnahen Wald der Zukunft vor.

Die „deutsche" Gotik und der „deutsche" Wald: Trotzig behauptete der junge Goethe 1772 angesichts des Straßburger Münsters: „Das ist deutsche Baukunst, unsere Baukunst, da der Italiener keiner eigenen sich rühmen darf, viel weniger der Franzos." Gotik ist kein Schimpfwort mehr, sondern ein Nationalstil, und schon der junge Altmeister bemüht in diesem Zusammenhang die Bäume-Metapher. Der Wald stiftet diese Verbindung von Natur und Kultur. Folgerichtig ist die häufige Inanspruchnahme des Waldvergleichs beim Kölner Dom, dessen Vollendung im 19. Jahrhundert als nationales Projekt galt.

Hinzu kam um 1770 ein neuer Ansatz. Im Zuge der Aufklärung fand ein neuer Arche-Typ viel Beifall: die Urhütte Adams, die zwischen Baumstämmen aus Ästen respektive Ruten errichtet gewesen sein sollte. Daher, so der Engländer James Hall 1797, die zwangsläufige Spitzwinkligkeit der Bögen. Hier war ganz grundsätzlich das Dach über dem Kopf gemeint, die Behausung überhaupt mit dem Wald zusammengebracht.

Wie nun immer: Kein neuer, begeistert altgläubiger Romantiker führt den Waldvergleich ein, sondern der Aufklärer Georg Forster. Zwar lässt der Mainzer Republikaner am Pfaffennest Köln kein gutes Haar, aber den Dom bestaunt er:

> *Die Pracht des himmelan sich wölbenden Chors hat eine majestätische Einfalt, die alle Vorstellung übertrifft. In ungeheurer Länge stehen die Gruppen schlanker Säulen da, wie die Bäume eines uralten Forstes.* GEORG FORSTER

Wenn ein Forster nicht vom Wald, sondern vom Forst spricht, mag die lautliche Verwandtschaft untergründig im Spiel gewesen sein. Dass wir heute unter Forst einen ausgesprochenen Wirtschaftswald verstehen, könnte hier eine interessante Annäherung an das reale Erscheinungsbild sein.

Mit der Romantik aber wird der Dom immer mehr zum Wald. So 1806 bei Friedrich Schlegel, den allerdings das Domäußere an ein Dickicht erinnert. Zehn Jahre später wird Max von Schenkendorf reimen: „Es ist ein Wald voll hoher Bäume,/ Die Bäume seh ich fröhlich blühn." Nun war Schenkendorf kein rhetorischer Eisenfresser wie Ernst Moritz Arndt, sondern ein zarter, ja ein frommer Poet. Dennoch vernetzt er den Kölner Dom mit den Heiligen Hainen der Germanen: „Das wollen diese Säulen sagen,/ Die himmelwärts die Blicke ziehn,/ Dazwischen, wie in grauen Tagen,/ im Eichenhain die Beter knien." Der Dom ist hier so offen und in so heikler, nämlich unchristlicher Perspektive Nationaldenkmal, dass sich eine Deutung erübrigt.

Und das Waldbild überlebt sowohl die Romantik wie den Glauben an die Gotik als deutschen Nationalstil. Zum Kölner Domfest am 15. Oktober 1880, also zur Feier der Vollendung, reimt kein Geringerer als Theodor Fontane: „Ersehnter Tag! Inmitten lichten Glanzes/ Erhebt sich Pfeilerwald und Schiff und Chor." Annette von Droste-Hülshoff nennt die Kathedrale einen „versteinten öden Palmenwald" und zeigt sich damit um die Tragfähigkeit des Vergleichs bemüht: Jedenfalls bei den bekannteren Palmenarten setzt die Krone wesentlich weiter oben an als bei unseren Laubbäumen, die Entsprechung von Stamm und Stütze gewinnt an Evidenz. 1949 schließlich spricht Elisabeth Langgässer in ihrer *Kölnischen Elegie* von „Säulen, welche Buchenstämmen glichen." Und das ist eben auch fein beobachtet: Wenn diese Säulen einen Vergleich zulassen, dann mit dem glatten silbrig-grauen Stamm der Buchen.

Genug der Beispiele. Die Kölner Kathedrale ist eine Synapse im Nervengeflecht der (späten) Romantik, weil ihre Vollendung als nationale Tat und die Gotik als der „unserem Volke ganz eigene Stil" (Carl Gustav Carus) zusammenkommen. Hinzu tritt der Wald als nationales Biotop. Aber gerade der Kölner Dom kann mit einer höchst pikanten Pointe aufwarten: Die Ursprünge und die reifen Beispiele gotischer Architektur lagen in Frankreich, der Kölner Dom ist ein ausgezeichneter Vertreter der (französischen) Kathedralgotik, manche Kunsthistoriker sagen: er sei ihre Vollendung.

Zwei Gemälde von Caspar David Friedrich, auf denen der Wald eine besondere Rolle spielt, „Der Morgen" (links, 1820) und „Der Chasseur im Walde" (rechts, 1814), sowie ein Selbstbildnis aus dem Jahr 1810.

Der Forst als Todeszone – „Der Chasseur im Walde" von Caspar David Friedrich

Nach dem Siegeszug Napoleons und dem geschmeidigen Umgang der hiesigen Fürsten mit dem neuen Souverän stärkte die Idee eines geeinten deutschen Vaterlands den Widerstand erheblich. Unter dem Horizont der sogenannten Befreiungskriege empfahlen sich die Franzosen als Hassobjekt. Die fremde Macht hatte zum eindringlichen Bewusstsein einer nationalen Identität verholfen.

Nach der Niederlage Napoleons in der Völkerschlacht bei Leipzig gewannen die Truppen seiner alliierten Gegner immer mehr Terrain. Kurz darauf sollte dann auch die Befreiung Dresdens vom Joch der französischen Besatzer festlich begangen werden. So ließ der russische Generalgouverneur 1814 eine patriotische Kunstausstellung ausrichten.

Den meisten Zuspruch fanden zwei Gemälde, beide hatte Caspar David Friedrich beigesteuert: „Das Grab des Arminius" und der „Chasseur im Walde".

Beide Gemälde verstand Friedrich als Beitrag zu den Befreiungskriegen. Auf dem Grab-Bild spiegelt weniger der Sarkophag als vielmehr die Felsenszenerie das Heldengedenken wider. Nichts deutet auf Arminius hin, den „Volksheiland", wie ihn „Turnvater" Jahn 1810 genannt hatte. Auch beim „Chasseur im Walde" schwingt Friedrich keinen propagandistischen Holzhammer. Dennoch war die Vossische Zeitung *um eine Deutung nicht verlegen: „Einem französischen Chasseur, der einsam durch den verschneiten Tannenwald geht, singt ein auf einem Baumstamm sitzender Rabe sein Sterbelied." Im Katalog des ersten Bildbesitzers Malte von Putbus wird zusätzlich angemerkt, dieser „Reiter" habe sein Pferd schon verloren. Häufiger hat das Bild übrigens den Titel „Chasseur im Tannenwald". Nur: Tannen zeigt Friedrich gar nicht, sondern Fichten. Dazu ließe sich aus Sicht der neueren Waldgeschichte manches bemerken, zumal diese Bäume eher an einen Forst denn einen Wald denken lassen. Gern erinnern wir auch an den Zweizeiler, der die beiden Nadelgehölze unterscheiden hilft und vor dem Friedrich-Gemälde eine geradezu hintergründige Bedeutung gewinnt. „Fichte sticht, Tanne nicht."*

Wie nun immer, bedrohlich wirkt die nadelstarrende Masse gewiss. Ernst Moritz Arndt erwog, an der Grenze zum Erzfeind einen „Bannwald" zu errichten. Ein solcher deutscher Wald wäre von hoher symbolischer Bedeutung, wenn auch damals schon von begrenztem militärischen Nutzen gewesen. In Dresden waren Arndt und Friedrich zusammengetroffen, und sie waren sich einig in der entschiedenen Gegnerschaft zu Napoleon, Frankreich und den *Franzosen.*

Für ein Waldbuch ist etwas anderes entscheidend: Das Biotop zeigt hier sein bekanntes Doppelgesicht, Schutz und Schirm auf der einen, gefahrvolle Natur auf der anderen Seite; dies wird hier auf eigene Weise ins Freund-Feind-Schema eingepasst. Für den Chasseur bedeutet der Wald den Tod, wie ihn der Rabenvogel im Vordergrund versinnbildlicht. Da jedoch nichts darauf hindeutet, dass im Wald die deutschen Freiheitskämpfer lauern, muss der Wald selbst sie verkörpern. Der „Chasseur im Walde" ist ein Werk ohne Schlachtengetümmel, ohne Kämpfer. Friedrich bestätigt auch hier seinen Ruf als „Maler der Stille". Nur herrscht um diesen einzelnen, verlorenen Elitesoldaten der napoleonischen Armee eine fürchterliche Waldeinsamkeit. Wie so oft gibt Friedrich die Figur in Rückenansicht, ihr Weg führt mit derart zwingender Perspektive ins Waldesdunkel hinein, dass er nicht wieder aus ihm herausführen kann.

Der Freischütz, genauer die Wolfsschlucht-szene, in einer Darstellung von Carl Lieber, Weimar 1824 (links). Rechts der Theaterzettel, auf dem die *Freischütz*-Uraufführung vom 18. Juni 1821 am Königlichen Schauspielhaus Berlin angezeigt wird.

Deutsche Oper – deutscher Wald?

„O mein herrliches deutsches Vaterland, wie muss ich dich lieben, wie muss ich für dich schwärmen, wäre es nur, weil auf deinem Boden der *Freischütz* entstand … Ach du liebenswürdige Träumerei, du Schwärmerei vom Walde." In der *Dresdner Abendzeitung* gab sich Richard Wagner enthusiastisch. Am 20. Juni 1841 berichtete er über die Pariser Aufführung von *Le Freischütz*, für die Hector Berlioz Rezitative in französischer Sprache hinzu komponiert hatte. Auch andere lobten die Oper gewaltig, und noch die Orientierungshilfen heutiger CD-Booklets verbreiten die einschlägige Botschaft: Wenn nicht „deutscheste aller Opern", dann mindestens „Durchbruch für die deutsche romantische Oper" und „Sieg über den italienischen Belcanto". Deutlicher war schon der Komponist und spätere Reichskultursenator Hans Pfitzner (1869–1949) geworden: „Das Herz des *Freischütz* ist das unbeschreiblich innige und feinhörige Naturgefühl, die Hauptperson ist sozusagen der deutsche Wald. Carl Maria von Weber kam auf die Welt, um den *Freischütz* zu schreiben." Zeitgenössische Berichte lassen keinen Zweifel: Die *Freischütz*-Uraufführung am Berliner Königlichen Schauspielhaus (18. Juni 1821) geriet zum Triumph, und nie wieder hat sich aus einer anderen Musik der Doppelcharakter des Waldes so zwanglos heraushören lassen wie aus der Ouvertüre dieser Oper – ihr betörendes Hornquartett steht für seine Licht-, das Wolfsschluchtmotiv für seine Schattenseite, seine Abgründe.

Nun hat sich auch der Komponist selbst zu seiner Oper geäußert, und Weber war einer, der seine Sache durchaus auch mit Worten vertreten konnte. Bei seinen Äußerungen über den *Freischütz* fällt auf, dass er am Waldweben kaum interessiert war. Ihm ging es vielmehr um die Konflikte zwischen den handelnden Personen, aus ihrer Umsetzung entwickelt er eine musikdramatische Konzeption, die Epoche machen sollte. Oft wurde Hauptfigur des *Freischütz* mit Faust verglichen. Dieser Jäger Max ist ein Zerrissener, dessen Verzweiflung in der ketzerischen Frage gipfelt: „Herrscht blind das Schicksal? Lebt kein Gott?" Darin steckt auch musikalisch das Aufbegehren einer faustischen Natur, jedenfalls einer, die das Ausgeliefertsein nicht ohne Weiteres hinnehmen will.

Wenn jede Musik ihre „Aussage" letztendlich den Deutern überlässt, erlaubt eine Oper immerhin, beim Libretto Zuflucht zu suchen. Die Vorlage für den Weber'schen *Freischütz* findet sich in einem Gespensterbuch, das rund zehn Jahre früher erschienen war, dessen *Freischütz*-Erzählung lag wiederum ein Prozessbericht von 1729 zugrunde.

Dieser Prozess spricht bereits vom „Böhmer Wald", allerdings nur im geografischen Sinn. Das Textbuch verleiht dem Böhmerwald eine besondere Aura: Schon Richard Wagner spricht von einer „Sage", und sie „scheint das Gedicht jener böhmischen Wälder selbst zu sein". Und eine Lokalität wie die Wolfsschlucht ist doch ein ganz anderes Spielfeld für den Teufelspakt als die Studierstube des Doktor Faust, auch dank der besonders wilden Natur lassen sich die Schauereffekte schön herausarbeiten. Frisch, fromm, fröhlich, frei agieren dagegen die Jäger. Auch sie gehören zu den beliebten Motiven jener Zeit, hier vertreten sie den robust-arglosen Umgang mit dem Wald. An diesem Widerspiel orientierte sich der Komponist: „In dem *Freischütz* liegen zwei Hauptelemente, die auf den ersten Blick zu erkennen sind: Jägerleben und das Walten dämonischer Mächte." „Ich hatte", fügt Weber hinzu, „zunächst für jedes dieser beiden Elemente die bezeichnendsten Ton- und Klangfarben zu suchen; diese Ton- und Klangfarben bemühte ich mich festzuhalten."

Nur gibt es eben kein Erfolgsrezept nach der Anleitung: man nehme. Erfolg hatten auch nicht alle Dichter und Tonsetzer, die im Umfeld der Befreiungskriege auf vaterländische Töne setzten. Aber bei Durchsicht der Stellungnahmen fällt doch auf, dass die Propagandisten eines nationalen Begründungs- zusammenhangs gern die besondere Naturverbundenheit ins Feld führten. Noch einmal Richard Wagner: „Gerade hierin liegt der spezifisch deutsche Charakter … dieser ist von der umgebenden Natur so stark vorgezeichnet, dass ihr die Bildung der dämonischen Vorstellung zuzuschreiben ist."

Die umgebende Natur, das sind eben auch Max' „finstre Mächte". Wie weit sie den Menschen, hier: den deutschen Menschen, nur „umgarnen" (Max) oder Teil seiner selbst und damit Teil seiner „Gemütstiefe" sind, soll vorerst dahingestellt bleiben. Keinen Zweifel aber duldet: machtvollster Repräsentant dieser Natur ist der Wald, botanisch gesprochen der Endzustand, dem hierzulande alle natürliche Vegetation entgegenstrebt – oder doch entgegenstreben müsste.

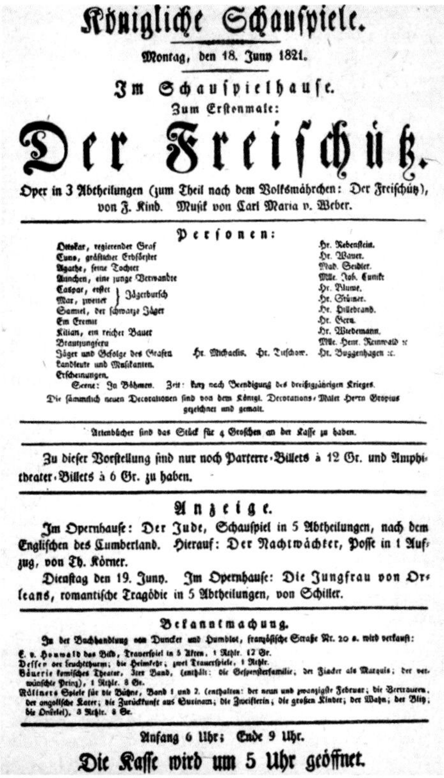
Königliche Schauspiele.

Montag, den 18. Juny 1821.

Im Schauspielhause.

Zum Erstenmale:

Der Freischütz.

Oper in 3 Abtheilungen (zum Theil nach dem Volksmährchen: Der Freischütz), von F. Kind. Musik von Carl Maria v. Weber.

Personen:

Ottokar, regierender Graf	Hr. Rebenstein.
Cuno, gräflicher Erbförster	Hr. Wauer.
Agathe, seine Tochter	Mad. Seidler.
Annchen, eine junge Verwandte	Mlle. Joh. Eunike
Caspar, erster Jägerbursch	Hr. Blume.
Max, zweiter Jägerbursch	Hr. Stümer.
Samiel, der schwarze Jäger	Hr. Hillebrand.
Ein Eremit	Hr. Gern.
Kilian, ein reicher Bauer	Hr. Wiedemann.
Brautjungfern	Mlle. Henr. Reinwald &c.
Jäger und Gefolge des Grafen Hr. Michaelis. Hr. Tischow.	Hr. Buggenhagen &c.
Landleute und Musikanten.	
Erscheinungen.	

Scene: In Böhmen. Zeit: kurz nach Beendigung des dreißigjährigen Krieges.

Die sämmtlich neuen Decorationen sind von dem Königl. Decorations-Maler Herrn Gropius gezeichnet und gemalt.

Textbücher sind das Stück für 4 Groschen an der Kasse zu haben.

Zu dieser Vorstellung sind nur noch Parterre-Billets à 12 Gr. und Amphitheater-Billets à 6 Gr. zu haben.

Anzeige.

Im Opernhause: Der Jude, Schauspiel in 5 Abtheilungen, nach dem Englischen des Cumberland. Hierauf: Der Nachtwächter, Posse in 1 Aufzug, von Th. Körner.

Dienstag den 19. Juny. Im Opernhause: Die Jungfrau von Orleans, romantische Tragödie in 5 Abtheilungen, von Schiller.

Bekanntmachung.

In der Buchhandlung von Duncker und Humblot, französische Straße Nr. 20 a. wird verkauft:

E. v. Houwald das Bild, Trauerspiel in 5 Akten. 1 Rthlr. 12 Gr.
Dessen der Leuchtthurm; die Heimkehr; zwei Trauerspiele. 1 Rthlr.
Bäuerle komisches Theater, 3ter Band, (enthält: die Gespensterfamilie, der Fiaker als Marquis; der verwünschte Prinz), 1 Rthlr. 8 Gr.
Müllners Spiele für die Bühne, Band 1 und 2. (enthalten: der neun und zwanzigste Februar; die Vertrauten, der angolische Kater; die Zurückkunft aus Surinam; die Zweiflerin; die großen Kinder; der Wahn; der Blitz; die Onkelei). 3 Rthlr. 8 Gr.

Anfang 6 Uhr; Ende 9 Uhr.

Die Kasse wird um 5 Uhr geöffnet.

Waldmusik

Als sie eintraten, sahen sie Dorian Gray. Er saß am Klavier, den Rücken ihnen zugekehrt und blätterte in einem Band von Schumanns „Waldszenen“.
OSCAR WILDE, DAS BILDNIS DES DORIAN GRAY

„Unsere Dichter und Musiker flüchten seit einiger Zeit vorzugsweise gern in die Waldeinsamkeit“, bemerkt 1850 ein Rezensent der Berliner Musik-Zeitung Echo. Die musikalische Romantik beginnt später, hat aber ein zäheres Leben gehabt als etwa die literarische. Unmöglich, alle Komponisten aufzuführen, die sich das Thema Wald angelegen sein ließen. Dann bliebe nur Platz für eine bloße Reihung, die selbst mit Arnold Schönberg nicht enden müsste.

Doch bleibt auffällig, „dass – trotz dieser großen Menge und reichen Fülle an Kompositionen zum Thema Wald – bestimmte Motive über die Jahrhunderte konstant bleiben“(Julia Cloot). Dazu gehört unbesehen die Jagd. Häufig sind die Hörner im Spiel, von denen Carl Maria von Weber in seiner *Freischütz*-Ouvertüre so signifikanten Gebrauch macht.

Das Waldhorn galt als das Instrument der musikalischen Romantik. So verstanden es die Dichter – und stifteten manche Brücke von der Literatur zur Musik. Wilhelm Müller betitelte einen seiner Zyklen *Gedichte aus den hinterlassenen Papieren eines reisenden Waldhornisten*, Waldhörner hallen durch die Gedichte Eichendorffs. Wie überhaupt das Thema seine Prominenz der Vertonung zahlreicher romantischer Waldgedichte durch die Epochen hindurch verdankt. Von Felix Mendelssohn Bartholdy war schon anlässlich des Eichendorff-Gedichts *Der Jäger Abschied* („Wer hat dich, du schöner Wald“) die Rede, seine Komposition ist heute noch volkstümlich. Überdies gibt Mendelssohns Bühnenmusik zu Shakespeares Komödie *Ein Sommernachtstraum* (mit dem Hochzeitsmarsch) en passant Gelegenheit, an den englischen Dichter als einen frühen Waldliebhaber zu erinnern.

„Im Walde“ – Erstes Blatt zum vorletzten Lied des Eichendorff-Zyklus (op. 39) von Robert Schumann. Daneben „Waldesgespräch“ – Erstes Blatt zum dritten Lied des Eichendorff-Zyklus. Rechts ein Porträt Robert Schumanns (1810–1856).

Von der Bühnenmusik zur Oper ist es kein allzu großer Schritt. Nicht nur in Webers *Freischütz,* sondern auch in manch anderer spielt der Wald eine Rolle. Weniger bekannt ist der Komponist Heinrich Marschner (1795–1861), der im Zusammenhang dieses Waldbuchs schon deshalb genannt sein muss, weil seine „Komische Oper in einem Akt" den Titel *Der Holzdieb* trägt. Das Textbuch schrieb der *Freischütz*-Librettist Friedrich Kind, leider blieben die Noten nicht erhalten.

Aber wenn zwei Komponisten der Romantik eigens Erwähnung verdienen, sind es Robert Schumann (1810–1856) und Richard Wagner (1813–1883). Schumann hat allerdings nur eine einzige Oper geschrieben, die erst neuerdings auf der Bühne ein wenig reüssiert, doch hat der vierte Akt dieser *Genoveva* den Wald zum Schauplatz. Und schon die *Zwölf Gedichte* von Justinus Kerner für Singstimme und Klavier enthalten die innig-melodiöse Sehnsucht nach der Waldgegend, unterlegt vom Rauschen der Bäume in g-Moll:

Wär ich nie aus euch gegangen,
Wälder hehr und wunderbar. KERNER/SCHUMANN

Eine überragende Rolle spielt der Wald im Liederkreis nach Eichendorff von 1840: Viele dieser zwölf Lieder sind ihm gewidmet, zehn Mal ist von ihm namentlich die Rede, auffällig oft ist er der Nacht verschwistert. Zunächst sollte die grandios vertonte Loreley am Anfang stehen, nun das dritte Lied im Liederkreis. Das Gedicht Eichendorffs haben wir erwähnt, die Vertonung Schumanns übertrifft es an künstlerischem Rang. Hier klingt ebenfalls die Nachtseite des Waldes an, dem der Komponist auch im Zwielicht eine Stimme gibt. Und nachdem schon die erste Strophe des Lieds *Im Walde* die frohgemute Hochzeitsgesellschaft nur noch als fernen Klang vorstellt, wechselt zur zweiten Strophe die Tonart von A- nach Fis-Dur, um der weltschmerzlichen Stimmung im Text mühelos standzuhalten: „Und eh ichs bedacht, war alles verhallt/ Die Nacht bedecket die Runde,/ Nur von den Bergen noch rauschet der Wald/ Und mich schauert im Herzensgrunde."

1849/50 komponiert Schumann neun Waldszenen für Klavier, die er seinem Verleger mit den Worten übersandte: „Sie empfangen hier die Waldszenen – ein lang und viel von mir gehegtes Stück. Möchte es Ihnen Lohn bringen, und wenn keinen ganzen Wald, so doch einen kleinen Stamm zum neuen Geschäft." Auch diese Stücke sind keine Programmmusik, die sich einfach auf den Wald beziehen ließe. Die meiste Aufmerksamkeit fand das Stück *Vogel als Prophet*, dem Hermann Hesse die Eigenschaften „hold" und „geheimnisvoll" zusprach. Sein (ursprüngliches) Motto „Hüte Dich, bleib wach und munter" ist der Endvers des Gedichts *Zwielicht*, Schumann hatte es schon im Eichendorff-Liederkreis vertont.

Ludwig Richter, „Genoveva in der Waldeinsamkeit“ (1841). Auch Genoveva ist ein typisches Sujet der Romantik. Friedrich Leeke, „Siegfried hört das Waldvöglein“, Gemälde aus dem Jahr 1871 (rechts). In Richard Wagners *Der Ring des Nibelungen* lebt der junge Siegfried im Wald, die Kommunikation mit dem Waldvöglein weckt schließlich den Drachen Fafner, der den Ring bewacht.

Die gefiederten Waldbewohner sind in der Romantik oft ganz eigene Vögel. Das fängt schon beim Waldvogel Ludwig Tiecks an, dessen liebliches Flöten von der Waldeinsamkeit grausam täuscht. Und wer bei der Schumann-Komposition darüber rätselt, was an diesem Vogel prophetisch sein soll, muss wenigstens daran erinnert werden, dass es auch dunkle Weissagungen gibt, die sehr wohl etwas „Geheimnisvolles“ (Hesse) haben. Auch der *Vogel als Prophet* bleibt musikalisch in der Schwebe.

Schließlich ist auch der Waldvogel in Richard Wagners *Siegfried* nicht ganz ohne. *Siegfried* ist der zweite von insgesamt vier Abenden des „Bühnenfestspiels“ *Der Ring des Nibelungen*, und mit ihm wären wir bei dem Musikdrama des Komponisten, das am tiefsten in den Wald führt. Der Obertitel darf nicht täuschen: Der Text, auch er stammt vom Komponisten, orientiert sich stärker an der altnordischen Überlieferung des Siegfried/Sigurd-Mythos als am mittelhochdeutschen Nibelungenlied. Das hat seinen Sinn: Im Nibelungenlied werden wir über das bewegte Leben des jungen Siegfried nur durch die äußerst knappe Erzählung Hagens unterrichtet, während es etwa die Thidrek-Saga breit ausspinnt. Diese bringt den Helden mit der Götterwelt in Verbindung, ein für Wagner wichtiger Aspekt, der dem Nibelungenlied fehlt.

Der junge Siegfried Wagners lebt im Wald, dort hat ihn seine Mutter sterbend zur Welt gebracht. Aber so sehr der Wald die Welt ausschließen mag, ist Siegfried doch umstellt von finstren Mächten im Umkreis der Waldschmiede. Sie wird von Mime, dem Bruder des Zwergenherrschers Alberich, betrieben. Mime hat Siegfried aufgezogen, hofft aber auf den Tod seines furchtlosen Zöglings und will ihn deshalb gegen den Drachen Fafner kämpfen lassen. Auch dieses Untier haust im Wald und bewacht einen Schatz, dessen wertvollstes Stück, eben der Ring des Nibelungen, seinen Besitzer zum „Walter der Welt“ macht.

Musikalisch präsent ist der Lebensraum besonders im „Waldweben“ des zweiten Aufzugs, bei dem sich etwa die Oboe der Goldammer, die Flöte dem Pirol und die Klarinette der Nachtigall zuordnen lässt. Aus dem „Waldweben“ hebt sich die Stimme des Waldvogels heraus, Siegfrieds vorläufig scheiternde Kommunikationsversuche mit ihm wecken Fafner. Nachdem der Held den Drachen getötet und Drachenblut geleckt hat, versteht er den Gesang („Wonnig aus Weh web ich mein Lied/ Nur Sehnende kennen den Sinn“). Und hat der todwunde Fafner vor dem Fluch gewarnt, der auf dem Fingerschmuck liegt, rät der Vogel Siegfried, diesen Ring an sich zu nehmen. Die Interpreten haben gerätselt, wem er eine Stimme gibt, einige vermuten der toten Mutter. Ob ausgerechnet sie ihrem Sohn den höchst verhängnisvollen Reif empfohlen hätte, ist fraglich.

So schwärmerisch sich die Musikologen über das musikalische Naturbild namens „Waldweben“ äußerten, bleibt doch nüchtern festzuhalten: auch hier ist der Wald für den Helden ein Ort der Bewährung. Für Wagners letzte Oper, das „Bühnenweihfestspiel“ *Parzival*, gilt das in besonderer Weise. Wagner will den Wald „schattig und ernst, doch nicht düster“. Er umgibt die Gralsburg, hat Teil an ihrem „heiligen“ Bezirk, aber eine eigene Stimme wie im Siegfried hat er nicht mehr.

Wald ohne Romantik

Waldwoge steht hinter Waldwoge,
bis eine die letzte ist und in den Himmel schneidet.
ADALBERT STIFTER, AUS DEM BAIRISCHEN WALDE

Alles in allem tritt das Thema Wald in der Dichtung des späteren 19. Jahrhunderts deutlich zurück. Waldgedichte gibt es immer noch, und die erste Nennung gebührt hier Eduard Mörike, dem wir schon das Motto zum Buchen-Porträt verdankten. Seiner heiteren „Waldidylle“ steht seine ebenso heitere „Waldplage“ gegenüber. Die „Waldidylle“ beginnt kaum zufällig als Hommage auf die Märchen der Gebrüder Grimm, während das lyrische Ich der „Waldplage“ (ausgerechnet) einen Band Klopstock'scher Oden als Schnaken-Falle zuschnappen lässt: „Patsch! Hab ich dich, Canaille, oder hab ich dich nicht?/ … Begierig blättr' ich: ja, da liegst du plattgedrückt,/ Bevor du stachst, nun aber stichst du nimmermehr.“

Eine größere Rolle spielt der Wald auch beim norddeutschen Dichter Theodor Storm. Seine Novelle *Waldwinkel* steht wenigstens insofern auf dem Boden des Realismus, als die junge Waise Franziska schließlich nicht den (alternden) Botaniker, sondern den (jungen) Förster erwählt. Hier soll auch der Zürcher Staatsschreiber Gottfried Keller nicht unerwähnt bleiben, zumal sein Gedicht *Weihnachtsmarkt* eine Berliner Szenerie schildert: „Welch' lustiger Wald um das hohe Schloss/ Hat sich zusammengefunden,/ Ein grünes bewegliches Nadelgehölz,/ Von keiner Wurzel gebunden.“ Ein ganz eigener Wald, einer „im Gaslichtscheine“ – aber die Verse nehmen jäh eine Wendung aus der Idylle, und wie so häufig bei Keller kein gutes, ja ein drastisches Ende.

Gottfried Keller hat beim Wald nicht nur auf den Ertrag gesehen, in seinem letzten Roman *Martin Salander* fährt die Titelfigur den Schwiegersohn an: „Sind Sie bei Trost! … Ihre Buchen schützen ja allein Haus und Garten samt der Wiese vor den Schlamm- und Schuttmassen.“ Vom Holz ist bei anderen öfter die Rede, auch Holzraub und Raubbau sind ein Thema, Annette von Droste-Hülshoffs *Judenbuche* und Wilhelms Hauffs *Das kalte Herz* haben wir schon als literarische Zeugnisse bemüht.

Ganz ausdrücklich vom „Wald“ aber spricht Adalbert Stifter (1805–1868). Zunächst meint er das große Mittelgebirge, das sich heute Tschechien, Österreich und Deutschland teilen und das auf tschechischer wie deutscher Seite zum großen Teil Nationalpark ist. Im heutigen Horní Plana (Oberplan) geboren, hat Stifter von 1848 bis zu seinem Tod im oberösterreichischen Linz gewohnt, das als Landeshauptstadt zwar an der Donau, aber von den Verkehrswegen gesehen auch am Fuß des „Walds“ liegt. Schließlich kann sich auch die „deutsche“ Seite auf einen Stifter-Ort mit literarischer Lizenz berufen: sein Feriendomizil im Rosenberger Gut (Lackenhäuser) zeigt die Adalbert-Stifter-Gedenkräume. Bekanntlich hatte der Geehrte auch künstlerische Ambitionen („Ich bin so eitel, zu sagen, auch ich bin ein Landschaftsmaler.“), allerdings gibt nur die frühe, ungelenke Ansicht von Oberplan ein zweifelsfreies Wald-Motiv.

Heinrich Reifferscheid (1872–1945), Widmungsblatt „An Adalbert Stifter“, Radierung aus dem Jahr 1901 (links), und ein Porträt Stifters aus dem Jahr 1868 (oben). Der Wald spielte bei dem Schriftsteller eine entscheidende Rolle. Dazu stimmt ein biografisches Detail: Stifter bewarb sich 1837 – allerdings erfolglos – an der Forstlehranstalt Mariabrunn.

Helden der Arbeit, die in ihrer Freizeit vom Waldrand auf den Rhein blicken. Das Plakat warb für das Freizeitwerk Kraft durch Freude (KdF) der Deutschen Arbeitsfront, um 1936 (links). „In einem kühlen Grunde“: Eduard von Gebhardt (1838–1925) ließ sich um 1900 von dem überaus populären Eichendorff-Gedicht (und Lied) zu seinem Gemälde inspirieren. Zur Volkstümlichkeit gehört die Mühle, aber zwingend auch die Waldkulisse (rechts). Das Porträt auf der rechten Seite zeigt den Rheingauer Wilhelm Heinrich Riehl (1823–1897), der den Wald als völkischen Kraftquell sah – eine folgenreiche Anschauung, wie sich zeigen sollte.

Doch Stifter hat nicht nur den geografischen Böhmerwald, sondern stets auch den Wald als Lebensraum gemeint. Dazu kann sogar an ein lebensgeschichtliches Detail erinnert werden, nämlich seine erfolglose Bewerbung an der kaiserlichen Forstlehranstalt Mariabrunn (1837). Schon einer seiner frühen Veröffentlichungen trägt den Titel *Der Hochwald,* im Todesjahr des Autors erscheint die Erzählung *Aus dem bairischen Walde.* Dazwischen liegen Werke wie *Waldbrunnen* und *Der Waldsteig.* Dem Autor hängt das Epochen-Etikett Biedermeier an. Es führt leicht in die Irre, denn Stifter ist keineswegs einer, der alles im „milden Licht der Verklärung“ sieht. Beschaulichkeit zeigt sich hier nur an der Oberfläche oder in der eigensinnigen Umständlichkeit, ja Ungelenkheit der Erzählweise und mancher Formulierungen. Der Wald allerdings steht für die große Ordnung der Natur. Er wird in immer neuen Bildern beschworen.

Nationale Wälder

Nach dieser vergleichsweise entspannten Waldetappe gerät das Thema nun unter den Horizont der Stammeskunde. Dass die „Hermannsschlacht“, also die Schlacht im oder am Teutoburger Wald weniger auf die Örtlichkeit als auf „den Wald“ schlechthin und damit auf das Atmosphärische zielte, sahen schon die deutschen Humanisten. Die Dichter des Göttinger Hains hatten den Hudewald als nationales Erbe ausgemacht, auf den poetischen Punkt brachte Ludwig Uhland diese Tendenz, gottlob in der ihm eigenen, freundlich-ironischen Art. Sein Gedicht *Freie Kunst* führte einen Almanach namens „Deutscher Dichterwald" an, als Leitmotiv versteht sich denn auch die Aufforderung: „Singe, wem Gesang gegeben,/ In dem deutschen Dichterwald." Dieser Aufforderung waren viele Sänger im Umkreis der Befreiungskriege gefolgt, und wahrscheinlich werden die meisten auch seinem Fazit zugestimmt haben: „Nicht in kalten Marmorsteinen,/ Nicht in Tempeln dumpf und tot/ In den frischen Eichenhainen/ Lebt und rauscht der deutsche Gott."

Zu romantischen Höhenflügen regte der Wald auch später an, er löste zum Beispiel noch am Ende des 19. Jahrhunderts einem Schulmann die Zunge.

> *Kein anderes Volk wie das deutsche empfindet so die Poesie des Waldlebens, kein anderes fühlt sich so innig hingezogen, findet in seinem innersten Wesen so viel der Natur des Waldes Verwandtes.*
>
> ANONYM

Das mag für heutige Ohren eine Spur zu begeistert klingen, aber doch harmlos. Zumal in solch verklärtem Sprechen über das Waldvolk die folgenreichen Setzungen des Wilhelm Heinrich Riehl (1823–1897) widerhallen. Als gebürtiger Rheingauer fand er den ersten Vergleich im heimatlichen Umfeld: „Das deutsche Volk bedarf des Waldes wie der Mensch des Weines bedarf. Auch wenn wir keines Holzes mehr bedürfen, würden wir doch den Wald brauchen." Für Riehl, den Begründer der Volkskunde, war Wald nicht nur gleich Wildnis, sondern auch völkischer Kraftquell. Und weil er exklusiv genutzt wird, ist dieser Kraftquell Wald vollends Politikum: „Ein Volk, welches noch den offenen, gemeinheitlichen Wald neben dem im Privatbesitz abgeschlossnen Felde festhält, hat nicht bloß eine Gegenwart, sondern auch eine Zukunft, während uns aus den englischen und französischen Provinzen, die gar keinen ächten Wald mehr haben, ein schon halbwegs ausgelebtes Volkstum entgegenschaut."

Schon während der Befreiungskriege gehörte Franzosenhass zum guten Ton vieler Poeten, dieser Ton sollte bis weit ins 20. Jahrhundert tragen. Und hatte schon der „Turnvater" Jahn einen Bannwald an der Grenze zu Frankreich vorgeschlagen, wird der Wald nach dem Ersten Weltkrieg zur ideologischen Offensivwaffe gegen den Erbfeind. Beim erreichten Grad der Schwärmerei kann keine große Rolle gespielt haben, dass als Wiedergutmachung auch große Mengen Holz an den feindlichen Nachbarn geliefert werden mussten.

1923 wird der Verein „Deutscher Wald – Bund zur Wehr und Weihe des deutschen Waldes" gegründet, die Schirmherrschaft hatte der spätere Reichspräsident Paul von Hindenburg. Dieser Bund gab diverse *Der-Deutsche Wald*-Schriften heraus, die gern ein „und" im Titel führten: *Der Deutsche Wald und die deutsche Seele* (Julius Bode) oder *Der Deutsche Wald und die feindlichen Mächte* (Georg Escherich).

Die Ausgrenzung der Juden machte auch vor dem Wald nicht Halt: „Juden sind in unseren deutschen Wäldern nicht erwünscht." Auf den ersten Blick ein Altersklassenwald, tatsächlich aber der SA-Aufmarsch zum Nürnberger Reichsparteitag 1938 (rechts).

„Ewiger Wald, ewiges Volk" – Wald im Nationalsozialismus

So war nur folgerichtig, dass sich auch die Nationalsozialisten der Waldbilder bemächtigten. Der Österreicher Adolf Helbok, seit 1924 Herausgeber von *Volk und Rasse,* aufgrund seiner NSdAP-Parteigenossenschaft 1933 noch seiner Innsbrucker Professur verlustig gegangen, war seit 1935 Professor für (das neu eingerichtete Fach) Deutsche Landes- und Volksgeschichte an der Universität Leipzig. Er veröffentlichte das zweibändige Werk *Grundlagen der Volksgeschichte Deutschlands und Frankreichs.* Unter dem Motto „Am deutschen Wesen/ soll die Welt genesen" erklärt der Autor die besondere Kraft der germanischen Rasse daraus, dass sie sich am Wald abarbeiten musste, während die „kontrastarme Parklandschaft" Frankreichs den Nationalcharakter geschwächt, so der „Urbanisierung" und die wiederum der Dekadenz Vorschub geleistet habe.

Unter dem Dach der SS-Forschungs- und Lehrgemeinschaft Das Ahnenerbe e. V. wurde 1937 ein ehrgeiziges Vorhaben entwickelt. Es hatte den Titel „Wald und Baum in der arisch-germanischen Geistes- und Kulturgeschichte". Die „geistige Weltherrschaft des arischen Germanentums" sollte auch aus einer einschlägigen Naturreligion begründet werden, die, nach langer Fremdherrschaft des Christentums, nun wieder ins Recht gesetzt wurde. Groß angegangen, war „Wald und Baum" von Beginn an ein disparates Unternehmen, das neben einem Thema wie „Der Wald im religiösen Leben und Brauch des germanischen Menschen" auch Quellen zu Wald- und Holzweistümern sammeln sollte. Der Ausgang des Zweiten Weltkriegs beendete die Forschungsarbeit mehr oder weniger jäh – wenn auch nicht die Karrieren beteiligter Forscher.

Nun waren solch anspruchsvolle Vorhaben eher etwas für den intellektuellen Nationalsozialisten, Breitenwirkung hatten sie nicht. Die versprach

das Kino. *Ewiger Wald* hieß der 1936 uraufgeführte Film, er stellt die Geschichte des deutschen Volkes als Geschichte des Waldes dar und zeigt als Schlussbild einen Fahnenwald von Hakenkreuzbannern. Der Streifen wurde von der NS-Kulturgemeinde in Auftrag gegeben, von der Kritik hochgelobt, vom Publikum aber keineswegs enthusiastisch aufgenommen. Sein angestrengtes Pathos gipfelte in dem Zweizeiler: „Stirb und werde' webt die Zeit/ Volk steht wie Wald in Ewigkeit." Hermann Göring, unter anderem Reichsjäger- und Reichsforstmeister, bekräftigte in einer Rede diesen Zusammenhang:

> *Wald und Volk in nationalsozialistischer Auffassung haben viel Wesensverwandtes. Auch das Volk ist eine Lebensgemeinschaft, ein großes, organisches Wesen.*
>
> HERMANN GÖRING

Hier liegt denn auch der Hund begraben: im Ersatz von Geschichte durch Natur. Ihr unumstößlich Gewisses rechtfertigt die Zwangsläufigkeit, der seltsamerweise Zwang zu ihrem Recht verhelfen muss.

Ein tauglicheres Sprachrohr waren die populären Bücher. 1934 erscheint Franz von Mammens programmatischer Titel *Der Wald als Erzieher*, im gleichen Jahr der Prachtbildband *Das nie verlorene Paradies*. Dort gerät sogar der aufgeklärte Försterwald ins Räderwerk chauvinistischer Rhetorik und mutiert zur Schule der Nation: „In den Baumschulen wird den Baumkadetten von Jugend an das Strammstehen beigebracht. Im Jungholz marschieren sie in Tuchfühlung auf, um endlich, nach sorgfältiger Ausmerzung der Schwachen und Untüchtigen, in der Regimentsformation des Reihenwalds bis hundert Jahre alt zu werden." Erst mit Blick auf solche Passagen wird das besser bekannte Zitat aus Elias Canettis großem Essay *Masse und Macht* verständlich: „Das Massensymbol der Deutschen war das Heer. Aber das Heer war mehr als das Heer: es war der marschierende Wald. In keinem anderen Lande der Welt ist das Waldgefühl so lebendig geblieben wie in Deutschland."

Später wurde nicht ohne Häme auf den Zusammenhang von Naturschutz und braunem Gedankengut verwiesen, dabei müsste der robuste Umgang des NS-Regimes mit der Ressource Wald eigentlich stutzig machen. Nur lässt es sich nicht von der Hand weisen, dass der Wald als Kopfgeburt leicht seine geschichtliche Dimension verlieren kann. Als „Ewiger Wald" aber steht er dem Missbrauch offen.

29. April 1945, Konzentrationslager Flossenbürg, Oberpfalz: Frauen aus Neunburg bergen Leichen im Wald. Auf der rechten Seite Reichsmarschall Hermann Göring (Mitte) mit Generaloberst Friedrich Fromm (links) und Generalforstmeister Walter von Keudell (rechts) nach getaner Jagd (oben). Unten ein Zug des Infanterieregiments 29 im Kiefernwald – vorläufig nur eine Wehrmachts-Übung.

Unvölkische Wälder

Wer wird der Tod der Wälder sein?
MAX ERNST, DAS GEHEIMNIS DES WALDES

Es wäre fahrlässig, den Mythos Wald dieser Jahre nur als völkisches Wahngebilde wahrzunehmen. Schließlich verdankt dieses Buch das zweite vorangestellte Motto der wunderbaren Betrachtung „Wer hat dich, du schöner Wald?“, die Robert Musil in seinen Nachlass zu Lebzeiten (1936) aufnahm. Ganz nebenbei erledigt er das Raunen über den „deutschen Wald“ und seiner angeblichen Urwüchsigkeit: „Urwälder haben etwas höchst Unnatürliches und Entartetes. Die Unnatur, die der Natur zur zweiten Natur geworden ist, fällt in ihnen in Natur zurück. Ein deutscher Wald macht so etwas nicht.“ Eine prägnante Rolle spielt der Wald auch im Werk des Schweizer Schriftstellers Robert Walser (1878–1956): *Der Wald* ist eine frühe Erzählung aus dem Jahr 1904 betitelt. In der Schweiz wurde ebenfalls der Maler Paul Klee (1879–1940) geboren, in der Schweiz starb er, doch erst nach seinem Tod erhielt er die Staatsbürgerschaft der Alpenrepublik. Auch Klee, der lange dem Bauhaus angehört hat, hat den Wald ebenfalls zum Thema seiner Bilder gemacht.

Mit Max Ernst (1891–1976) verbindet ihn das Motiv des Waldvogels, aber im Schaffen von Ernst ist der Wald ungleich gegenwärtiger. Abgefasst in der dritten Person, trägt die deutsche Fassung seiner *Biographischen Skizzen* (1962) zwar den warnenden Untertitel *Wahrheitsgewebe und Lügengewebe*, ist also nicht durchgängig für bare Münze zu nehmen, doch den Wahrheits-

Max Ernst, „Der große Wald“ (1927), auf der gegenüberliegenden Seite „Forêt aux Champignons“ (1926). Beim Maler Max Ernst ist der Wald – wie eigenwillig gesehen auch immer – ein zentrales Motiv.

gehalt seiner Erinnerung an ein Bild des Vaters konnten die Kunsthistoriker erweisen. „Einsamkeit" habe es geheißen und einen Eremiten im Buchenwald gezeigt. Die Verbindung zur Romantik wird über das Sujet hinaus von der Vorlage beglaubigt. Philipp Ernst schuf sein Aquarell nach einer Lithografie mit dem Titel „Waldeinsamkeit". Ob er wirklich erst drei Jahre alt gewesen ist, ob seine früheste Begegnung mit dem Wald tatsächlich in der Kunst stattfand, kann dahingestellt bleiben. Nach den Skizzen jedenfalls lernt er einen wirklichen Wald erst später kennen: „Gemischte Gefühle, als er zum ersten Mal den Wald betritt. Entzücken und Bedrückung. Und das, was die Romantiker ‚Naturgefühl' getauft haben. Die wunderbare Lust, frei zu atmen im offenen Raum, und gleichzeitig die Beklemmung, ringsum von feindlichen Bäumen eingekerkert zu sein. Draußen und drinnen zugleich, frei und gefangen."

„Der letzte Wald" heißt das Werk, mit dem Ernst achtzigjährig sein malerisches Schaffen beendet. Auch sonst ist an Waldtiteln kein Mangel, wie vor allem sein Werk zwischen 1926 und 1929 belegt. 1933, das Dritte Reich ehrt ihn eben als „entarteten Künstler", malt er in Italien sein größtes einschlägiges Bild „La foresta imbalsamata" („Der duftende Wald"). Ein Jahr später veröffentlicht die Zeitschrift *Minotaure,* das Sprachrohr der Surrealisten, seinen französischen Text *Das Geheimnis des Waldes.* Darin sagt Max Ernst ihm ein trauriges Schicksal voraus:

Der Tag wird kommen, an dem ein Wald, der bis anhin Schürzenjäger, sich entschließt, nur in alkoholfreien Lokalen, auf geteerten Straßen und mit Sonntagsspaziergängern zu verkehren. Er wird von eingemachten Zeitungen leben.

MAX ERNST

Und als wäre diese Existenzform nicht schon traurig genug, nimmt es mit diesem Wald ein noch schlimmeres Ende: „Er wird ein Studienrat werden."

Von solcher Verbürgerlichung findet sich nichts in Max Ernsts Waldbildern. Dort gleichen sie eher den Wäldern, die er in der Südsee vermutet: „Sie sind wild und undurchdringbar, sie sind schwarz und rostbraun, ausschweifend, weltlich, von Leben wimmelnd, diametral, nachlässig, grausam, inbrünstig und liebenswert, ohne Gestern noch Morgen."

Auch so können Wälder aus der Zeit fallen. Aber diese Imagination eines Regenwalds schließt – samt der erotischen Begleitvorstellung – eher an das programmatische „Draußen und drinnen zugleich" an, das der Künstler als frühes Waldgefühl festgehalten hat. Selbstverständlich sind seine Waldbilder keine einfachen Übernahmen aus der Welt des Sichtbaren, vielmehr gehorchen sie dem Leitsatz des genuinen Romantikers Caspar David Friedrich, auf den sich Max Ernst ausdrücklich berufen hat: „Schließe dein leibliches Auge, damit du mit dem geistigen zuerst siehest dein Bild."

Waldsterben – auch in der Literatur

Gerhard Rühm (geb. 1930). Leider ist der Löwenzahn, hier der Fruchtstand, also die „Pusteblume", keine Waldpflanze, sondern eine des Offenlands, gerne auch der überdüngten Wiesen. Sein Hörstück *Wald. Ein deutsches Requiem* wurde 1984 mit dem renommierten Hörspielpreis der Kriegsblinden ausgezeichnet. Ganz auf das Waldsterben fixiert: *Totes Holz* von Günter Grass mit Zeichnungen des Autors (unten).

Für imaginäre Wälder hierzulande gilt, dass nach 1945 kaum mehr in sie hineingerufen wurde. Solches Schweigen bewirkte der Missbrauch des deutschen Walds im Nationalsozialismus. Selbst die Volkskundler meiden das Thema. Hier und dort noch ein Artikel über den „Wald als Sagen- und Märchenhort", aber dann hat es sich.

Literaturfähig wurde der Wald erst wieder, als sein Verschwinden drohte – und das gleich weltweit. Im tiefen Süden verschwanden die tropischen Regenwälder, im hohen Norden sollten die borealen Nadelwälder folgen, hierzulande grassierte das Waldsterben. Endlich konnte – frei nach Bertolt Brecht – wieder ein Gespräch über Bäume geführt werden, das kein Schweigen über so viele Untaten einschloss. Nun waren Waldsterben und seine Folgebegriffe schon Gegenstand des Geschichtskapitels. Aber Sterben ist über den Tod hinaus eben auch eine drastische Metapher und zieht als solche in Bann. Zumal im Reich der Dichtung bei Bedarf vernachlässigt werden kann, ob der Wald stirbt oder schon gestorben ist ...

Hier soll nicht dem leidigen Brauch gefolgt werden, irgendwelchen Daten Bedeutungsschwere anzuhängen. Aber schön sammeln sich, nämlich ums Orwell-Jahr 1984, unsere drei Beispiele gewiss: Gregor Laschens *Naturgedicht 7*, Gerhard Rühms *Wald. Ein deutsches Requiem* und *Die Rättin* von Günter Grass.

Unter den neueren Gedichten zählt Gregor Laschens (geb. 1941) *Naturgedicht 7* zu den häufigst zitierten überhaupt. Und sogar der *Wikipedia*-Artikel über den Autor räumt den einschlägigen, in ganzer Länge zitierten Versen einen prominenten Platz ein: „Ab- und aus-/ geschrieben epochenlang/ die sechs anderen Wälder vorher,/ deutsche/Metapher von Kindesbeinen an, Gattung/ aus Gründen. Das Naturgedicht/ ist der letzte Text über die/ Naturgedichte lange vor uns, hölzerne Suche/ nach Bäumen in Gedichten/ über was man/ für ein Verbrechen hielt, als/ es/ noch/Bäume/ gab." Laschen zielt ins Programmatische, darauf weist der Bezug auf das noch berühmtere Brecht-Gedicht *An die Nachgeborenen* hin. Mit dem schon festgeschriebenen Ende des Lebensraumes erledigt sich endgültig die Indienstnahme des Waldes durch die nationalsozialistische Ideologie. 1983 erschien das Gedicht zwar nicht zum ersten Mal, aber zum ersten Mal in einem Band, der ausschließlich Werke von Gregor Laschen versammelt.

Im gleichen Jahr produzierte der vielseitige Wiener Gerhard Rühm (geb. 1930) sein Hörstück *Wald. Ein deutsches Requiem*. Hier ist schon der Titel Zitat, „Ein deutsches Requiem" nannte Johannes Brahms sein Opus 45, er hatte (zum ersten Mal) einen deutschen Requiem-Text, Verse aus der Luther-Bibel, vertont. Rühm collagiert für den Wald eine Totenmesse als „autonomes hörereignis", hörbar gemacht wird auch die akustische Umweltverschmutzung. Dieses Requiem will „den hörer zu eigener stellungnahme provozieren". Was dem Hörer umso leichter fällt, als das „autonome hörereignis" an Deutlichkeit nichts zu wünschen übrig lässt.

Alle Register zieht der Literatur-Nobelpreisträger Günter Grass (geb. 1927), um den gestorbenen Wald zu vergegenwärtigen. In seinem Umweltroman *Die Rättin* (1986) schreibt der Erzähler – er wird als einziger Mensch den „Großen Knall“ überleben – an einem Filmscript über Grimms Wälder. Diese Wälder sind Kulisse, aufgebaut, um den „Bundeskanzler“ heile Welt spielen zu lassen, während sein aufmüpfiger Sohn „Wirklichkeit beschwört“. „Es wird abgeholzt, planiert, betoniert. Es fällt der berüchtigte Saure Regen. Während Baulöwen und Industriebosse an langen Tischen das Sagen und bei Vieraugen- gesprächen genügend Tausenderscheine locker in bar haben, stirbt der Wald. Er krepiert öffentlich.“ Grass bietet viel (weibliches) Stammpersonal aus Grimm'schen Märchen auf, Schneewittchen, Dornröschen und Rapunzel, Gretel und Hänsel werden in die Rollen der „Bundeskanzlerkinder“ schlüpfen und allein dem Inferno entkommen, jedenfalls vorläufig.

Ganz auf das Waldsterben fixiert ist dann Grass' Buch *Totes Holz. Ein Nachruf* (1990). Allerdings bleibt die Auseinandersetzung mit dem Thema zum großen Teil dem Zeichner Grass überlassen. Neben den Schwarz-Weiß-Bildern stehen Zitate wie der Waldzustandsbericht der Bundesregierung, es gibt einen knappen Essay Jacob und Wilhelm Grimm nachgerufen. Im Übrigen wird das Thema unter den neuen Horizont gestellt: „Wenn man im Oberharz von Deutschland nach Deutschland schaut, sind die Waldschäden verwandt und die Wiedervereinigung ist schon vollzogen.“

Zeitgenössische Waldansichten

Heimat sind Landschaften und Menschen, die mich prägen, und die in den Zellen gespeicherte vorgeburtliche Erinnerung.
ANSELM KIEFER, 2002

Wer über die Tendenzen der aktuellen Kunst nur flüchtig unterrichtet ist, wird überrascht sein, wie souverän sich das Thema Wald behauptet, wie viele deutsche Künstler von internationalem Ruf sich daran abgearbeitet haben. Und er wird vielleicht noch überraschter sein, wenn er hier auf den Zusammenhang von Biotop und nationaler Identität stößt.

Am deutlichsten wird Anselm Kiefer (geb. 1945). Dieser Maler und Bildhauer begreift ohnehin sein Geburtsjahr als Auftrag, sich mit der Geschichte seines Landes auseinanderzusetzen: „Meine Biografie ist die Biografie Deutschlands.“ Schon sein frühes Bild „Mann im Wald“ (1971) zeigt als Lebensraum nur nackte, dünne Stämme, die eine Lichtung freigeben, auf der das mutmaßliche Abbild des Künstlers steht und ein brennendes Geäst hochhält. Diese Flammen sind ein zweideutiges Symbol, zumindest liegt die Idee der Brandstiftung nicht völlig fern. Auch in seinen Schwarz-Weiß-Arbeiten „Wege der Weltweisheit: Hermanns-Schlacht“ ist der Wald als Stämme oder auch nur als brennender Holzstoß gegenwärtig. Dazwischen ziehen sich die kleinen Formate mehr oder weniger berühmter, national konnotierter Köpfe des 19. Jahrhunderts. Keine Köpfe, aber Namen verzeichnet sein Bild „Varus“ (1976). Neben dem unübersehbar großen Varus werden auch Hermann und (seine Gattin) Thusnelda angeführt, außerdem Heinrich von Kleist und Christian Dietrich Grabbe, beide Autoren von Hermannsschlacht-Dra-

Georg Baselitz, „Der Wald auf dem Kopf“ (1969). Die Motivumkehrung sollte das Markenzeichen des Malers werden, zum ersten Mal verwirklicht findet sie sich auf einem Waldbild.

Anselm Kiefer, „Varus" (1976). Das Motiv ist eine intensive Auseinandersetzung mit deutscher Geschichte. Zitiert wird das Gemälde „Der Chasseur im Walde" von Caspar David Friedrich, das im Umfeld der Befreiungskriege entstand.

men. Kleist verstand sein Schauspiel als Beitrag zur Erhebung gegen Napoleon, in diesen Zusammenhang gehören ebenfalls die Namen des Feldherrn Gebhard Leberecht von Blücher und des Philosophen Johann Gottlieb Fichte. Damit nicht genug, zitiert Kiefers Ölgemäde den „Chasseur im Wald" von Caspar David Friedrich. Allerdings führt sein keilförmiger Weg in einen Tann ohne Chasseur, doch zeichnen Blutspuren die freie Fläche.

Ein Waldbild steht am Beginn einer Umkehr, die zum Markenzeichen von Georg Baselitz (geb. 1938 als Hans-Georg Kern) werden sollte. Baselitz hatte schon die Aufnahmeprüfung für ein Studium an der traditionsreichen Akademie, damals „Fakultät für Forstwirtschaft" Tharandt (DDR) bestanden, ehe er sich doch für die Malerei entschied. Allerdings wurde er nach zwei Semestern von der Ostberliner Hochschule für bildende und angewandte Kunst „wegen gesellschaftspolitischer Unreife" verwiesen, damit war der Weg in den Westen vorgezeichnet. Mit „Der Wald auf dem Kopf" (1969) bezieht er sich auf keinen realen Wald, sondern auf das um 1859 entstandene Bild „Jagdpause im Wermsdorfer Wald" des Dresdener Malers Louis Ferdinand von Rayski (1806–1890), dessen Reproduktion im Treppenhaus seiner

Kamenzer Oberschule hing. Diesem Wald sind etliche andere gefolgt, einige auf den Linolschnitten der Serie „Im Wald und auf der Heide“, die ihren Titel mit einem volkstümlichen Jagdlied gemeinsam hat.

Die größte, die folgenreichste Kunstaktion steht wieder unter dem Horizont der 1980er-Jahre. „7000 Eichen“ wollte Joseph Beuys (1921–1986), auch genannt „der Schamane vom Niederrhein“, zur Kasseler documenta 7 pflanzen. (Die „Eichen“ lassen sich vielleicht als Anspielung auf den damaligen Kasseler Oberbürgermeister Hans Eichel verstehen, jedenfalls wurzeln nicht nur Eichen in der reichlich verrohrten und verkabelten Kasseler Erde.) Das ganze Unternehmen zog sich über gut fünf Jahre hin, den letzten Baum pflanzte der Sohn von Joseph Beuys, Wenzel, am 12. Juni 1987. Der schöne Untertitel „Stadtverwaldung statt Stadtverwaltung“ stammt noch vom Urheber. Beuys, Mitbegründer der Grünen, sah im gewaltigen Projekt eine „soziale Skulptur“, ein Gegengewicht zur Unwirtlichkeit der Städte im Allge- meinen und Kassels im Besonderen. Er selbst hatte erhebliche Mittel zur Finanzierung zusammengebracht und die Zielrichtung dieser sozialen Skulptur vorgegeben:

Bäume sind wichtig, um die menschliche Seele zu retten.

JOSEPH BEUYS

Auf keine äußere Umwelt, sondern auf die Seele hält der Künstler zu, und damit klingt doch eine deutsche Tradition an.

Zu jedem Baum gehörte eine Basaltstele als toter Stein. Sie vor allem war anfangs der Stein des Anstoßes, und selbstverständlich passte einigen die ganze Richtung nicht. Aber nach einer Phase der Widerstände und eines keineswegs pfleglichen Umgangs mit dem schwierigen „Geschenk“ wird heute das Erbe des Künstlers hochgehalten. Seit 2005 stehen die „7000 Eichen“ unter Denkmalschutz, es gibt eine Stiftung, die sich um das große Kunstwerk kümmert, und auch die Stadtverwaltung lässt sich heute die Stadtverwaldung angelegen sein.

„Von Caspar David Friedrich zu Gerhard Richter“ hieß eine Ausstellung, mit der das Getty-Museum in Los Angeles 2005 „Deutsche Malerei aus Dresden“ präsentierte. Was die beiden Künstler, den in Dresden geborenen Richter und den dort gestorbenen Friedrich, nun verbinden sollte, wurde nicht ganz klar, ein Motiv aber hatten sie immerhin gemeinsam: eben den Wald. Dabei ist Richters Serie „Wald“ (2005) abstrakte Malerei, wären da nicht die breiten Pinselstriche, die vertikal über dem pastosen Farbauftrag liegen und dank des Bildtitels ohne Weiteres als Stämme erkannt werden können. Auf die Frage einer Interviewerin gab der höchstbezahlte deutsche Maler Gerhard Richter (geb. 1932) vage genug eine Beziehung zur nationalen Tradition zu. Sein Kunstbuch „Bäume“ (2009) bedient sich wieder des Mediums der Fotografie. Auch hier sind es erneut nur Stämme, offensichtlich von Laubbäumen, offensichtlich denen eines Auwalds. Für das Buch tut er ein Übriges und bezieht auch einen Text in die grafische Gestaltung ein. Es ist die einzige Ausgabe einer Zeitschrift namens *Waldungen,* hier allerdings in Textteile zerlegt, die nichts mehr vom ursprünglichen Zusammenhang erkennen lassen.

Joseph Beuys auf der documenta 7 in Kassel (1982) an einem Exemplar seiner „7000 Eichen“.

Waldperspektiven

Zukünftige Wälder – eine Annäherung

Das Schlusskapitel gehört dem Aus- und Überblick. Neue Ansätze, viele interessante Ergebnisse hat die Waldforschung der letzten Jahrzehnte erbracht, manche Naturwaldzellen, etliche Waldschutzgebiete wurden ausgewiesen. Allerdings: Während der naturnahe Waldbau immer mehr Anhänger unter den Forstleuten gewinnt, wird bei den Forstverwaltungen heftig gespart. Es kann auch von daher nicht schaden, die Waldwerte noch einmal deutlich herauszustellen. Einige unorthodoxe Vorstellungen beim Umgang mit dem Wald weisen in die nahe Zukunft, aber alle Überlegungen, alle Feld-, also Waldversuche überwölbt das Thema Erderwärmung.

Der tätige Mensch hat beim Wald immer vorausgedacht, ja vorausdenken müssen. Und die Entscheidung darüber, wie ein Wald in rund hundert Jahren beschaffen sein soll, hat viel Unumkehrbares. Dabei wären manche Faktoren zu berücksichtigen, über die sich heute kaum Sicheres sagen lässt. Das Spektrum reicht vom Wandel des Klimas bis hin zur Frage, welches Holz aus welchen Gründen dann wohl besonders geschätzt sein dürfte. Die Frage nach der Zukunft ist auch im Waldfall die Frage nach der Zukunft des Großen und Ganzen. Und weil die Basis dieses Großen und Ganzen die Ökonomie ist, liegt nahe, zunächst nach der Zukunft des Rohstoffs Holz zu fragen.

Dass Holz wirtschaftlich wieder interessanter wird, dafür spricht im Augenblick vieles. Nur kann heute eben niemand sicher voraussagen, wie sich Holz künftig nutzen lässt; die Wendung „nachwachsender Rohstoff" hat ja schon etwas von einer Beschwörungsformel. Von diesen Einsatzmöglichkeiten aber hängt ab, welcher Umgang mit dem Wald der lukrativste ist.

Auch für die Forstwirtschaft gilt: je größer die bewirtschaftete Fläche, desto größer das Gewinnversprechen. Dass unsereiner bloß zuschauen und wissenschaftlich begleiten könnte, kann als frommer Wunsch zu den Akten gelegt werden. Merke: Schwindendes Interesse am Holz erweitert die Spielräume des Naturschutzes nicht unbedingt.

Wer den Wald vorrangig als Natur wahrnimmt, vergisst leicht, wie sehr seine Entwicklung von politischen Vorgaben abhängt. Vorgaben im Übrigen, die nicht mehr nur aus Berlin, sondern auch aus Brüssel kommen. Selbstverständlich werden die größeren Waldbesitzer ein gewichtiges Wort mitreden. Zu ihnen gehören in Deutschland auch Kommunen, und so gibt es doch einen regionalen Aspekt.

Ein „Ausblick" auf den Wald, hier in der Nähe von Oberstdorf im Allgäu. Ein kühner Epiphyt auf einer Eiche (Seite 362): Vermutlich hat diese Buche keine Zukunft, denn auf Dauer wird sie sich wohl nicht selbstständig ernähren können. Aber ein neckischer Aufsitzer ist sie trotzdem.

Waldzukünfte – Eine notwendige Mehrzahl

Vorausdenken zwingt zum Bestimmen des Unbestimmten. Deshalb sollten Ausblicke auf das künftige Waldgeschehen nicht auf nur eine Perspektive verengt werden. Das Forschungsprojekt „Waldzukünfte 2100" der Bundesregierung bot vielen Wissenschaftlern aus unterschiedlichen Disziplinen Ge-

legenheit, den ganzen Fächer möglicher Entwicklungen aufzuschlagen. Ausgangspunkt bleibt: Der Wald ist nach wie vor Gegenstand des allgemeinen Interesses.

Was auch in Zukunft nicht heißen wird, dass alle Interessengruppen das inhaltlich gleiche Interesse an ihm haben. Die Erfahrung lehrt nun einmal, dass sich die Blickwinkel von Naturschutzverbänden und Holzindustrie selten decken. Nur weil seriöse Vorhersagen auf den Trends der Gegenwart basieren und wirtschaftliche Interessen erfahrungsgemäß die durchsetzungsfähigsten sind, sei der Hinweis auf die jüngste Finanzkrise gestattet. Vor diesem Hintergrund erscheint der Wald manchen als umso solidere Kapitalanlage.

Waldzukunft muss so nüchtern wie möglich angegangen werden, persönliche Überzeugungen sind das Einfallstor bloßer Prophetie. Aber stets fällt, wenn alle künftigen Ansprüche an den Wald gleich behandelt werden, ein scharfes Licht auf die Entscheidungsträger. Die staatlichen oder die EU-Organe haben im Prinzip drei Möglichkeiten: Sie können ihrem Handeln ein umfassendes Verständnis von Nachhaltigkeit zugrunde legen, sie können auf den Ausgleich der verschiedenen Interessen hinwirken und sie können den Wald dem freien Spiel der Marktkräfte überlassen. Aus diesen drei grundsätzlichen Optionen entwickeln sich ganz verschiedene Waldpolitiken, die ganz verschiedene Waldbilder zur Folge haben. Wäre ein umfassendes Verständnis von Nachhaltigkeit die Richtschnur, würde die Waldfläche bis zum Ende dieses Jahrhunderts nicht nur deutlich zunehmen, sondern auch die naturnahen Baumbestände überwiegen. Ein Ausgleich der verschiedenen Interessen liefe auf den schon bekannten Status quo hinaus: ein Nebeneinander unterschiedlich genutzter Wälder, mit eingestreuten Naturschutzinseln. Und wahrscheinlich bemühten sich die Waldeigentümer der öffentlichen Hand, auf ihrem Besitz dem Klimawandel Rechnung zu tragen. Könnte der Markt nach seinen Erfordernissen mit dem Wald schalten und walten, hätte das eine mehr oder weniger agrarische Nutzung zur Folge. Dann würden Plantagenwirtschaft und Gentechnik den Waldbau bestimmen.

Noch werden im Frankfurter Palmengarten die Chinesischen Hanfpalmen vor der Winterkälte geschützt.

Wald und Klimawandel

Wer fragt, wie die Wälder der Zukunft aussehen, hat sich auch hierzulande vorrangig mit dem Stichwort Klimawandel auseinanderzusetzen. An düsteren Vorhersagen herrscht kein Mangel, und bekanntlich rührt die Düsterkeit vor allem daher, dass der Mensch für die Erderwärmung verantwortlich ist. Hier soll und kann nicht auch noch von dieser großen Debatte die Rede sein, die weit über den Wald hinausreicht.

Aber so nahe hier das Bild von der Axt im Walde liegen mag; vielleicht tut gerade ein Waldbuch gut daran, nicht allzu draufgängerisch in diese Kerbe zu schlagen. Es bleibt bewusst beim Wort Klimawandel, der für die Zukunft manches offenlassen soll. Einerseits kann der Wald eine bedeutende Rolle beim Ausgleich klimatischer Extreme spielen, andererseits kann ihn der Klimawandel besonders treffen. Generell laufen die Prognosen darauf hinaus, dass es wärmer und trockener, dass sich die Verteilung der Niederschläge übers Jahr ändern wird. Hitzeperioden nehmen ebenso zu wie Herbst- und Winterstürme. Damit steigt die Gefahr von Waldbränden und die von großen Schädlingsschäden als Folge der Unwetterkatastrophen.

Zu diesen Annahmen gibt es diverse „Szenarien“. Sie verdüstern sich mit dem Anstieg der vorhergesagten Jahrestemperatur. Was, wenn der Klimawandel in einer Geschwindigkeit abläuft, die den Wäldern mehr an Anpassung abverlangt, als sie zu leisten imstande sind? Was wird beispielsweise mit dem Arven-Lärchenwald des Hochgebirges geschehen, der kaum nach oben ausweichen kann. Was mit der Fichte, die allenthalben als Verlierer des Klimawandels gilt?

Vor dem Versuch einer Antwort auf diese Fragen sollte der Blick über die Landesgrenzen hinausgehen: Wie macht sich der Klimawandel in Europa heute schon bemerkbar? Besondere Aufmerksamkeit gilt Gegenden, wo eine Baumart ohnehin die Grenzen ihrer natürlichen Verbreitung erreicht. Und ganz besonders dürfte die deutsche Hauptbaumart interessieren, die Buche also, hierzulande gerne „Mutter des Waldes“ genannt.

Die Touristiker bemühten sich während der letzten Jahre, Urlauber für die kaum bekannten Buchenwälder im Norden Spaniens zu begeistern. Dort gedieh der Baum bisher prächtig, obwohl er den oberen Rand seiner „Klimahülle“ erreichte. Doch einige Bestände werden bald wohl nicht mehr mit dem „Kupferrot“ ihres Laubdachs dienen können, um zusätzliche Gäste ins herbstliche Katalonien oder Navarra zu locken. Diese imposanten Buchenwälder finden sich nur in den kühleren Gebirgslagen, und dort haben sich die Höhengrenzen der einzelnen Formationen um etwa siebzig Meter nach oben verschoben. Die immergrüne Stein-Eiche drängt von unten nach, und weiter hinauf kann die Rotbuche nur sehr bedingt ausweichen. Um in einem klimawandelangepassten Bild zu bleiben: Die Buche verschwindet nicht mit einem Mal, sondern geht sukzessive im Meer der Stein-Eichen unter. Ihre geschlossenen Bestände lösen sich zu immer mehr, immer kleineren Inseln auf, deren Untergang nur noch eine Frage der Zeit scheint.

Nicht nur im Süden Europas lässt sich ein Waldbild-Wandel beobachten. Die engagierte Waldforschung der Schweiz stellt für ihr Land bemerkenswerte Veränderungen fest: Im Wallis, wo submediterrane und subalpine Vegetationskomplexe aufeinandertreffen und der Wein an den unteren Hängen gedeiht, waren die höheren Lagen bisher von der Wald-Kiefer geprägt. Die Nadelbäume werden jetzt auffallend oft von der Mistel befallen, die den rationellen Wasserverbrauch der Kiefer durch ihren verschwenderischen konterkariert. Unterhalb von 1200 Meter ist die Wald-Kiefer schon großflächig abgestorben. An ihre Stelle tritt meist die Flaum-Eiche.

In einer globalisierten Welt kann die Erwärmung bizarre Folgen haben. Ziergehölze, denen bisher der Gärtner das Überleben sichern musste, wandern aus den Gärten aus und in die Wälder ein. Der immergrüne, ursprünglich kleinasiatische Kirschlorbeer ist dabei, nach dem Tessin auch die nördlicheren Waldgebiete der Schweiz zu erobern. Spektakulärer ist das Beispiel der zwölf bis 15 Meter hohen Hanf-Palme *(Trachycarpus fortunei)*. Der Exot stammt ursprünglich aus Südostasien, bereichert aber schon lange die

Lärchen an steilem Südwesthang in einem alpinen Bergwald.

Promenade etwa am Lago Maggiore. Ende der 1970er-Jahre tauchte sie als kleine Pflanze in den umliegenden Wäldern auf. Zunächst hielt sie noch gleiche Höhe mit den krautigen Pflanzen, heute ist sie auf dem Weg, zu den Baumkronen aufzuschließen.

Ein hierzulande vertrautes Beispiel ist die immergrüne Stechpalme. Sie hat während der letzten Jahrzehnte auffällige Geländegewinne erzielt. An der Westküste Norwegens kam die subatlantische Art immer schon vor, doch nie so weit nördlich wie heute. Und an der Südküste Schwedens stößt sie mit stabilen Vorkommen Richtung Osten vor.

Fichte und Douglasie

Wo unter Forstleuten das Thema Wald und Klimawandel abgehandelt wird, kommt ganz sicher die Fichte ins Gespräch. Schon Plinius der Ältere (gest. 79) schrieb über den Baum, dass er die Berge und die Kälte liebe. Immer gesetzt den Fall, Plinius hat wirklich die Fichte und nicht irgendeine andere Konifere gemeint, dann hat er richtig beobachtet. So prozentzahlenstark sie im Augenblick noch auftritt, so wahrscheinlich sie ein wirtschaftlich wichtiger Baum bleiben wird, ihr Anteil an den heimischen Wäldern/Forsten wird sich verringern. Davon, dass ihr Stürme und Schädlinge während der letzten Jahrzehnte besonders zugesetzt haben, war schon die Rede. Nach allgemeiner Überzeugung ist die Fichte Hauptbetroffene des Klimawandels: Natürlich räume ein „Brotbaum" nicht so ohne Weiteres das Feld, aber an ihren bisherigen Anbaugrenzen im Hügel- oder Flachland sei es bereits heute für sie zu trocken. Wenn die waldbauliche Vernunft fehle, sprächen halt die sommerlichen Hitzeperioden ein Machtwort.

Überdies ist der Fichten-Nachfolger schon ausersehen. Der Douglasie *(Pseudotsuga menziesii)* wird ein wesentlich souveränerer Umgang mit dem Klimawandel nachgesagt und zugeschrieben. Seit etwa 1860 wird die im nordwestlichen Amerika stark verbreitete Art hierzulande angebaut. Bisher ist sie an den hiesigen Wäldern/Forsten mit etwa 180 000 Hektar beteiligt, eine Douglasie ist der höchste Baum Deutschlands (im Freiburger Stadtwald mit über 63 Meter).

Manche Forstleute sagen ihr eine große Karriere voraus, sehen in ihr den künftig drittwichtigsten Waldbaum der Republik. Österreich zählt sie zu den eingebürgerten Arten und zur potenziell natürlichen Vegetation, hierzulande wird ihr (noch?) ein zu „hohes Invasionspotenzial" angekreidet. Doch kommt aus Deutschland inzwischen eine breite Palette von Herkünften, die als „geprüftes Vermehrungsgut" Standorte vom nordostdeutschen Flachland bis zur montanen Stufe der Alpen bestücken können. Mit ihrem Herzwurzelsystem ist die Douglasie standfester als die Fichte, außerdem erträgt sie die Trockenheit besser. Im Vergleich zum bisher favorisierten einheimischen Nadelbaum gilt überdies, dass sie dem Insekten- und Pilzbefall stärker widersteht.

Allerdings wird sie von den einheimischen Schädlingen, darunter einigen Borkenkäferarten, zunehmend entdeckt. Das spricht für eine gestiegene

Links ein Douglasienbestand im Schwarzwald. Schöner sieht es unter Douglasien halt nicht aus. Bleiben als Hoffnungsträger die Buchen im Hintergrund.

Zugehörigkeit, aber auch für eine möglicherweise größere Gefährdung. Auf trockenen Frost reagiert sie empfindlicher als die Fichte. Auch muss der junge Baum sorgfältiger behandelt werden, dementsprechend verursacht die Douglasie anfangs mehr Pflegekosten.

Dafür legt sie rascher zu, ohne bei den Holzeigenschaften zurückzustehen. Zwar erschwert das festere Douglasienholz die Bearbeitung, doch gerade wegen seiner Festigkeit ist es dem der Fichte in manchen Bereichen überlegen. Dauerhafter und widerstandsfähiger ist dieses Holz auch, es eignet sich gut für den Einsatz im Außenbau. Und wenn jetzt noch die Preise auf dem Holzmarkt die Douglasien-Qualitäten angemessen widerspiegeln, steht dem verstärkten Anbau nichts mehr im Weg – jedenfalls nach heutigem Forschungs- und Erfahrungsstand.

So stellt es sich aus der Perspektive von Waldbesitzern oder Förstern dar, die auch den Ertrag im Auge haben müssen. Ganz nebenbei aber belehrt die Alternative Fichte/Douglasie darüber, wie trügerisch die Hoffnung auf eine erzwungene Einsicht sein kann. Mit anderen Worten: Wenn die Fichte wegen des Klimawandels ausfallen sollte, tritt halt die Douglasie an ihre Stelle. Zu den konkreten Bedingungen, denen der Waldbau unterliegt, gehören nie die Naturgesetzmäßigkeiten allein.

Die Douglasie im Freiburger Stadtwald ist mit über 63 Metern der höchste Baum Deutschlands.

Gentechnik im Wald – Erderwärmung als Hilfestellung?

Gegen die eine oder andere Douglasie im Mischwald haben sicher nur Puristen etwas. Aber ein hoher Douglasien-Anteil (von einer Douglasien-Monokultur ganz zu schweigen) stünde quer zum Leitgedanken des naturnahen oder -gemäßen Waldbaus.

Noch weniger entsprechen ihm Bäume, die gentechnisch ertüchtigt worden sind. Dafür lässt sich der gentechnisch veränderte Baum leicht als Wunschbaum imaginieren. Er könnte mehr Holz liefern oder verwendungsgenaue Holzqualitäten. Gesellschaftlich nützlich wäre sein höherer Beitrag zur Entgiftung von Böden (mit dem jährlichen Laubfall als Sondermüll), ebenfalls verlockt die Aussicht auf Widerstandsfähigkeit sowohl gegen Schädlinge als auch gegen Frost, Trockenheit und Winddruck. Denn zweifellos gehören unterm Horizont des Klimawandels eine bessere Statik und stärkeres Wurzelwerk auf die Wunschliste, selbst wenn damit die anspruchsvollste Aufgabe für die Gentechniker gestellt sein dürfte.

Bäume, bei denen ins Erbgut eingegriffen wurde, kamen bisher in der Bundesrepublik nur viermal aufs Freiland. Es waren stets die bekannt raschwüchsigen Pappeln, denen schon die konventionelle Züchtung viele Sorten abgewinnen konnte. Noch einmal Auftrieb erhielt die einschlägige Forschung, als 2004 das Genom der Amerikanischen Balsampappel vollständig entschlüsselt werden konnte. Wirtschaftlich interessant ist hier die Verringerung des Ligningehalts. Papierfabriken müssen diese festen Substanzen aufwendig und umweltbelastend vom Zellstoff trennen, ehe sie ihr Produkt herstellen. Nun können Hybrid-Pappeln ohnehin kaum zu den Waldbäumen gerechnet werden. Ihre Raschwüchsigkeit nähert sie ebenfalls den Kulturpflanzen an, folgerichtig gehören sie am ehesten auf einen Holzacker im genauen Sinn des Wortes.

Aber bei der Papierherstellung ist Pappelholz nur Zusatz, den meisten Rohstoff stellt hier die Fichte. Und damit sind wir dann doch bei den Waldbäumen. Gegen die „Freisetzung" gentechnisch veränderter Gehölze sprechen gewichtige Argumente. Anders als die (ein- oder zweijährigen) Nutzpflanzen haben Waldbäume kaum Züchtungsprozesse durchlaufen, sind also viel enger an die natürlichen Bedingungen gebunden. Wie sie sich ausbreiten, ist nur wenig erforscht. Ganz sicher können ihre Pollen über sehr lange Strecken verfrachtet werden: Gerade dieser Austausch trägt ja zu einem breit aufgestellten Erbgut bei. Außerdem besteht die Gefahr der Weitergabe von Transgenen nicht nur innerhalb der eigenen Spezies, sondern auch an Bäume nah verwandter Arten. Damit lässt sich die Gefahr nicht von der Hand weisen, dass unkontrollierbare Prozesse eingeleitet werden. Den Bedenken wird Rechnung getragen, indem Bäumen mit verändertem Erbgut wenigstens vorerst auch die Unfruchtbarkeit angezüchtet wird.

Ohne hier eine Auseinandersetzung über das Für und Wider der grünen Gentechnik zu beginnen: In der sogenannten frei- en Natur ist der Anbau von transgenen Gehölzen heikler als der von Kulturpflanzen. Das komplexere Erbgut von Bäumen erschwert wenigstens derzeit die Herausbildung der gewünschten Eigenschaften. Bei den bisherigen Versuchen fielen selbst die gentechnisch veränderten Pappeln häufiger in ihre Stammform zurück. Und jedenfalls erzwingt die Langlebigkeit der meisten Bäume lange Versuchsreihen. So müsste eine Waldexistenz gentechnisch veränderter Bäume nach heutigem Stand der Wissenschaft an den exorbitanten Kosten scheitern.

Neue Wege und alte Weisheiten – Bäume für den Klimawandel

Die Langlebigkeit des Ökosystems Wald ist stets eine Herausforderung, eine Erderwärmung fordert besonders heraus. Und da der Waldbau auch immer eine wirtschaftliche Seite hat, warten Praktiker vor allem auf Empfehlungen, die Verluste beim Holzertrag wenn nicht verhindern, dann doch begrenzen können.

Generell finden die nichtheimischen Gehölze wieder mehr Aufmerksamkeit, denen jedenfalls die Zielvorgaben des naturnahen Waldbaus wenig Raum gelassen haben. Immerhin haben einige dieser Bäume schon eine deutsche Forstvergangenheit. Hier liegen also waldbauliche Erfahrungen vor, wenngleich die Fachliteratur noch manche Unsicherheit in der Beurteilung solcher Neubürger zeigt. Dringender als bei anderen Neophyten stellt sich bei den Bäumen die Frage nach dem „invasiven Potenzial". Das ist zum Beispiel bei der Robinie *(Robinia pseudoacacia)* sehr hoch. Der wärmeliebende Baum kommt ursprünglich aus Nordamerika, hat sich auf ärmeren Standorten durchaus bewährt und vermehrt sich hier ohne menschliche Hilfestellung.

Als Gegenstück zur Douglasie auf der Nadelbaumseite präsentiert sich auf Laubbaumseite die nordamerikanische Rot-Eiche *(Quercus rubra)*. Sie imponiert durch ihre „Starkwüchsigkeit": Obwohl sie im Vergleich zu Stiel-

Zweifellos hat die Robinie einen attraktiven Blütenstand, der überdies noch duftet (links). Unten der Blick in eine Robinienkrone. Der wärmeliebende Baum kommt ursprünglich aus Nordamerika, vermehrt sich aber hier bei uns an vielen Standorten ohne menschliche Hilfestellung.

und Trauben-Eiche geringere Preise erzielt, macht sie diesen Mangel durch deutlich höhere Wuchsleistung wett. Sie nimmt mit kargen Böden vorlieb, erträgt die Trockenheit gut, wie in der Vergangenheit überhaupt ihre Robustheit gelobt wurde.

Nach Auskunft mancher Fachleute verspricht die nordamerikanische Große Küsten-Tanne *(Abies grandis)*, sich hierzulande gut einzuleben. Die raschwüchsige Konifere wartet mit ebenso erfreulicher Holzquantität wie (bisher unterschätzter) -qualität auf. Außerdem käme der ohnehin ökologisch höchst verträgliche Baum derart gut mit der einheimischen Buche aus, dass die Pflanzensoziologie schon einmal Buchen-Küsten-Tannen-Gesellschaften ins Auge fassen könne.

Guten Holzertrag und Anpassung an gestiegene Temperaturen versprechen weiterhin Walnuss und Edelkastanie, bei denen ebenfalls die Früchte eine Rolle spielen. Sie sind zwar nie in den hiesigen Wäldern heimisch gewesen, haben aber stets einen hohen Stellenwert gehabt. Die Walnuss brachte es 2008 sogar zum Baum des Jahres und der dringenden Empfehlung, dem Baum mehr Aufmerksamkeit zu schenken, also den Rückgang seiner Bestände aufzuhalten. Die Edel- oder Esskastanie *(Castanea sativa)* schließlich, im nördlicheren Süden ein Baum mit imposanter Kulturgeschichte, wird in den deutschen Weinbaugebieten schon lange angepflanzt. In der Vorderpfalz ist der Baum eine feste Größe, um Kronberg (Taunus) finden sich ganze Edelkastanienhaine.

Unten ein Zweig der Esskastanie mit Blättern und Früchten, in der Vorderpfalz und im Taunus hat der ursprünglich nicht heimische Baum im Landschaftsbild einen festen Platz. Rechts eine Frucht des Walnussbaums, der wie nebenbei auch noch ein wertvolles Holz liefert. Obwohl in Deutschland nicht heimisch, wurde er 2008 zum Baum des Jahres gewählt.

Der bundesweit fortgeschrittenste Versuch sich für die angenommenen Bedingungen zu rüsten, heißt „Wald der Zukunft" und findet im Großraum Frankfurt am Main statt, also dort, wo immer mehr Wald der Gegenwart dem Flughafenausbau zum Opfer fällt. Zur Projektskizze gehört die Anmerkung, dass auch der regionale Wasserverband das Experiment unterstützt. Nachdem vor nicht allzu langer Zeit die Grundwasservorräte im Hessischen Ried kräftig geplündert worden waren und seitdem kostenintensiv reguliert werden müssen, wird nun ein stabiler Wald zum Hoffnungsträger. Er selbst soll einerseits geringere Wassergaben verkraften können und andererseits helfen, ein weiteres Absinken des Grundwasserspiegels zu verhindern.

Vorausgesetzt wird, dass der Klimawandel selbst der recht robusten heimischen Stiel-Eiche keine Chance lässt. Doch haben die deutschen Eichen nahe Verwandte in Gebieten, wo schon heute ungefähr jenes Klima herrscht, das uns für morgen vorausgesagt wird. Zur Gattung Eiche gehören die immergrüne Stein-Eiche *(Quercus ilex)* und die Ungarische Eiche *(Quercus frainetto),* die ungeachtet ihres deutschen Namens nicht aus Ungarn, sondern aus dem östlichen Mittelmeerraum stammt. Eine Brücke schlägt die submediterrane Flaum-Eiche, deren nördliche Vorkommen nach Deutschland hineinreichen. Die hier versuchsweise angepflanzten kommen aus dem Kaiserstuhl.

Das hessische Unterfangen geht von der Annahme aus, dass die gesamte Waldnatur einen solchen, gewissermaßen sanften Übergang leichter nachvollziehen kann als den abrupten Wechsel zu Exoten wie Douglasie und Robinie. Folgerichtig wird nicht nur die Entwicklung der Bäume beobachtet, sondern auch die Entwicklung des Lebensraums insgesamt. Über dessen Vitalität entscheidet die ganze Breite der Pflanzen- und Tierwelt.

Aus dem Sekretariat der „Internationalen Biodiversitätskonvention" kommt ein weiterer Vorschlag. Dank des breiten genetischen Fächers vieler heimischer Baumarten könne der Waldbau doch zunächst auf Ökotypen setzen, die sich bisher schon am niederschlagsarmen Rand der artspezifischen Klimahülle behaupten. Gerne wird die Walliser Trocken-Tanne als Beispiel angeführt, eine Varietät von *Abies alba,* die mit deutlich weniger Niederschlägen auskommt.

In diese Richtung gehen auch die bayerischen Versuche mit Buchen-Varietäten aus Bulgarien. Dort behauptet sich der Baum heute schon bei wärmeren Temperaturen und längerer Sommertrockenheit. Buchen aus Bayern nehmen den umgekehrten Weg: Diese Bäume sollen unter bulgarischen, also quasi vorgezogenen Klimawandelverhältnissen zeigen, welches Anpassungspotenzial in ihnen steckt.

Aber wenn schon Klimawandel, dann verdienten doch Bäume besondere Aufmerksamkeit, die seit je als südlichere oder kontinentalere Arten zur heimischen Pflanzenwelt gehören. Am vertrautesten ist sicher die Hainbuche, jahrhundertelang durch die Niederwaldwirtschaft gefördert. Den Feld-Ahorn führen die Verbreitungskarten ebenfalls auf fast jedem Messtischblatt. Oft schmücken seine schön geformten Blätter nur strauchförmige Exemplare, dabei kann es der zugegeben gedrungene Baum auf imposante Stammdurchmesser bringen.

Unter den mediterranen Eichenarten ist die immergrüne Stein-Eiche der pflanzensoziologisch wichtigste Baum. Er verdient schon deshalb Beachtung, weil die Périgord-Trüffel mit ihm vergesellschaftet sein kann. Warum sollte sie demnach als zukünftig heimischer Baum nicht willkommen sein? Nur lässt die Umgebung gerade dieses Einzelexemplars doch ein wenig ins Grübeln geraten.

Auch die recht seltene, submediterrane Elsbeere erreicht nicht das Gardemaß von Esche oder Ulme. Ihr Holz wurde zuletzt hoch gehandelt, gleiches galt und gilt auch wieder für den noch selteneren, nah verwandten Speierling. Aus den Früchten der Elsbeere wird im Elsass ein hochgerühmter Edelbrand destilliert, und die Früchte des Speierlings haben sich hierzulande um den Apfelwein sehr verdient gemacht. Beide Arten wurden häufig aus den hiesigen Wäldern verdrängt, obwohl die Elsbeere ganz sicher, der Speierling höchstwahrscheinlich auf das Heimrecht Anspruch geltend machen kann.

Nur zur Erinnerung: Vielfalt bedeutet nicht notwendig viele Baumarten. Von hohem Belang sind Arten, die für den Fortbestand des Waldes sorgen, zum Beispiel Wespen und Bienen als Bestäuber. Bei der Aufbauarbeit fällt oft den Tieren der ausschlaggebende Part zu, während die pilzlichen Totholzzersetzer häufig den Abbau der organischen Substanz übernehmen. Und ganz wichtig ist, dass für diese zentralen Aufgaben möglichst viele Spezies zur Verfügung stehen, um den möglichen Ausfall einer Art durch eine andere auszugleichen.

Insgesamt und jenseits aller Prognoseunsicherheiten gilt: Wenn sich die Verhältnisse zuspitzen, werden die instabilsten Baumbestände zuerst verschwinden. Je vitaler ein Wald, desto mehr Möglichkeiten hat er, sich welchem Wandel auch immer anzupassen. Nur ein Wald, der Lebensraum über die allgemeinste Bestimmung hinaus ist, wird einer Erwärmung überhaupt standhalten können. In mancher Beweisführung wird die Erderwärmung deshalb wie ein Trumpfass gezückt, ganz nach dem alten Erzieher-Motto: Wer nicht hören will, muss fühlen. Wenn aber die schlichte Vernunft ohnedies für eine möglichst große Struktur- und Baumartenvielfalt spricht, müsste das Menetekel der drohenden Katastrophe nicht so häufig an die Wand gemalt werden.

Neue Wälder, neue Wildnis

Weltweit leben seit Kurzem mehr Menschen in den urbanen Zentren als auf dem Land, der Bevölkerungsrückgang deutscher Städte vollzieht sich gegen den globalen Trend. Daraus darf nicht geschlossen werden, dass immer mehr Deutsche aufs Land zögen. Im Gegenteil drohen manche Gegenden der Republik zu veröden. Und es gibt Gedankenspiele der Art, diesen Prozess mit Wegzugsprämien zu beschleunigen. Sie lösen bei den Betroffenen zurecht Erbitterung aus. Daraus müsste aus Kostengründen folgen, diese Landschaften auch als Kulturlandschaften aufzugeben. Es gibt in Europa durchaus Beispiele dieser Rückkehr zur Natur, zur (sekundären) Wildnis. Wo der Mensch nicht mehr im Weg ist, wäre endlich Platz für die ganz großen, ganz wilden Tiere. Vor allem aber könnte der Wald zurückkehren. Grandiose Aussichten: Nicht an kümmerlichen, schon wegen ihrer geringen Größe nur beschränkt aussagefähigen Naturwaldzellen könnte diese Rückkehr studiert werden, sondern auf riesigen Arealen. Vor allem das östlichere Deutschland gerät dabei ins Visier der Visionäre.

Doch solche Gedankenspiele sind von geringer Verbindlichkeit. Schon ob große Waldareale nach dem Wegzug der Menschen sich selbst überlassen bleiben, ist sehr die Frage. Fast zwangsläufig würde auf sie das begehrliche Auge von Investoren fallen, zumal mit dem gegenwärtigen Anstieg der Brennholzpreise den Waldbesitzern schon der Neckzettel „Ölscheichs von morgen" angehängt wird.

Ein grundsätzlicher Perspektivwechsel liegt den Projekten zugrunde, die Natur näher an Stadt und Städter heranrücken wollen. Im Ruhrgebiet bieten sich dafür die Industriebrachen an. Dass hier großenteils auf Wald gesetzt wird, liegt nicht zuletzt an den Kosten. Die natürliche Sukzession ist die kostengünstigste Variante einer Begrünung, und natürliche Sukzession läuft nun einmal auf den Wald hinaus.

Doch für diese „Industrie-Wälder" sprechen nicht nur pragmatische Gründe. Vielmehr geben die aufgegebenen Flächen Gelegenheit, ihre Inbesitznahme durch die Natur zu studieren. Ob Wort und Vorstellung von der Rückkehr den Prozess ganz genau widerspiegeln, bleibt abzuwarten. Denn zunächst einmal ist ein ehemaliges Zechengelände ja ein extrem naturferner Standort. Umso spannender ist die Beobachtung, welche Pflanzen, Pilze und Tiere sich hier mit- und nacheinander ansiedeln.

Inzwischen gibt es Areale wie den Industriewald Rheinelbe, die schon etliche Jahrzehnte nicht mehr genutzt werden und beachtliche Baumexemplare beherbergen. Aber es gibt auch Flächen, deren junger, zartgliedriger Birkenpionierwald zu den massiven Ruinen der alten Industrien einen wunderbaren bis wundersamen Kontrast bildet.

Doch das Konzept der Industrie-Wälder verfolgt eine weitere Stoßrichtung. Womöglich noch mehr als um die Natur selbst geht es um das Verhältnis zu ihr. Gerade wenn ein Industrie-Wald unmittelbar an die Siedlungen heranreicht, ermöglicht er eine lebensweltliche Naturerfahrung. Dazu kann das gelenkte, gar didaktisch aufbereitete Erleben gehören, ganz sicher gehört der Wald als Abenteuerspielplatz dazu.

Die Fotografie links und die auf Seite 378 zeigen den „Urwald vor den Toren der Stadt" Saarbrücken, dessen Terrain einst dem Eisengewerbe, der Stahlindustrie und dem Abbau der Steinkohle diente. Rechts die Zeche Zollverein, UNESCO-Weltkulturerbe. Die Perspektive weckt den Verdacht, dieses ragende Industriedenkmal könnte von der Natur zurückerobert werden.

Der „Urwald vor den Toren der Stadt" Saarbrücken gründet ebenfalls auf der montanindustriellen Vergangenheit, nur nicht so ausdrücklich wie die Flächen im Ruhrgebiet. Aber auch sein Terrain diente mittel- und unmit-

Ein Waldkindergarten in der Nähe des Decksteiner Weihers im Kölner Grüngürtel (oben). Nicht der ganz neue, im Entstehen begriffene, aber immerhin der neue, nämlich im Rahmen der Expo 2000 angelegte Braunkohle-Wald: Das Arboretum von Cospuden im Stadtwald Leipzig (rechts) empfindet Waldbilder aus dem Tertiär nach.

telbar dem Eisengewerbe, der Stahlindustrie und dem Abbau der Steinkohle. Seit 2002 sind die gut tausend Hektar dieses Walds Naturschutzgebiet und nebenbei das einzige Forstrevier des Saarlands, das die SaarForst-Reform von 2005 unbeschadet überdauerte. In den Regionalpark Saarkohlenwald eingebettet, wird hier ganz auf die Nutzung des Rohstoffs Holz verzichtet.

„Urwald vor den Toren der Stadt" ist nicht nur ein (werbewirksamer) Name, sondern auch Programm. Für die Programmatik stehen Naturwächter und der Urwaldförster ein, darüber hinaus Umweltpädagogen und ein weit gefächertes Veranstaltungsangebot mit Ferienfreizeiten und Urwald-Erlebnis-Camps. Und im weiteren Sinn gehört wohl auch der Friedwald dazu, der eine Grabstätte unter Bäumen anbietet. Dieser Urwald umfasst zwei Abraumhalden, eine davon ist sogar als Kegel hergerichtet und trägt den neckischen Namen „Kleiner Fuji". Doch liegen im Areal ebenfalls zwei Bachtäler und es gibt Pfade, auf denen sich ein Waldläufer durchaus im Wald verlieren kann.

Mehr noch als die Industrie-Wälder des Ruhrgebiets will dieser „Urwald" „für die Menschen Orte unmittelbarer Naturerfahrung" schaffen. Und zweifellos wird es immer wichtiger, den Städtern diese Erfahrung zu vermitteln – zumal „die Ausbreitung städtischer Verhaltensmuster" auch vor dem Land nicht haltmacht.

Stadtwald Leipzig

Unter Stadtwald ließ sich bisher zweierlei verstehen. Historisch gesehen ist er ein Wald, der (zu) einer Stadt gehörte, später kamen auch städtische Parks zu diesem Namen. Die Grenzen sind fließend, wenn ein historischer Stadtwald der Erholung dient, wie das teilweise beim (alten) Leipziger Stadtwald der Fall ist. Hier blieben artenreiche Hartholzauwälder erhalten, obwohl der nahe Braunkohlenabbau zum Trockenfallen vieler Feuchtgebiete führte.

Doch nun entsteht in Leipzig ein ganz neuer Wald. Nachdem sich das recht weitläufige Gelände der ehemaligen Stadtgärtnerei partout nicht vermarkten ließ, ist es Versuchsfeld für ein Pilotprojekt. Es wird wissenschaftlich begleitet und trägt deshalb auch einen angemessen sperrigen Titel: „Ökologische Stadterneuerung durch Anlage urbaner Waldflächen“.

Sehr wahrscheinlich gibt es bald mehr Städte, die sich mit unverwertbaren Grundstücken herumschlagen müssen. Für Biologen kann es sehr spannend sein zu beobachten, wie eine solche, wohlgemerkt zentrale Brachfläche allmählich durch die Natur zurückerobert wird. Nur nähmen wohl die meisten Bürger solche Verwilderung als Verwahrlosung wahr. Und derart erweiterte Müllcontainer sind ganz schlecht fürs Image.

Urbane Wälder werden darum als Beitrag zum Städtebau verstanden. In künftigen Gemeinwesen mit schwindender Einwohnerschaft sollen sie keine Randerscheinung sein, sondern wirklich im Herzen der Stadt ergrünen. Sicher könnten hier auch Parks oder Anlagen entstehen. Aber sie zu erhalten und zu pflegen würde wesentlich heftiger ins Geld gehen als die gelegentliche Durchforstung eines Walds, der im Großen und Ganzen eben eine sich selbst stabilisierende Einheit ist. Diese Art Stadtwald wäre kein Zuschussbetrieb, mit ihm lässt sich sogar als wirtschaftlicher Alternative liebäugeln.

Urbane Wälder sind ein bewusst gestaltetes Element der inneren Quartiere. Sie werden demnach kaum Gelegenheit bieten, sich zu verlaufen. Dafür können auf den kleineren Flächen viele Waldformen erprobt werden, zum Beispiel auch der althergebrachte, nun angepasste Niederwald. Doch neben den „lichten Parkwäldern“ mit einer Baumschicht soll ausdrücklich auch der dichte, reich gegliederte Naturwald seinen Platz mitten im Dickicht der Städte haben.

Wald und Erholung

Ganz so selbstverständlich, wie sich dieses Wortpaar einstellt, sollte der Zusammenhang nicht genommen werden. Unter Erholung verstehen viele Menschen ganz Verschiedenes, wenn ihnen das Wort selbst nicht schon altbacken vorkommt. Das Verhältnis zu den grünen Lungen ist oft ein sportliches, so vermelden die Statistiker exorbitante Steigerungsraten fürs Radfahren im Wald. Und hart können dort die Interessen der Spaziergänger und der Mountainbiker aufeinanderstoßen, von denen der Jäger und Pilzsammler ganz zu schweigen.

Nicht zwangsläufig muss demnach der Wald als Erholungsraum wahrgenommen werden. Aber zweifellos sehen viele ihn so, eben weil hier das große Versprechen der Natur am sinnfälligsten eingelöst wird. Und wenn Befragungen aus Bayern repräsentativ sind, begeistern sich die Wanderer und Spaziergänger längst nicht mehr so für die Waldmöblierung wie ehedem. Der Wald braucht keine Verdopplung als Schilderwald. Wegweisend aber sind solche Projekte wie „Industrie-Wälder“ oder „Urwald vor den Toren der Stadt“, spannend wird es beim „Stadtwald Leipzig“, die alle Natur und damit auch Naturerleben nahe an die Menschen heranholen (wollen).

Vielleicht muss hier nicht unbedingt das Wort Naherholung fallen. Doch jede Art Beziehung braucht Nähe, wenn sie ihren Namen verdienen soll. Und sie braucht nicht nur Nähe, sondern auch Kontinuität. Ohne Nähe, ohne Kontinuität bliebe Naturerleben ein leeres Wort.

Wald und Erholung auf ganz unterschiedliche Art und Weise: Mountainbiker, Reiter und Spaziergänger tummeln sich unter Bäumen.

Der Wald als Leistungsträger

Ganz nüchtern lässt sich fragen: Was haben wir vom Wald? Dieses „wir" meint nicht die Waldbesitzer, sondern uns alle. Natürlich ließe sich auch dramatischer, also mit diesem apokalyptischen Unterton fragen: Was steht auf dem Spiel, wenn der Wald gefährdet ist? Um diese Frage zu beantworten, muss niemand die fernen Tropen und den Regenwald bemühen. „Unser Wald" genügt.

Auch wenn nicht alle Rechenakrobatik beim Ermitteln des Geldwerts überzeugt, kann es keinen Zweifel geben: Schon diesseits der Holzerträge bringt der Wald enormen Gewinn (was ja beim Holzertrag nicht immer so sicher ist). Dabei rückt zunächst sein ausgleichendes Temperament in den Vordergrund. Er reinigt die Luft (auch zum Schaden seiner selbst), er dämpft die Temperaturextreme und den Lärm, er mildert den Sturm, hält Lawinen ebenso wie Muren auf und die Ufer fest. Mit anderen Worten: Der Wald schützt, und zwar nicht irgendwen oder irgendwelche Interessengruppen, sondern uns alle. Er schützt Güter, die als Güter immer noch zu wenig wahrgenommen werden: den Boden und das Wasser. Beider Wert ist nicht nur vom Wald, sondern auch voneinander abhängig. Die obersten zehn Zentimeter Walduntergrund können bis zu fünfzig Liter Niederschlag pro Quadratmeter speichern. Das auch dank der Baumwurzeln lockere Erdreich wirkt als besonders fein verästeltes Ableitungssystem, lässt also das Wasser langsam versickern: So speichert der Waldboden Wasser ebenso wie er es reinigt, und er tut das besser als jeder andere Boden. Trinkwasserbrunnen in bewaldeten Einzugsgebieten liefern ein weniger belastetes, sauerstoffreiches Nass. Und selbst dort, wo das Trinkwasser aus Uferfiltrat gewonnen wird, werden Bäume gepflanzt, um die Verunreinigungen aus der Luft so gering wie möglich zu halten. Die Entschleunigung gilt nicht nur bei der Aufnahme, sondern auch bei der Abgabe des Wassers. Solche Langsamkeit bewahrt Flüsse und Bäche vor dem Austrocknen, Quellen vor dem Versiegen und das Grundwasser vor einem zu niedrigen Stand. Und an dieser Stelle muss nur knapp daran erinnert werden, dass solche Leistungen keineswegs selbstverständlich sind.

Lawinenverbauung oberhalb der Waldgrenze (links): Am Geißfuß (1982 Meter) entstand zum Schutz der Oberstdorfer Nebelhornbahn diese sogenannte Anrissverbauung, die am höchstmöglichen Punkt beginnen muss. Dem Schnee sei Dank, gibt sie sich im Bild als grafisch reizvolle Struktur – und vielleicht auch dem Wald unterhalb Gelegenheit, seine Schutzaufgabe besser wahrzunehmen. Rechts ein halbzahmer Waldbruder: Dieser Apfelbaum vor der eindrucksvollen Laub-/Nadelbaumkulisse blüht bei Schwäbisch Gmünd.

Schlusswort: Vom Wald und vom deutschen Wald

Der Autor dieses Buches ist kein Zukunftsforscher, ihm liegen die gegenwärtigen Wälder am Herzen. Wenn er sich fragt, woher diese Zuneigung eigentlich rührt, kann er nichts Gewisses sagen. Als mutmaßlich frühestes und freudigstes Waldbild sieht er stets den Steinpilz vor sich, wie hingezaubert von einem Lichtfleck, der es bis auf die Wegböschung eines Bad Berleburger Fichtenforsts geschafft hatte.

Nur kommt diese Erinnerung unter den heutigen Vorgaben der waldpolitischen Correctness fast einem Geständnis gleich. Es gibt eine verhängnisvolle Tendenz, die Natur auf zweierlei Weise zu versiegeln: Entweder mit Betonmischmaschinen oder mit Betretungsverboten. Dieser Zangengriff lässt außer Acht, dass Naturnähe keine abstrakte Größe und Naturschutz nie nur eine Sache bloßer Einsicht ist. Lange bevor sich der Autor für die Unterscheidung von Wald und Forst empfänglich zeigte, hat er sich schon in die Büsche geschlagen.

Seiner Begeisterung für das Thema hat es jedenfalls nicht geschadet. Vielmehr muss nach seiner festen Überzeugung eine frühe Erlebnisdichte den Grundstein legen, wenn sich eine größere Zahl Menschen weiterhin für den Wald in die Bresche schlagen soll.

Es ist kein Geheimnis, dass der Wald etwas mit der gesteigerten Form von Erleben, nämlich mit Abenteuer zu tun hat. Der Zusammenhang von Wald und Abenteuer ist schon in der mittelalterlich Epik gemeineuropäisch verbreitet. Noch heute wird der Wald als bewährtes Hausmittel verabreicht, um für Fantasy-Bücher und -Filme mehr Leser oder Zuschauer zu gewinnen.

Wenn wir die Märchen als eine Art Zwischenstation nehmen, sind wir beim Traditionsstrang „Deutscher Wald“, auch ihn hat das Buch bis in die Gegenwart verfolgt. So erstaunlich zäh sich dieser Seelenwald behauptet, kann doch festgestellt werden, dass sich die Beziehung der jüngeren Landsleute zur Kopfgeburt Wald deutlich entspannt hat. Und wer an die lange belastete Rede vom deutschen Wald denkt, wird leichten Herzens einräumen, dass solche Indifferenz etwas Befreiendes hat.

Für den Autor gilt allerdings, dass er auf seiner Vorliebe für Thema und Gegenstand beharrt. Sie war für ihn stets Anstoß und Triebfeder, den Wald auch über das Ökosystem hinaus zu erkunden. Wald braucht keine chauvinistischen Lautsprecher, er braucht übrigens auch keine Alarmschreie wie „Erst stirbt der Wald und dann der Mensch“. Aber er braucht doch ein Geheimnis, das erkundet werden will, er braucht Waldbilder, die auf uns zurückwirken können.

So oft es reichen mag, den Wald als Eindruck vorauszusetzen: Das Talent zu fesseln begründet sich doch im Facettenreichtum dieses Großen und Ganzen. Der Überfluss erlaubt den Hinweis, dass erweiterte Kenntnisse der Waldlust nicht nur nicht schaden, sondern ihr im Gegenteil Flügel verleihen. Die Fülle will immer noch und immer neu entdeckt werden.

So versteht sich dieses Buch als Einladung, dem Wald nicht nur als Kulisse zu huldigen. In die Sphäre des Bekenntnisses gehört, dass der Wald im ersten Lenz am schönsten ist. Sich dort nach einem mehr oder weniger langen Winter wieder auf die Spur von Märzenbecher und Seidelbast zu setzen: Das hat etwas mit Glück zu tun.

ZUR ÜBERSICHT UND EINFÜHRUNG

Drei Bücher, drei mögliche Zugänge. Gebündeltes, umfassendes, alphabetisch geordnetes Waldwissen ermöglicht im Fall des Kosmos-Lexikons das rasche Nachschlagen. Küsters *Geschichte des Waldes* reicht von den Waldbildern des Erdaltertums bis heute, die große Spanne macht nur noch deutlicher: Die Wälder haben sich immer verändert, und das werden sie auch in Zukunft tun. Der Bildband *Urwälder Deutschlands* legt den Schwerpunkt auf die Optik. Sein Haupttitel sollte nicht in die Irre führen, der Text jedenfalls rückt zurecht, dass es hierzulande zweifellos hinreißende Waldbilder, aber so gut wie keine Urwälder mehr gibt.

Umfassend unterrichtet auch die Internet-Adresse *waldwissen.net*. Hier sind viele Artikel gesammelt, nach Teilgebieten aufgeschlüsselt und über eine Stichwortfläche erschließbar. Nützlich und aufschlussreich ebenfalls: Österreich und die Schweiz tragen zu dieser Artikelsammlung bei. *bundeswaldinventur.de* verschafft einen datengesättigten Überblick über den Zustand der bundesdeutschen Wälder.

Reinhold Erlbeck/Ilse Haseder/Gerhard Stinglwagner, Das Kosmos Wald- und Forstlexikon, Stuttgart 2005.
Hansjörg Küster, Geschichte des Waldes. Von der Urzeit zur Gegenwart, München 2008.
Georg Sperber (Autor)/Stefan Thierfelder (Fotograf), Urwälder Deutschlands. Naturparks, Naturreservate und andere Schutzgebiete, München 2008.
www.waldwissen.net
www.bundeswaldinventur.de

I WALDNATUR

Dank der alphabetischen Ordnung führt die *Vegetation Mitteleuropas* diese Literaturliste zum Hauptkapitel „Waldnatur“ an, die erste Stelle ist aber auch inhaltlich gerechtfertigt. Heinz Ellenberg (1913–1997) hat ein grundlegendes, ein Standardwerk geschrieben; in der Natur der Sache liegt, dass hier die Waldgesellschaften viel Raum einnehmen. Wenn das Thema Wald eine affektive Seite hat, darf auch auf ein „Lieblingsbuch“ hingewiesen werden. Schon Wolf Hockenjos’ Vater war ein Förster, dem die Tanne besonders am Herzen lag, der Sohn ist nicht nur beruflich in die Fußstapfen seines Vaters getreten. Auch diese Kontinuität hat den Band *Tannenbäume* zum Glücksfall eines Waldbuchs werden lassen.

weltnaturerbe-buchenwaelder.de erläutert die besondere Verantwortung der Bundesrepublik für diese Waldformation und informiert über die Fortschritte zur Aufnahme ins UNESCO-Weltnaturerbe. *naturwaelder.de* ordnet nach Bundesländern alle Waldgebiete (Reservate), in denen jede Bewirtschaftung ruht. Ein kurzer Steckbrief teilt die wichtigsten Daten mit. Die Internetseite floraweb.de, eine Adresse des Bundesamtes für Naturschutz (BfN), bietet eine Fülle von Informationen sowohl zu einzelnen Waldpflanzen wie zu den Waldgesellschaften.

Heinz Ellenberg, Vegetation Mitteleuropas mit den Alpen in ökologischer, dynamischer und historischer Sicht, Stuttgart 1996.
Förderverein Nationalpark Eifel (Hrsg.), Tier- und Pflanzenwelt im Nationalpark Eifel, Köln 2006.
Jörg Ewald/Werner Härdtle/Norbert Hölzel, Wälder des Tieflandes und der Mittelgebirge, Stuttgart 2004.
Wolf Hockenjos, Tannenbäume. Eine Zukunft für Abies alba, Leinfelden-Echterdingen 2008.
Peter Meyer, Naturwaldforschung in Nordwestdeutschland, in: LWF aktuell 63 (2008), S. 37–39.
Andreas Mölder et al., Zur Bedeutung der Winterlinde (*Tilia cordata Mill.*) im mittel- und nordwestdeutschen Eichen-Hainbuchen-Wäldern, in: Tuexenia 29 (2009), S. 9–23.
Richard Pott, Farbatlas Waldlandschaften, Stuttgart 1993.
Josef H. Reichholf, Wald. Zur Ökologie der mitteleuropäischen Wälder und ihrer Lebensgemeinschaften, München 1990.
Karl Friedrich Sinner/Günter Moser, Waldwildnis grenzenlos. Nationalpark Bayerischer Wald, Amberg 2007.
Martin Weckesser, Der Naturwald Bruchberg im Nationalpark Harz. Vegetation, Waldstruktur und Arthropodenfauna, Frankfurt am Main 2006.
Helge Walentowski et al., Handbuch der natürlichen Waldgesellschaften Bayerns, Freising 2006.
www.weltnaturerbe-buchenwaelder.de
www.naturwaelder.de
www.floraweb.de

II WALDNUTZUNG

Als das Buch *Waldwende. Vom Försterwald zum Naturwald* 1994 erstmals erschien, führte die Gegenüberstellung von Förster- und Naturwald zu heftigen Diskussionen. Die beiden Autoren schlugen sich unbedingt auf die Seiten des „Naturwalds“ und geißelten die – trotz aller Lippenbekenntnisse – geringen Fortschritte in Richtung naturnaher Waldbewirtschaftung. In Hauffs *Sämtlichen Märchen* findet sich auch die im Zusammenhang mit der Flößerei und dem Holländerholzhandel aufschlussreiche Erzählung *Das kalte Herz*. Hälftig geteilt, findet sich diese Schwarzwald-Geschichte im Band *Das Wirtshaus im Spessart*, zuerst erschienen als *Märchen-Almanach auf das Jahr 1828 für Söhne und Töchter gebildeter Stände* (1827).

Joachim Allmann, Der Wald in der frühen Neuzeit. Eine mentalitäts- und sozialgeschichtliche Untersuchung am Beispiel des Pfälzer Raumes 1500–1800, Berlin 1989.

Alfred Barthelmess, Wald. Umwelt des Menschen. Dokumente zu einer Problemgeschichte von Naturschutz, Landschaftspflege und Humanökologie, Freiburg und München 1972.
Stefan Below/Stefan Breit, Wald – von der Gottesgabe zum Privateigentum. Gerichtliche Konflikte zwischen Landesherren und Untertanen um den Wald in der frühen Neuzeit, Stuttgart 1998.
Peter Bickle, Wem gehörte der Wald? Konflikte zwischen Bauern und Obrigkeiten um Nutzungs- und Eigentumsansprüche, in: Zeitschrift für Württembergische Landesgeschichte 45 (1986), S. 167–178.
Wilhelm Bode/Martin von Hohnhorst, Waldwende. Vom Försterwald zum Naturwald, München 2000.
Bettina Borgemeister, Die Stadt und ihr Wald. Eine Untersuchung zur Waldgeschichte der Städte Göttingen und Hannover vom 13. bis zum 18. Jahrhundert, Hannover 2005.
Annette von Droste-Hülshoff, Die Judenbuche. Ein Sittengemälde aus dem gebirgichten Westfalen, Augsburg 2008.
Dietrich Ebeling, Rohstofferschließung im europäischen Handelssystem der frühen Neuzeit am Beispiel des rheinisch-niederländischen Holzhandels im 17./18. Jahrhundert, in: Rheinische Vierteljahrsblätter 52 (1988), S. 150–170.
Siegfried Epperlein, Waldnutzung, Waldstreitigkeiten und Waldschutz in Deutschland im Hohen Mittelalter, Stuttgart 1993 (Beiheft Nr. 109 der Vierteljahrschrift für Sozial- und Wirtschaftsgeschichte).
Christoph Ernst, Den Wald entwickeln. Ein Politik- und Konfliktfeld in Hunsrück und Eifel im 18. Jahrhundert, München 2000.
Peter Fritz (Hrsg.), Ökologischer Waldumbau. Fragen, Antworten, Perspektiven, München 2006.
Karl Gayer, Der gemischte Wald. Seine Begründung und Pflege, insbesondere durch Horst- und Gruppenwirtschaft, Stegen 2009 (Reprint der Ausgabe von 1886).
Bernd-Stefan Grewe, Der versperrte Wald. Ressourcenmangel in der bayerischen Pfalz (1814–1870), Köln/Weimar/Wien 2004.
Ralf Günther, Der Arnsberger Wald im Mittelalter. Forstgeschichte als Verfassungsgeschichte, Münster 1994.
Karl Hasel/Ekkehard Schwartz, Forstgeschichte. Ein Grundriss für Studium und Praxis, Remagen-Oberwinter 2002.
Wilhelm Hauff, Sämtliche Märchen, Stuttgart 1986 (Reclams Universal-Bibliothek, Band 301).
Albrecht Jockenhövel (Hrsg.), Bergbau, Verhüttung und Waldnutzung im Mittelalter. Auswirkungen auf Mensch und Umwelt, Stuttgart 1996 (Beiheft Nr. 121 der Vierteljahrschrift für Wirtschafts- und Sozialgeschichte).
Karl Marx, Debatten über das Holzdiebstahlsgesetz, in: Marx-Engels-Gesamtausgabe, Bd. I/1, Berlin 2006, S. 199–236.
Alfred Möller, Der Dauerwaldgedanke. Sein Sinn und seine Bedeutung, Holm 1992 (Reprint der Ausgabe von 1923).
Georg Meister, Der „Ewige Wald“ der Saline Reichenhall, in: Evamaria Brockhoff/Rainhard Riepertinger/Manfred Treml (Hrsg.), Salz macht Geschichte, Regensburg 1997, S. 179–185.

Marcus Nenninger, Die Römer und der Wald. Untersuchungen zum Umgang mit einem Naturraum am Beispiel der römischen Nordwestprovinzen, Stuttgart 2001.
Josef Mooser, Furcht bewahrt das Holz, in: Heinz Reif (Hrsg.), Räuber, Volk und Obrigkeit. Studien zur Kriminalität in Deutschland seit dem 18. Jahrhundert, Frankfurt am Main 1984, S. 43–99.
Wilhelm Leopold Friedrich Pfeil, Die Ursachen des schlechten Zustandes der Forsten und die allein möglichen Mittel, ihn zu verbessern, mit besonderer Rücksicht auf die preußischen Staaten, Züllichau und Freistadt 1816.
Joachim Radkau, Zur angeblichen Energiekrise des 18. Jahrhunderts. Revisionistische Betrachtungen zur „Holznot", in: Vierteljahrschrift für Sozial- und Wirtschaftsgeschichte 73 (1986), S. 1–37.
R. Johanna Regnath, Das Schwein im Wald. Vormoderne Schweinehaltung zwischen Herrschaftsstrukturen, ständischer Ordnung und Subsistenzökonomie, Ostfildern 2008.
Werner Rösener, Die Geschichte der Jagd. Kultur, Gesellschaft und Jagdwesen im Wandel der Zeit, Düsseldorf 2004.
Heinrich Rubner, Deutsche Forstgeschichte 1933–1945. Forstwirtschaft, Jagd und Umwelt im NS-Staat, St. Katharinen 1997.
Andreas Schulte (Hrsg.), Wald in Nordrhein-Westfalen, 2 Bde., Münster 2003.
Peter-Michael Steinsiek, Nachhaltigkeit auf Zeit. Waldschutz im Westharz vor 1800, Münster/New York/München/Berlin 1999.
Uwe Eduard Schmidt, Der Wald in Deutschland im 18. und 19. Jahrhundert. Das Problem der Ressourcenknappheit dargestellt am Beispiel der Waldressourcenknappheit in Deutschland im 18. und 19. Jahrhundert – Eine historisch-politische Analyse, Saarbrücken 2002.
Ernst Schubert, Der Wald. Wirtschaftliche Grundlage der spätmittelalterlichen Stadt, in: Bernd Herrmann (Hrsg.), Mensch und Umwelt im Mittelalter, Stuttgart 1986.
Frank Schüssler, Die Haubergswirtschaft. Potentiale und Risiken eines forstlichen Betriebssystems auf den Energiemärkten des 21. Jahrhunderts, in: Geographische Rundschau 20 (2008), S. 66–73.
Nils Freytag/Wolfgang Piereth/Wolfram Siemann (Hrsg.), Städtische Holzversorgung. Machtpolitik, Armenfürsorge und Umweltkonflikte in Bayern und Österreich (1750–1850), München 2002.
Bernward Selter, Waldnutzung und ländliche Gesellschaft. Landwirtschaftlicher „Nährwald" und neue Holzökonomie im Sauerland des 18. und 19. Jahrhunderts, Paderborn 1995.
Georg Sperber, Die Reichswälder bei Nürnberg. Aus der Geschichte des ältesten Kunstforstes, München 1968.
Stefan Zerbe, Renaturierung von Waldökosystemen, in: Stefan Zerbe/Gerhard Wiegleb (Hrsg.), Renaturierung von Ökosystemen in Mitteleuropa, Heidelberg 2009, S. 153–182.

III WALDKULTUR

James Hall leitet in *Essay of the Origin of the Gothic Architecture* den (neo)gotischen Stil vom Waldbild ab. Unter den Büchern zur „Waldkultur" ist *Wälder. Ursprung und Spiegel der Kultur* sicher das außerordentlichste. Harrison spannt nicht nur einen weiten kulturgeschichtlichen Bogen vom Gilgamesch-Epos bis zur Moderne, sondern liefert auch eine brillante Analyse der Waldbilder in den Köpfen.

Nils Büttner, Landschaften des Exils? Anmerkungen zu Gillis van Coninxloo und zur Geschichte der flämischen Waldlandschaft aus Anlass einer Neuerscheinung, in: Zeitschrift für Kunstgeschichte 66 (2003), S. 546–580.
Paul Crossley, The Return to the forest: Natural Architecture and the German Past in the Age of Dürer, in: Künstlerischer Austausch/Artistic Exchange. Akten des XXVIII. Internationalen Kongresses für Kunstgeschichte, hrsg. von Thomas Gaethgens, Bd. 2, Berlin 1993, S. 71–80.
Birgit Ehlbeck, Denken wie der Wald. Zur poetologischen Funktionalisierung des Empirismus in den Romanen und Erzählungen Adalbert Stifters und Wilhelm Raabes, Bodenheim 1998.
Joseph von Eichendorff, Gedichte, Frankfurt am Main (Fischer Taschenbuch 90235).
Heino Gehrts, Der Wald, in: Jürgen Janning/Heino Gehrts (Hrsg.), Die Welt im Märchen, Kassel 1984, S. 34–53.
Günter Grass, Die Rättin, Darmstadt und Neuwied 1986.
ders., Totes Holz. Ein Nachruf, Göttingen 1990.
Brüder Grimm, Kinder- und Hausmärchen, 3 Bde., Ditzingen 2001.
James Hall, Essay of the Origin of the Gothic Architecture, 1813.
Robert Pogue Harrison, Wälder. Ursprung und Spiegel der Kultur, München/Wien 1992.
Albert Hauser, Der Wald in der Schweizerischen Volkssage, Zürich 1980.
Heinz-Dieter Heimann, Der Wald in der städtischen Kulturentfaltung und Landschaftswahrnehmung, in: Albert Zimmermann/Andreas Speer (Hrsg.), Mensch und Natur im Mittelalter, Bd. 2, Berlin 1992, S. 866–881.
Hanns Hubach, Johann von Dalberg und die Entwicklung des naturalistischen Astwerks in der Skulptur in Worms, Heidelberg und Ladenburg, in: Gerold Bönnen/Burkhard Kellmann (Hrsg.), Der Wormser Bischof Johann von Dalberg und seine Zeit, Mainz 2005, S. 207–237.
Ute Jung-Kaiser (Hrsg.), Der Wald als romantischer Topos, Bern u. a. 2008.
Albrecht Lehmann, Von Menschen und Bäumen. Die Deutschen und ihr Wald, Reinbek 1999.
Albrecht Lehmann/Klaus Schriewer (Hrsg.), Der Wald – Ein deutscher Mythos? Perspektiven eines Kulturthemas, Berlin und Hamburg 2000.
Hermann Lübbe/Elisabeth Ströker (Hrsg.), Ökologische Probleme im sozialen Wandel, Paderborn/München 1986.
Gerhard Richter, Wald, Köln 2008.
Wilhelm Heinrich Riehl, Land und Leute, Stuttgart 1854.
Robert Schumann, Liederkreis op. 39 (nach Joseph Freiherrn von Eichendorff).
ders., Waldszenen. Neun Stücke op. 82.

Mireille Schnyder, Topographie des Schweigens. Untersuchungen zum deutschen höfischen Roman um 1200, Göttingen 2003.
Margit Stadlober, Der Wald in der Malerei und der Graphik des Donaustils, Köln/Weimar/Wien 2006.
Adalbert Stifter, Der Nachsommer, Düsseldorf 2007.
ders., Aus dem bairischen Walde, Grafenau 2005.
ders., Der Waldgänger (Von dieser Erzählung ist derzeit nur eine Hörbuchfassung lieferbar).
Wilhelm Stölb, Waldästhetik, Remagen-Königswinter 2005.
Ludwig Tieck, Der blonde Eckbert, erstmals erschienen in den dreibändigen: *Volksmährchen*, Berlin 1797.
Richard Wagner, Der Ring des Nibelungen WWV 86, Zweiter Tag: Siegfried.
ders., Parsifal WWV 111, Ein Bühnenweihfestspiel.
Carl Maria von Weber (Libretto: Friedrich Kind), Der Freischütz, op. 77.
Weyergraf, Bernd (Hrsg.), Waldungen. Die Deutschen und ihr Wald, Berlin 1987.
Wolfram von Eschenbach, Parzival, Frankfurt am Main 2006 (in der zweibändigen Ausgabe mit der Übersetzung von Dieter Kühn).

IV WALDPERSPEKTIVEN

Die Internetadresse *waldundklima.net* versammelt unterschiedliche Beiträge zur Klimawandel-Problematik, oft mit Blick auf die Belange der Forstwirtschaft. Viele Zugänge für diese neue Art Wald werden auf *industriewald-ruhrgebiet.nrw.de* eröffnet, darunter auch didaktische Leitfäden zum „Industriewald als außerschulischer Lernort". Grundsätzliches zu den zukünftigen Möglichkeiten im Umgang mit de Wäldern findet sich auf *waldzukuenfte.de.*

Irene Burkhard et al., Urbane Wälder, Bonn-Bad Godesberg 2008.
Karl-Heinz Otto (Hrsg.), Industriewald als Baustein postindustrieller Stadtlandschaften. Interdisziplinäre Ansätze aus Theorie und Praxis am Beispiel des Ruhrgebiets, Bochum 2007.
www.waldundklima.net
www.industriewald-ruhrgebiet.nrw.de
www.waldzukuenfte.de

REGISTER

BILDNACHWEIS

Arco Images, Lünen: S. 277
Detlev Arens, Bonn: S. 346
Bildarchiv Preußischer Kulturbesitz, Berlin: S. 301 (Hbg. Kunsthalle/C. Irrgang), 317, 319 (Hbg. Kunsthalle/C. Irrgang)
Herbert Boswank, Dresden: S. 310
Volker Brinkmann, Köln: S. 26 o.
Bundesarchiv Koblenz: S. 353 o. (Sig. 146-1979-136-20A)
Collection Van Abbemuseum, Eindhoven, The Netherlands: S. 358 (P. Cox, Eindhoven)
Deutsches Schiffahrtsmuseum, Bremerhaven: S. 228, 229
Mark Döser, Wolfegg: S. 17 r., 25 r., 30, 70, 74, 104, 298/299, 324, 330, 360/361, 362, 364, 387, 406/407, 408
Peter Fasel, Burbach: S. 239
Flößer- und Schiffer-Museum Kamp-Bornhoven: S. 230 M./r.
Fotolia: S. 141 (R. Marina), 242 M. (BoL), 379 (G. Andrushko)
Freundeskreis Geyer zu Lauf, Emmendingen: S. 325
Geotop-Bildarchiv, München: S. 27, 38, 40, 44 u., 108, 226, 262 o., 276, 278, 367
Germanisches Nationalmuseum, Nürnberg: S. 245
Getty Images, München: S. 403
Melanie Götz, Köln: S. 382
Frank Hecker, Panten-Hammer: S. 1, 2/3, 29 o., 34, 46, 51, 55, 58 o., 60, 61 M./r., 63, 64 l., 65 l., 69, 73 l., 75 l., 81, 82, 83, 86, 87 o. r., 87 u. l., 89, 90 r., 91 l., 93 l., 95 r., 99 o., 105, 109, 116, 118 l., 127, 129, 132, 136 u., 137 l., 138, 140, 144 o., 147, 148, 149, 151, 154, 156, 158 u., 163, 167, 169 o. r., 169 u. r., 176, 182, 186, 187, 188, 189 o., 190, 192, 212 l., 240, 272, 281 r., 284, 285 r., 287, 294, 374, 377
Interfoto, München: Vorsatz (Schmidt-Luchs), S. 54 M. (F. Pölking), 57 (Mary Evans), 96 l. (TopicMedia Service), 100 (Mary Evans), 107 (TopicMedia Service), 133 (W. Wirth), 152 (Science & Society), 162 (O. Eckstein), 169 o. l. (TopicMedia Service), 172 l. (K. Decker), 173 (W. Wirth), 178 r. (B. Richter), 199 (D. Rose), 209 (A. Koch), 211 (Mary Evans), 213 (DanielD), 215 (W. Poguntke), 216 r. (TV-yesterday), 223 u., 225 (bd. HERMANN HISTORICA GMbH), 234 (Science & Society), 247, 261 (bd. A. Koch), 266 (TV-yesterday), 280 r. (U. Schlegelmilch), 288 l. (ATELIER S), 288 r. (Mary Evans), 291 u. (W. Wirth), 305 (IFPAD), 306 l. (M. Schneider), 316 (A. Koch), 318 l. (Mary Evans), 326 l. (TV-yesterday), 331, 338 l. (bd. A. Koch), 348 l., 352 (Friedrich), 353 u. (Marz), 355 (A. Koch), 356 o. (A. Schiffer-Fuchs), 381, 388/389 (bd. W. Wirth)
Interfoto/Bildarchiv Hansmann: S. 220, 237, 241, 250, 252, 258, 302, 303 l., 306 r.
Interfoto/K. H. Jacobi: S. 58 u., 61 l., 68, 137 r., 169 u. l., 194 u., 372
Interfoto/mova: S. 6, 14, 16, 18/19, 22, 26 u., 29 u., 31, 36, 37, 39, 42, 45, 48, 49, 50 o., 52, 54 r., 64 r., 65 r., 66, 67 r., 71, 72, 73 r., 75 r., 77 o., 78 u., 80, 85, 92, 102, 106 u., 112, 117, 131, 142, 143, 144 u., 150, 153, 158 o., 169 M. l., 170, 174, 177, 178 l., 185 l., 193, 194 o., 195, 200 M., 204, 207, 210, 212 r., 265 u., 268 o., 289 r., 295, 320, 373, 375, 384, 385, 386, 396 o. M./r., 397 o. l./u. l./r.
Interfoto/Slg. Rauch: S. 17 M., 50 u., 160 r., 164, 205, 217, 221 u., 224, 235, 242 l., 243, 244, 251, 254, 260, 263, 329, 332, 341, 349
Hansjörg Küster, Hannover: S. 208, 242 r.
Landesamt für Denkmalpflege Baden-Württemberg, Regierungspräs. Stuttgart: S. 200 u.
Landesbetrieb Saar Forst, Saarbrücken: S. 378, 380
Landesbetrieb Wald und Holz Nordrhein-Westfalen: S. 238 (A. Becker)
Landesumweltamt Brandenburg, Angermünde: S. 296 (H. Richter)
LVR-Landesmuseum Bonn: S. 202 (F. Hilscher-Ehlert)
Museum in der Adler-Apotheke Eberswalde: S. 264
Bodo Möseler, St. Augustin: S. 216 l.
Nationalparkamt Vorpommern, Born a. Darß: S. 135, 166, Nachsatz
Nature: S. 67 l. (Pertin)
Peter Palm, Berlin: S. 23
Picture alliance, Frankfurt am Main: S. 10 (dpa-Bildarchiv), 24 (Globus Infografik), 33 (NHPA/photoshot), 41 (Euroluftbild), 54 l. (Klett), 87 o. l. (NHPA/photoshot), 90 l. (photoshot), 93 r. (dpa-Bildarchiv), 99 u. (ZB-Fotoreport), 103 (medicalpicture), 110 l. (kina), 111 (medicalpicture), 115 (dpa-Bildarchiv), 119 (ZB-Fotoreport), 123, 134 (NHPA/photoshot), 155 (NiB/H. Lade), 161 (Klett), 175, 181, 184 (alle united archives), 196/197, 200 o. (dpa-Bildarchiv), 203, 218 (bd. dpa), 227 (ZB-Fotoreport), 236 (Klett), 253 (dpa), 255 (scanpix), 262 u. (ZB-FUNK-REGIO OST), 282 (dpa-Infografik), 285 l. (NiB/H. Lade), 291 o. (dpa-Bildarchiv), 300 (Picture Press), 321 (Sander), 326 r. (dpa-Fotoreport), 327 l. (Imagno), 336/337 (dpa), 338 r. (dpa Bilderdienste), 343 (MAXPPP), 351 (Imagno/Austrian Archives S), 363 (bifab), 365, 371 (bd. dpa), 396 u. r. (chrom-orange), 404/405 (N. Fischer/H. Lade)
Picture alliance/akg-images: S. 17 l., 56, 94, 146 r., 206, 214, 246, 256, 259, 268 u., 289 l., 303 r., 304, 307, 308, 309, 311 l., 313, 314, 315 (E. Lessing), 318 r., 322, 327 r., 333, 339, 344, 345, 347, 348 r., 354, 357, 359
Picture alliance/Bildagentur Huber: S. 4/5, 25 l., 77 u., 122, 128, 334
Picture alliance/dpa-Report: S. 35, 53, 78 o., 101, 160 l., 222, 232, 270/271, 280 l.
Picture alliance/Hippocampus Bildarchiv: S. 91 r., 110 r., 139, 189 u.
Picture alliance/OKAPIA: S. 20 (Christen), 21 (G. Bachmeier), 28 (M. Danegger), 59 (W. Rolfes), 62 (C. Schäfer), 87 u. r. (W. Kratz), 88 (J. L. Klein/M. L. Hubert), 95 l. (H. Reinhard), 96 r. (E. Morell), 97 (B. Brossette), 126 (O. Eckstein), 130 (W. Layer), 136 o. (Dr. E. Pott), 146 l. (R. Günter), 157 (H. Lange), 165 (N. Rosing), 172 r. (W. Layer), 185 r. (D. Nill), 198

(C. Braun), 368 (B. Singler), 396 o. l. (W. Scheuber), 396 u. l. (H.-J. Schunk), 396 u. M., 397 o. M./r./u. M. (alle K. G. Vock)
Rainer Pöhlmann, Grafenau: S. 114, 118 r.
Provenienz TU Bergakademie Freiberg, Universitätsbibliothek: S. 257
Siebengebirgsmuseum der Stadt Königswinter: S. 230 l., 231
Uwe Schölmerich, Erftstadt: S. 12, 84, 106 o., 281 l.
Andreas Schüring, Werlte: S. 286
Schwaneberger Verlag, Unterschleißheim: S. 279 o.
SLUB Dresden/Deutsche Fotothek: S. 223 o. (A. Engelmann), 267 (K.-D. Schumacher), 292 (W. Möbius), 312, 350
Der Spiegel, Hamburg: S. 279 u.
Jürgen Spiler: S. 32 (nach Ellenberg, Vegetation Mitteleuropas, 1996), 47, 183, 328
Stadt Leipzig, Amt für Stadtgrün und Gewässer: S. 383
Stadtmuseum Bonn: S. 323, 342
Steidl Verlag, Göttingen 2002 (1990): S. 356 u.
Stiftung August Bier, Sauen: S. 274, 275
Wilfried Störmer, Goslar: S. 79, 124/125 (Dank an Nationalpark Harz)
ullstein bild, Berlin: S. 221 o. (Montag), 249 (Archiv Gerstenberg)
Universität zu Köln, Theaterwissenschaftliche Sammlung: S. 340
Verband Deutscher Forstbaumschulen, Norderstedt: S. 265 o.
Vereinigte Domstifter zu Merseburg und Naumburg und des Kollegiatstifts Zeitz, Bildarchiv Naumburg: S. 311 r. (M. Rutkowski)
Michael Zapf, Hamburg: S. 171
Hermann Zawadski, Braunlage: S. 120 (Dank an Nationalpark Harz)
Sowie aus:
Kunow/Wegner, Urgeschichte im Rheinland, 2006: S. 201
Küster, Geschichte des Waldes, 2008: S. 44 o.

Bildstrecke zu Beginn des Buches: Wald im Wechsel der Jahreszeiten | Seite 6: Der bestachelte Fruchtbecher einer Buche, vierlappig aufgesprungen | Seite 10: Buchenwald im Naturpark Feldberger Seenlandschaft, Mecklenburg-Vorpommern | Seite 12: Wie mit der Schnur gezogen. Das Wirken der Waldbaumeister hat die Buchen akkurat von den Fichten getrennt. Gesehen im oberen Lennetal bei Lennestadt-Milchenbach im Sauerland | Seite 14: Keimende Buchecker | Seite 18/19: Früher Morgen in einem Kiefernwald in Nordrhein-Westfalen | Seite 196/197: Stapel geschlagener Fichtenstämme, Chiemgau | Seite 298/299: Fichtenwald südlich von Waldburg im Allgäu | Seite 360/361: Am Volkmarsberg bei Oberkochen | Seite 388/389: Wanderweg in Nähe der Wutachschlucht, Südschwarzwald | Seite 396/397: Verschiedene Baumrinden
Bildstrecke am Ende des Buches: Waldbilder, die noch einmal für die Vielfalt und Großartigkeit des Lebensraums stehen: die Waldschneise im winterlichen Frühlicht, der Auwald, durch den der Wasserlauf wie ein Weg geht, der Mischwald, dessen Weg das einfallende Sonnenlicht erhellt. Einen wirklich triumphalen Schlussakzent aber setzt der Buchenwald über der Kreideküste von Rügen.

Der Verlag hat sich bemüht, die Rechteinhaber aller Abbildungen korrekt anzugeben, und bittet, mögliche Falschangaben zu entschuldigen.

DANKSAGUNG

„Auch Bücher haben ihre Schicksale“, das gilt allemal für Buchprojekte. Entsprechend viele Menschen haben den Autor auf seinen Waldwegen begleitet. Zuallererst gilt der Dank Gattin Jutta und Tochter Charlotte Stüber, die bei allem gebotenen Misstrauen die innere und äußere Abwesenheit des Autors ertragen haben. Besonderer Dank gilt Dr. Bodo Möseler, Geobotaniker und Privatdozent an der Universität Bonn, der das Kapitel „Waldnatur“ gegengelesen hat.